高等教育轨道交通“十二五”规划教材·电气牵引类

牵引供电系统

张福生　主编

北京交通大学出版社
·北京·

内容简介

本书主要介绍了牵引供电系统的主要结构和工作原理，系统讲述了牵引供电系统的供电方式、负荷计算及变压器选择、牵引网阻抗计算、短路计算及高压设备选择、牵引供电一次系统及二次系统、防雷与接地、电压损失与电能损失，以及相关电能质量等问题。

本书可作为铁路院校相关专业的教学和相关培训教材使用，也可供相关工程技术人员参考使用。

图书在版编目（CIP）数据

牵引供电系统/张福生主编．—北京：北京交通大学出版社，2013.6（2018.1 重印）
（高等教育轨道交通“十二五”规划教材）
ISBN 978-7-5121-1481-4

Ⅰ．①牵…　Ⅱ．①张…　Ⅲ．①电力牵引－供电－高等学校－教材　Ⅳ．①TM922.3

中国版本图书馆 CIP 数据核字（2013）第 115985 号

责任编辑：吴嫦娥　　特邀编辑：李晓敏
出版发行：北京交通大学出版社　　电话：010－51686414
北京市海淀区高梁桥斜街 44 号　　邮编：100044
印 刷 者：北京时代华都印刷有限公司
经　　销：全国新华书店
开　　本：185×260　印张：15.5　字数：387 千字
版　　次：2013 年 6 月第 1 版　2018 年 1 月第 5 次印刷
书　　号：ISBN 978-7-5121-1481-4/TM·49
印　　数：7 501～10 500 册　定价：34.00 元

本书如有质量问题，请向北京交通大学出版社质监组反映。对您的意见和批评，我们表示欢迎和感谢。
投诉电话：010－51686043，51686008；传真：010－62225406；E-mail：press@bjtu.edu.cn。

总序

我国是一个内陆深广、人口众多的国家。随着改革开放的进一步深化和经济产业结构的调整，大规模的人口流动和货物流通使交通行业承载着越来越大的压力，同时也给交通运输带来了巨大的发展机遇。作为运输行业历史最悠久、规模最大的龙头企业，铁路已成为国民经济的大动脉。铁路运输有成本低、运能高、节省能源、安全性好等优势，是最快捷、最可靠的运输方式，是发展国民经济不可或缺的运输工具。改革开放以来，中国铁路积极适应社会的改革和发展，狠抓制度改革，着力技术创新，抓住了历史发展机遇，铁路改革和发展取得了跨越式的发展。

国家对铁路的发展始终予以高度重视，根据国家《中长期铁路网规划》（2005—2020年），到2020年，中国铁路网规模将达到12万千米以上。其中，时速200千米及其以上的客运专线将达到1.8万千米。加上既有线提速，中国铁路快速客运网将达到5万千米以上，运输能力满足国民经济和社会发展需要，主要技术装备达到或接近国际先进水平。铁路是个远程重轨运输工具，但随着城市建设和经济的繁荣，城市人口大幅增加，近年来城市钢轨交通也正处于高速发展时期。

城市的繁荣相应带来了交通拥挤、事故频发、大气污染等一系列问题。在一些大城市和一些经济发达的中等城市，仅仅靠路面车辆运输远远不能满足客运交通的需要。城市钢轨交通节约空间、耗能低、污染小、便捷可靠，是解决城市交通的最好方式。未来我国城市将形成地铁、轻轨、市域铁路构成的城市钢轨交通网络，钢轨交通将在我国城市建设中起着举足轻重的作用。

但是，在我国钢轨交通进入快速发展的同时，解决各种管理和技术人才匮乏的问题已迫在眉睫。随着高速铁路和城市钢轨新线路的不断增加以及新技术的开发与引进，管理和技术人员的队伍需要不断壮大。企业不仅要对新的员工进行培训，对原有的职工也要进行知识更新。企业急需培养出一支能符合企业要求、业务精通、综合素质高的队伍。

北京交通大学是一所以运输管理为特色的学校，拥有该学科一流的师资和科研队伍，为我国的铁路运输和高速铁路的建设作出了重大贡献。近年来，学校非常重视钢轨交通的研究和发展，建有“钢轨交通控制与安全”国家级重点实验室、“城市交通复杂系统理论与技术”教育部重点实验室，“基于通信的列车运行控制系统（CBTC）”取得了关键技术研究的突破，并用于亦庄城轨线。为解决钢轨交通发展中人才需求问题，北京交通大学组织了学校有关院系的专家和教授编写了这套“高等教育钢轨交通‘十二五’规划教材”，以供高等学校学生教学和企业技术与管理人员培训使用。

本套教材分为交通运输、机车车辆、电气牵引和土木工程四个系列，涵盖了交通规划、运营管理、信号与控制、机车与车辆制造、土木工程等领域，每本教材都是由该领域的专家执笔，教材覆盖面广，内容丰富实用。在教材的组织过程中，我们进行了充分调研，精心策划和大量论证，并听取了教学一线的教师和学科专家们的意见，经过作者们的辛勤耕耘以及编辑人员的辛勤努力，这套丛书才得以成功出版。在此，向他们表示衷心的谢意。

希望这套系列教材的出版能为我国钢轨交通人才的培养贡献绵薄之力。由于钢轨交通是一个快速发展的领域，知识和技术更新快，教材中难免会有诸多的不足，在此诚请各位同仁、专家不吝批评指正，同时也方便以后教材的修订工作。

编委会

2013 年 5 月

出版说明

为促进高等钢轨交通专业电力牵引类教材体系的建设，满足目前钢轨交通类专业人才培养的需要，北京交通大学电气工程学院、远程与继续教育学院和北京交通大学出版社组织以北京交通大学从事钢轨交通研究教学的一线教师为主体、联合其他交通院校教师，并在有关单位领导和专家的大力支持下，编写了本套“高等教育钢轨交通‘十二五’规划教材”。本套教材的编写突出实用性。本着“理论部分通俗易懂，实操部分图文并茂”的原则，侧重实际工作岗位操作技能的培养。为方便读者，本系列教材采用“立体化”教学资源建设方式，配套有教学课件、习题库、自学指导书，并将陆续配备教学光盘。本系列教材可供相关专业的全日制或在职学习的本专科学生使用，也可供从事相关工作的工程技术人员参考。本系列教材得到从事钢轨交通研究的众多专家、学者的帮助和具体指导，在此表示深深的敬意和感谢。本系列教材从2012年1月起陆续推出，首批包括：《电路》、《模拟电子技术》、《数字电子技术》、《工程电磁场》、《电机学》、《电传动控制系统》、《电力系统分析》、《电力系统继电保护》、《高电压技术》、《牵引供电系统》、《城市钢轨交通供电》。希望本套教材的出版对钢轨交通的发展、钢轨交通专业人才的培养，特别是钢轨交通电气牵引专业课程的课堂教学有所贡献。

编委会
2013 年 5 月

前　言

为了贯彻国家“科教兴国”战略和落实教育部“面向二十一世纪教育振兴行动计划”，积极发展高等教育，培养社会主义现代化建设需要的专门人才的需要，编写了此书。

全书分12章。首先，在概论中简要地介绍了电气化铁路的发展历程，并重点介绍了牵引供电的供电方式及牵引供电系统设计时所需要进行的主要工作。其次，根据牵引供电系统组成的结构和设计思路，依次讲述了牵引变压器及其选择、牵引供电的负荷计算、接触网及牵引网阻抗、短路计算、牵引供电一次系统及二次系统、防雷接地。最后，根据牵引供电系统的特殊性，单独列章讲述了牵引供电系统的电压损失和电能损失计算、其对通信系统的影响计算和谐波功率因数负序等有关问题。

在编写过程中，重点突出实用原则，理论分析和计算以够用为度，略掉空泛的概念性的内容，使学生学之有物。在文字叙述上，力求深入浅出，明白易懂；尽量配以简明清晰的插图，做到图文并茂。为更加便于学生复习和自学，我们配套编写了本教材的自学辅导书和习题集。

本书第1章、第2章、第4章、第7章、第9章、第10章由石家庄铁道大学张福生编写，第3章和第11章由兰州交通大学张红生编写，第5章由华东交通大学的刘仕兵编写，第6章由华东交通大学的刘仕兵和何人望编写，第8章、第12章由石家庄铁道大学崔跃华编写。全书由张福生统稿。

限于编者水平和时间有限，书中难免疏漏之处，肯请读者批评指正。

编　者

2013年5月

目　录

第1章

概　　论

【本章内容概要】

概述世界电气化铁路发展历程及其特点；介绍牵引供电制式的分类、牵引供电方式，牵引供电系统设计的程序、要求及设计内容。

【本章学习重点与难点】

学习重点：牵引供电系统组成；牵引供电系统供电方式。

学习难点：牵引供电系统供电方式。

1.1　电气化铁路的发展概况

1. 电气化铁路发展历程

1879 年 5 月 31 日在德国柏林的世界贸易博览会上，由西门子－哈克斯公司展出了世界上第一条电气化铁路，迄今已有 130 多年的历史。低能耗、高效率、高速度的电力牵引已成为世界各国铁路发展的趋势。20 世纪 90 年代法国、德国、日本等国家在客运方面向高速发展。法国高速列车 2007 年 4 月 3 日在行驶试验中达到时速 574. 8 km，打破了 1990 年由法国高速列车创下的时速 515. 3 公里的有轨铁路行驶世界纪录。

磁悬浮高速列车也在德国、日本相继出现。一列载人的日本磁悬浮列车于 2003 年 12 月 2 日在 428 km 长的山梨试验线上创下了 581 km/h 的新的世界速度记录，从而打破了 1999 年在同一试验线上创下的 552 km/h 的世界纪录。

1961 年 8 月 15 日，中国第一条电气化铁路宝成线宝鸡—凤洲段正式通车，从此揭开了中国电气化铁路建设的序幕。1998 年 5 月，广深线成为中国第一条准高速电气化铁路，时速为 200 km。2006 年京沪线开始施工，设计时速 350 km。到 2012 年全国铁路营业里程达到 11 万 km，双线、电化率均达到 50% 以上，时速 200 km 以上的客运专线达到 1. 3 万 km，其中时速 300 ～ 350 km 的为 8 000 km，快速客运网总规模达到 26 000 km 以上。

2. 电气化铁路的特点

电气化铁路以电力牵引技术为基础，它综合了现代的通信技术、计算机技术、电子技术、自动化技术和冶金技术等学科的成果，其突出特点是高速、高效、安全。电气化铁路是 21 世纪世界铁路发展的主流，具有航海、航空和汽车运输无法比拟的优势，主要特点有以下三个方面。

（1）运输效率高，运量大，运行成本低。相比内燃机车，电力机车本身不带燃料，为非自给式牵引动力，机车的总功率大，具有启动和加速快、过载能力强、运输能力大的优点。中国国产功率最大的货运内燃车 DF_{8B}牵引功率为 3 100 kW，而典型的货运电力机车 SS_{4B}牵引功率为 6 400 kW，HXD1 型电力机车机车牵引功率更是达到了 9 600 kW。可以说，铁路要想客车高速、货车重载，线路电气化是必然的趋势。据有关资料介绍，电气化高速铁路的列车密度可达到每间隔 4 ～ 5 min 发出一列，每天可开行 200 ～ 240 列列车，每年可运送旅客 6 000 万～ 8 000 万人。其劳动生产效率是其他运输方式无法相比的。

（2）能耗低，有利于环境保护。电气化铁路由于采用电能作为能源，它基本上无粉尘、油烟、废气等污染，这无疑对改善生态环境和人民的健康状况是有益的。

（3）安全、舒适、准时。铁路的旅客车厢空间大，可以给旅客的旅行生活提供很大的活动场所。尤其是豪华车厢，其设施可以和星级宾馆相比，为旅客创造安静、舒适的环境。列车的运行受天气、地面运输环境的影响较小，基本上是全天候运输作业，列车的准点率也较高，而这也是飞机和汽车难以实现的。

3. 牵引供电制式的分类

按牵引供电制式，可分为直流制、低频单相交流制、单相工频交流制。

1）直流制

早期的电气化铁路采用直流供电，最初只能供 600 V 的直流，供近距离使用。随着人们对大功率机车的需求和长距离电气化铁路的需要，直流供电电压逐步提高，最高达到 3 000 V。这对供电的经济性有利，但限于技术水平，电力机车在技术上存在困难，主要是牵引电动机换相困难。直流机车普遍采用串励直流牵引电动机，这是因为串励直流电动机的机械特性特别适合电力牵引的需要，机车的电动机直接连接在电网上取流，通过控制电阻和电动机的串并联来对机车进行启动、调速和制动的控制，这在当时是比较可行的。

世界铁路直流电气化历史很长，约有 10 万公里。在单相工频交流制推广以后，除原有直流系统的铁路扩建外，新干线已经很少再采用直流制。但是市郊铁路、城市交通、地下铁道、工矿企业内部运输等供电距离短的地方仍为直流供电，而且使用直流动车和直流机车。

通常有轨电车和地铁的直流电压是 600 V 和 750 V，铁路使用 1 500 V 和 3 000 V。日本、荷兰、印尼、澳大利亚、马来西亚的一些地区，法国的少数地区使用 1 500 V 的直流电。荷兰实际使用的电压大约有 1 600 V 到 1 700 V。意大利、比利时、捷克北部、斯洛伐克、波兰、前南斯拉夫、前苏联使用 3 000 V 直流电。

采用直流供电的系统和电力机车比较简单，但是因为电压低、电流大，所以它需要较粗的导线，供电距离较短，变电所的密度比较大，直流线路有显著的能量损耗。

2）低频单相交流制

鉴于提高输送功率和供电距离的需要，人们不得不进一步提高供电电压。但是高压直流输电在当时有其固有的困难，人们便开始试验高压交流供电，且机车使用单相交流串励换相器电动机，该电动机工作特性与直流串励电动机接近。供电和机车可以各自选择最佳额定电压。但是单相交流串励换相器电动机换相条件差，要求低频电源，所以铁路要求专用低频发电厂。另外，该种电机结构复杂、维修不便，所以使用这种供电制的国家很少，有德国、瑞典、瑞士、挪威、奥地利等。供电电压主要是 15 kV，频率是 $16\frac{2}{3}$ Hz。美国使用 11 kV 或 12.5 kV，频率是 25 Hz。各国该电流制的铁路总计里程近 3 万公里，新建铁路已经不再使用这种方式。

3）单相工频交流制

20 世纪 50 年代前期，整流器机车出现，并以其优越性而很快得到推广。供电制式出现了单相工频供电制，接触网电压采用 25 kV，频率为工频 50 Hz，这使得铁路供电既简单又经济。这一时期，我国电气化铁路开始起步，所以就采用了这种制式，机车性能和供电的经济性均较好。

单相工频整流器机车装有变压器和单相整流器，电机采用串励直流脉动牵引电动机，可以让接触网和电动机各自选定最有利的额定电压。在这段时间里，电力电子技术和微电子技术的发展使电力机车技术提高到了一个新的阶段。直流机车的控制得到了很大发展，我国从 SS_1 型一直发展到 SS_9 型，其控制方式和保护功能得到了不断地提升。后来，在单相工频交流供电的基础上，又出现了交流传动机车，即所谓“交－直－交”电力机车，采用接触网单相交流供电，整成直流后逆变成三相交流电，供给三相异步电动机牵引之用，和谐号和动车组就是典型的代表。

1.2　牵引供电系统组成

牵引供电系统是由牵引变电所、牵引网及其他辅助供电设施组成的供电系统。

牵引变电所从电力系统取得电能，并将电压变换成适合机车使用的电压，然后供给牵引供电回路，牵引供电回路将电能供给电力机车使用。

牵引供电回路是由牵引变电所、馈电线、接触网、电力机车、钢轨、回流线、大地，牵引变电所接地网组成的闭合回路。

1. 牵引变电所

牵引变电所的主要任务是将电力系统输送来的 110 kV 或是 220 kV 三相交流电变换为 27.5（或 55）kV 单相电，然后经馈电线将单相供电送至接触网上。电压变化由牵引变压器完成，三相交流电变为单相交流电，是通过牵引变压器的电气接线来实现的。牵引变电所通常设置两台变压器，采用双电源供电，以提高供电的可靠性。变压器的接线方式目前采用三相 Yd11 接线、单相 V/V 接线、单相接线及三相－两相斯科特变压器等。牵引变电所还设置有串联和并联的电容补偿装置，用以改善供电系统的电能质量，减少牵引负荷对电力系统和通信线路的影响。

2. 牵引供电回路

电力牵引供变电系统是指从电力系统接受电能，通过变压、变相后，向电力机车供电的系统。牵引供电回路是由牵引变电所、馈电线、接触网、电力机车、钢轨、大地或回流线构成。另外，还有分区所、开闭所、自耦变压器站等，如图 1-1 所示。

3. 开闭所

开闭所（SSP）是指设有开关，能进行电分段或变更馈线数目的开关站。

为了增加枢纽地区供电的可靠性和缩小事故的影响范围，一般设置开闭所。

枢纽地区的供电，分为由里向外供和由外向里供两种方式。由里向外供在枢纽内设置牵引变电所，将电能从电力系统引入牵引变电所，再由牵引变电所变换电压，将电能由牵引

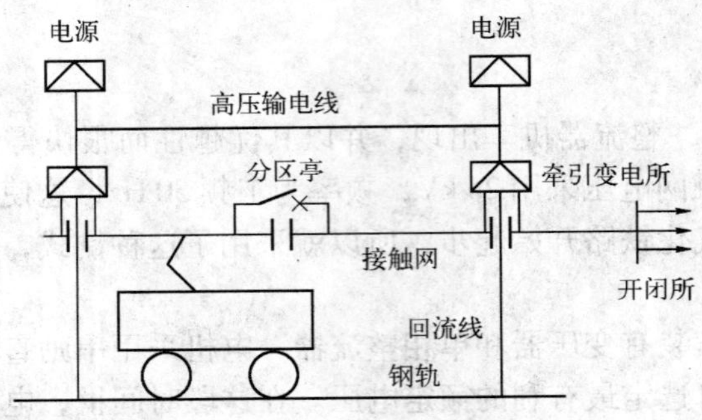

图 1-1 牵引供电系统示意图

变电所引出至牵引供电系统，供给机车电能。“由外向里供”方式在枢纽内不设牵引变电所，是从其他的牵引变电所将电能引入枢纽地区，供给机车电能。这种供电方式将使枢纽地区的供电极为复杂。AT 供电方式时，供电臂较长，在供电臂中部也设开闭所。开闭所应有来自不同牵引变电所的（单线区段）或同一牵引变电所的不同馈线段（双线区段）的两回进线。

开闭所应尽量设置在枢纽地区的负荷中心处，以减少馈线的长度，防止馈线与接触网的交叉干扰。

4. 分区所（SP）

接触网通常在两相邻牵引变电所的中央断开，将相邻的牵引变电所中间的两个供电臂分为两个供电分区。在中央断开处设开关设备可以将两个供电分区连通，此处的开关设备称为分区所。分区所可使相邻的接触网供电区段（同一供电臂的上、下行或两相邻变电所的两供电臂）实现并联或单独工作。如果分区所两侧的某一区段接触网发生短路故障，牵引变电所馈线断路器及分区所断路器在继电保护的作用下自动跳闸，将故障段接触网切除，而非故障段的接触网仍照常工作，从而使事故范围缩小一半。必要时还可以实现越区供电，增加了供电的灵活性和运行的可靠性。

5. 自耦变压器站

电力牵引供电系统采用自耦变压器供电方式时，在沿线每隔 10 ～ 15 km 设置一台自耦变压器。设置时尽量将自耦变压器设于沿铁路的各站场上。同时，尽量与分区所、开闭所合并，以便于运行管理。

6. 牵引网

牵引网是由接触网和回流回路构成的供电回路，完成对电力机车的送电任务。采用 BT 供电方式时，还要有回流线。采用 AT 供电供电方式时，还有正馈线和保护线。

（1）供电线：接触网与牵引变电所之间的电连接线。

（2）接触网：一种特殊的输电线，架设在铁路上方，机车受电弓与其摩擦受电。

（3）回流线：与钢轨并联、起回流作用的导线。

（4）分相绝缘器（电分相）：串在接触网上，目的是把两相不同的供电区分开，并使机车光滑过渡，主要用在牵引变电所出口处和分区处。

（5）分段绝缘器（电分段）：分为纵向电分段和横向电分段，前者用线路接触网上，后者用于站场各条接触网之间。通过其上的隔离开关将有关接触网进行电气连通或断开，以保证供电的可靠性、灵活性和缩小停电范围等。

（6）供电分区：正常供电时，由牵引变电所馈线到接触网末端的一段供电线路，也称为供电区。

1.3 牵引供电系统供电方式

牵引供电系统首先从电力系统取得电能，然后由牵引变电所向牵引网供电，牵引网向电力机车供电，因为铁路运输的特殊性，牵引供电系统供电方式遵循一定的要求。

1. 电力系统对牵引变电所的供电

在电力牵引区段，牵引供电的可靠性，关系到铁路运输的可靠性，牵引供电一旦停电，用电区段的铁路就要陷于瘫痪，导致运输混乱，造成国民经济重大损失。因此，《铁路电力牵引供电设计规范》（TB 10009—2005）规定电力牵引应为一级负荷，牵引变电所应有两路电源供电；当任一路故障时，另一路仍应正常供电。其中两路电源一般来自电力系统的不同变电站（或电厂）。当确有困难时，可来自同一变电站的不同回路的两段母线。在确定牵引供电方式时，要考虑供电的可靠性、电源容量及供电的经济性。牵引变电所进线电源的电压等级应为110 kV或220 kV。

2. 牵引变电所对牵引网的供电

我国铁路运输分为单线区段和双线区段。

单线区段中，牵引变电所馈出线有两条，分别向上行和下行接触网供电。牵引变电所对接触网的供电方式有单边、双边供电和越区供电3种。单边供电和双边供电为正常的供电方式。其中单边供电是指供电臂只从一端的变电所取得电流的供电方式，而双边供电则是指供电臂从两端相邻的变电所取得电流。越区供电是一种非正常供电方式（也称事故供电方式），是指当某一牵引变电所因故障不能正常供电时，相邻牵引变电所通过本身的供电臂，再经分区所的开关设备给故障变电所供电臂临时供电的情况。但是，不同电力系统供电的接触网分相装置区段，应加强绝缘，严禁将两个电力系统接通。

双线区段的供电情况与单线区段类同，但牵引变电所馈出线有4条，分别向两侧上、下行接触网供电。牵引变电所同一侧上、下行实现并联供电，提高供电臂末端电压。越区供电时，通过分区所内的开关设备去实现。

单边供电因其保护和操作简单，得到了广泛的应用。双边供电非常复杂，我国没有应用。现在仅介绍我国常用的单线区段的单边供电和双线区段的并联供电。

1）单线区段的单边供电方式

单线区段一般采用单边供电方式，是指各牵引变电所相互独立，接触网的供电分区由牵引变电所从一边供应电能，相邻两个牵引变电所之间的供电臂（每个接触网供电分区通常称为一个供电臂）相互绝缘，机车只从相关的某个牵引变电所取电的供电方式。对于两个异相牵引端口的牵引变电所，通常在牵引变电所出口两馈线相连的接触网上及分区的接触网上设分相绝缘器。当某一牵引变电所因故障失电时，可将分区所的开关合上进行越区供电。单线区段普遍采用这种供电方式，如图1-2所示。

2）双线区段的单边末端并联供电

由于双线区段牵引变电所同一侧的上下行接触网均供应同相电，故可在接触网供电端用分区所中的断路器连接起来，形成单边末端并联供电，如图 1-3 所示。

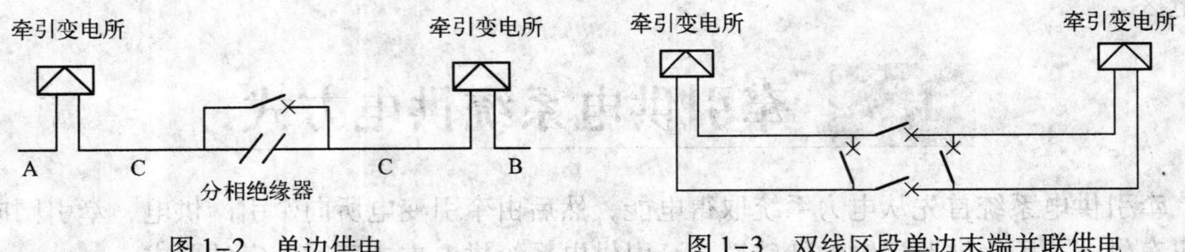

图 1-2 单边供电　　图 1-3 双线区段单边末端并联供电

单边末端并联供电时，电力机车由上下行接触网线路并联供电，使分配在每条接触网中的电流减小，或是说并联线路使得阻抗变小，从而使接触网的电压损失和电能损失减小。

当某一供电臂故障时，为了保证另一供电臂正常供电，需通过继电保护装置自动将末端并联的断路器打开，这样缩小了停电的区域；如果是某一牵引变电所故障，则接通两供电分区相连的断路器，实现由另一牵引变电所的越区供电。双线区段普遍采用这种供电方式。

3）双线区段的单边全并联供电

单边全并联供电是在每个车站利用负荷开关将上下行接触网并联，形成并联网络。并联负荷开关可自动投切，也可由设于车站的远动终端由电力调度控制，如图 1-4 所示。

全并联供电的优点是：比末端并联供电能更有效地减小接触网阻抗，降低接触网电压损失和电能损失，另一方面又能对接触网的短路故障进行更有效的保护。

3. 牵引网的供电方式

牵引网的供电方式有直接供电方式、带回流线的直接供电方式、自耦变压器供电方式、吸流变压器供电方式和同轴电力电缆供电方式。

1）直接供电方式

牵引变电所将电能通过馈电线传输到接触网，接触网通过受电弓连接到机车的变压器一次侧，然后通过钢轨流回牵引变电所，如图 1-5 所示。直接供电方式供电距离单线一般 30 km左右，双线一般 25 km 左右。这种方式优点是结构简单、投资少，其主要缺点是机车电流会经由钢轨、大地流回牵引变电所，对通信线路产生很大影响，钢轨电位较高。

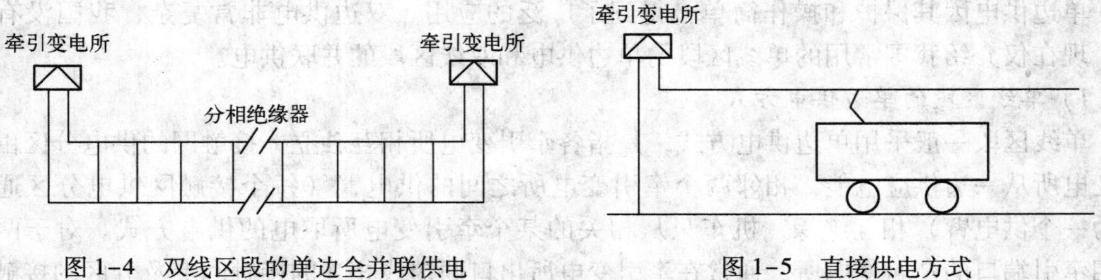

图 1-4 双线区段的单边全并联供电　　图 1-5 直接供电方式

2）带回流线的直接供电方式

带回流线的直接供电方式简称 DN 供电方式，它是在直接供电方式的基础上，在接触网支柱上架设一条与钢轨并联的回流线，如图 1-6 所示。

增加回流线后，原来流经钢轨、大地的电流，大部分改由架空回流线流回牵引变电所，其方向与接触网中馈线电流方向相反，架空回流线与接触网距离较近，两个电流互相耦合，显著地削弱了接触网和回流线周围空间的交变磁场，从而使牵引电流在邻近的通信线路中的电磁感应影响大大减小，因此，对邻近通信线路的影响大为降低，钢轨电位也有所降低。

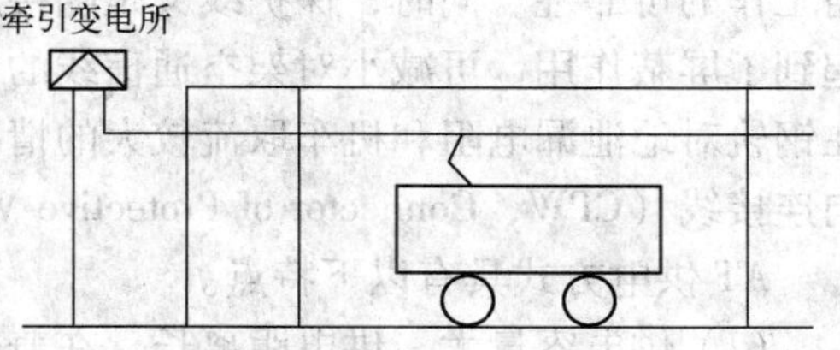

图 1-6　带回流线的直接供电方式

3）自耦变压器供电方式

自耦变压器供电方式又称为 AT 供电方式。自耦变压器（Auto-Transformer）是一种电力变压器，并接与接触网（C）、钢轨（T）和正馈线（F）之中。这种方式由接触网、钢轨、正馈线和自耦变压器组成供电回路，并在接触网和正馈线之间每隔 10 ～ 15 km 并入一台自耦变压器，其中心抽头与钢轨连接，为了减少对通信线路产生的电磁干扰，正馈线与接触悬挂同杆架设于接触网支柱的田野侧。55 kV AT 供电模式于 1960 年代在日本新干线率先得到应用并发展，我国在 1980 年修建的京秦线几乎照搬了这种模式，如图 1-7 所示。法国、前苏联则采用 2 × 27.5 kV AT 供电模式。近年来，这种模式在我国高速铁路中广泛采用，如图 1-8所示。55 kV AT 供电模式供电能力比 2 × 27.5 kV AT 供电模式要好。无论是哪种模式，其供电电压提高一倍，牵引网阻抗变小，都使供电距离增长，且对通信的影响是相似的。

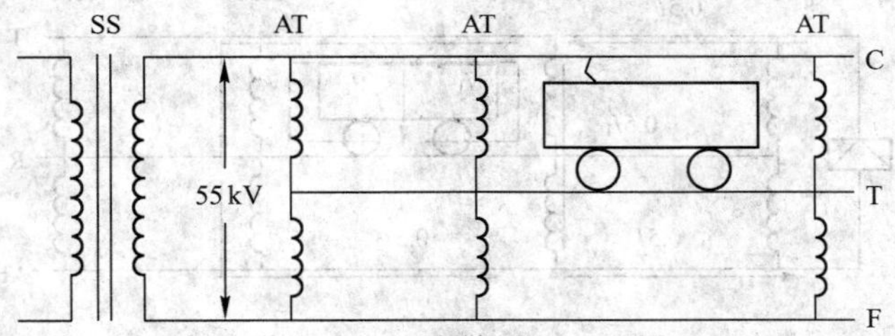

图 1-7　55 kV AT 供电模式

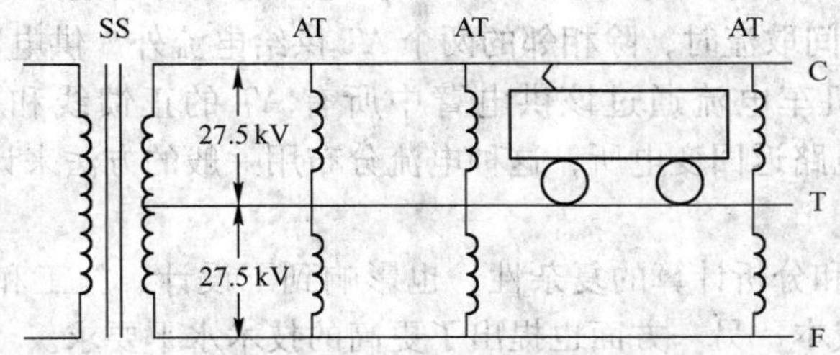

图 1-8　2 × 27.5 kV AT 供电模式

实际的 AT 供电方式往往还增加一根接地保护线（PW，Protective Wire）。在 AT 处，保护线与接触悬挂金属支座或双重绝缘子中部相连，并与钢轨连接，在自动闭塞区段则与钢轨电路中的信号扼流线圈中点相连。保护线电位一般在 500 V 以下，正常情况下不流过牵引电流。当绝缘子发生闪络时，短路电流可由保护线作回路而不经信号钢轨电路，提高了信号电路工作的可靠性。同时，保护线又是随接触网支柱架空悬挂的，相当于架空地线，对接触网起到了屏蔽作用，可减小对架空通信线的干扰，也起到避雷线的作用，通过放电器 G 入地。在钢轨对地泄漏电阻和机车取流较大的情况下，为降低钢轨电位，还可在 AT 区段中部加横向连接线（CPW，Connector of Protective Wire），将钢轨与保护线并接。

AT 供电方式具有以下特点。

（1）供电容量大，供电距离长。在兼容原有电力机车的前提下，提高了供电电压，有利于输送功率和供电距离的提高；同时 AT 并联于牵引网中，减小了牵引网阻抗，有利于降低压损和能损。该供电方式供电距离长可达到直接供电方式的 170% ～ 200%，尤其适合于高速、重载的应用场合。

（2）减少电分段和电分相。AT 供电方式供电距离较长，使得所需采用的电分相和电分段减少，有利于机车速度的提高。

（3）有效减弱对通信的感应影响。设机车电流为 I，则 AT 原边电流为 $I/2$，即牵引变压器次边为机车电流的一半。在理想情况下，T 与 AF 中流过的电流大小相等，方向相反，可以对通信明线的影响进行有效地防护，如图 1-9 所示。与 BT 方式相比，在机车电流相同情况下，从变电所至最靠近机车的 AT 间，接触网与正馈线上电流只有机车电流的一半，对通信明线干扰将大大减弱。另外，在机车电流的两个 AT 间的区段内，机车电流总是由左右两侧接触网双边供给，方向相反，对通信明线的干扰互相抵消，因此具有更好的防护效果。

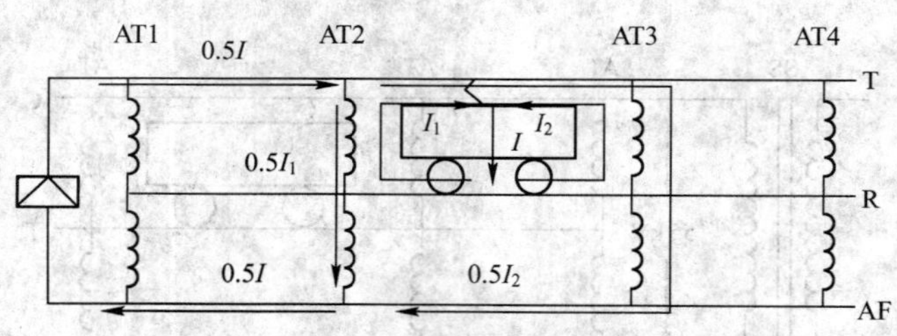

图 1-9　AT 供电方式电流分布

（4）设计、施工、运营较复杂。实际上 AT 供电回路中的电流分布是非常复杂的。电力机车在任意一个 AT 区间取流时，除相邻的两个 AT 供给电流外，供电臂上其他 AT 也要向该机车供给部分电流。机车电流通过该供电臂中所有 AT 的正馈线和钢轨之间的线圈与钢轨 - 大地形成的链形电路返回变电所，这种电流分布用一般的方法来计算将十分困难，通常都采用计算机。

AT 供电方式结构和分析计算的复杂性，也影响到了设计、施工和运营维护，一方面增大了建设投资和运营成本，另一方面也提出了更高的技术水平要求。

供电方式的选择应综合铁路、电力系统、铁路内外通信线路防护要求等技术经济因素比较选择来确定。一般情况下宜采用直接供电方式，繁忙干线、重载区段或沿铁路电力系统电源点（电厂、地区变电站）较少区段，可采用自耦变压器供电方式，同一条电气化铁路的不同区段，可根据情况采用不同的供电方式。

1.4 牵引供电系统设计的一般知识

1. 牵引供电系统设计的程序和要求

铁路大中型建设项目应在项目决策阶段开展预可行性研究和可行性研究，在项目实施阶段开展初步设计和施工图。小型项目或工程简易的项目可适当简化，在决策阶段开展可行性研究，实施阶段开展施工图，其文件内容和深度应满足项目决策及实施的要求。

2. 设计内容

1）*初步设计*

初步设计文件是项目建设的主要依据，应根据批准的可行性研究报告进行现场调查，对局部方案进行比选，采用定测资料，依据批准的环境影响报告书、水土保持方案、地质灾害危险性评估、压覆矿产资源评估、地震安全性评价、防洪影响评价报告及通航论证报告等，进行比较详细的设计。其内容和深度主要包括：确定各项工程设计原则、设计方案和技术问题；提出工程数量、主要设备数量、主要材料数量、用地及拆迁数量、施工组织设计及总概算；确定环境保护和水土保持措施。初步设计文件经审查、修改、批准后，作为控制建设规模和总投资的依据，应满足征用土地、建筑物拆迁、进行施工准备及主要设备采购的需要。

根据上述要求，初步设计中应提供的资料包括以下几项。

(1) 牵引供电系统供电方案的内容：

- 供电计算基础资料；
- 牵引网供电方式；
- 牵引变电所、开闭所、分区所、AT 所、电力调度所分布；
- 牵引网电气参数计算；
- 牵引变压器类型与容量；
- 接触网悬挂类型；
- 牵引网导线的电源分配及各种导线选择；
- 牵引网电压水平及补偿措施；
- 牵引能耗及电能损失计算；
- 接触网的供电及运行方式；
- 牵引网正常运行和故障运行状态下的供电能力分析；
- 电能质量分析及措施；

附图：

- 牵引供电设施示意图（带线路纵断面）；
- 牵引供电方式及供电分段示意图。

(2) 牵引变电所、开闭所、分区所、AT 所及电力调度所的设计内容：

- 牵引变电所、开闭所、分区所、AT 所所址选定；
- 主接线及运行方式；
- 设备选择；
- 总平面及生产房屋配置；

- 架构类型及计算条件；
- 保护配置及综合自动化系统；
- 自用电系统；
- 防雷与接地；
- 提高可靠性的措施；
- 环境保护措施；
- 节约能源措施；
- 采用的新技术、新设备及特殊设计；

附图：

- 牵引变电所、开闭所、分区所主接线图；
- 牵引变电所总平面布置图；
- 牵引变电所生产房屋平面布置图；
- 远动系统构成图；
- 安全监控系统构成图。

(3) 接触网的设计内容：

- 接触网新建及改建范围、悬挂类型；
- 线材及主要设备选择；
- 站场雨棚、桥梁、隧道、跨线建筑物处的接触网悬挂安装类型。

(4) 技术数据包括接触线高度、结构高度、跨距长度、锚段长度、补偿方式、中心锚结、侧面限界、绝缘距离、锚段关节、道岔区接触网交叉设计形式、电分相等。

(5) 接触网安装主要设计原则。

(6) 接触网支柱基础处理（不良地质地段、高填方路堤地段等）。

(7) 防雷与接地。

(8) 供电分段原则。

(9) 防护措施。

(10) 采用的新技术、新设备及特殊设计。

(11) 接触网工程的过渡设计原则。

(12) 提高可靠性措施。

(13) 接触网抢修、检修设备和规模。

附图：

接触网电分段示意图。

2) 施工图设计

施工图文件是工程实施和验收的依据，应根据初步设计审批意见，采用定测及补充定测资料编制，为施工提供需要的图表和设计说明，并依据施工图工程数量编制投资检算。施工图文件应详细说明施工注意事项和要求，说明运营管理中应注意的事项和安全施工的措施，施工图投资检算由建设单位进行审查后，按章节编制施工图预算。施工图总预算原则上应控制在批复的初步设计总概算之内，并报部核备。因特殊情况而超出者，须经铁道部批准后方可实施。

(1) 牵引变电所、开闭所、分区所、AT 所及电力调度所应提供的说明及设计的图纸。

说明：

- 初步设计审批意见的主要内容及执行情况；
- 设计说明（总的工程情况、设计内容、工程数量、设备数量、采用先进技术及其他必要的说明）；
- 环境保护措施；
- 节约能源措施；
- 施工注意事项；
- 运营注意事项；
- 安全施工的措施（考虑营业线运营、新结构、新材料、新工艺等因素，提出安全施工及安全运营的措施）。

附件：

- 工程数量表；
- 主要设备数量表；
- 主要材料数量表；
- 采用标准图、通用图一览表；
- 甲供物资、设备一览表；
- 有关协议、纪要及公文；
- 图纸目录。

附图：

- 主接线图；
- 总平面布置图；
- 生产房屋平面布置图；
- 生产房屋设备及网栅布置图；
- 生产房屋母线布置图；
- 间隔断面图；
- 设备安装图；
- 防雷与接地平面布置图；
- 生产房屋预埋件位置图；
- 交直流自用电系统图；
- 二次回路接线图；
- 盘面布置图及控制盘盘面布置总图；
- 主控制室配电盘布置及小母线配置图；
- 端子排接线图；
- 断路器机构箱安装接线图；
- 电缆敷设图；
- 电缆清册布置图；
- 架构组装图及零部件图；
- 调度所平面布置和远动装置接地系统图；
- 远动对象表；

- 远动装置系统图；
- 远动装置外部接线图；
- 综合自动化系统构成图；
- 安全监控系统构成、设备布置及接线图；
- 调度盘、台面布置图、电源盘盘面布置图；
- 远动设备安装图及房屋预埋件位置图；
- 远动装置、调度盘、台端子排接线图；
- 继电保护整定计算。

（2）接触网应提供的设计说明及图纸。

说明：

- 初步设计审批意见的主要内容及执行情况；
- 设计说明［总的工程情况、设计内容（含当行车速度≥200km/h 时接触线预留弛速设计）、工程数量、设备数量、采用的先进技术、接口配合说明、过渡工程说明及其他的必要说明］；
- 施工注意事项；
- 运营注意事项；
- 安全施工的措施（考虑周边环境、邻近工程、重点部位和环节、营业线运营、新结构、新材料、新工艺等因素，提出安全施工及安全运营的措施）。

附件：

- 工程数量表；
- 主要设备数量表；
- 主要材料数量表；
- 采用的标准图、通用图一览表；
- 甲供物资、设备一览表；
- 有关协议、纪要及公文；
- 图纸目录。

附图：

- 站场接触网平面布置图；
- 区间接触网平面布置图；
- 隧道内悬挂平面布置图；
- 供电线平面布置图；
- 接触网与土建部分接口设计安装图；
- 接触网支柱基础设计图；
- 支柱设计图；
- 单腕臂安装图；
- 双腕臂安装图；
- 隧道内悬挂安装图；
- 下锚补偿安装图；
- 设备安装图；

- 悬挂安装图；
- 接地预埋设施及其回流端子设备安装图；
- 硬横跨安装图；
- 零件图；
- 供电分段示意图；
- 其他。

复习参考题

1. 简述牵引供电制式的分类。
2. 结合所学知识，分析直流制供电方式对于牵引供电的优缺点。
3. 学习相关资料，分析单相工频交流制得到广泛采用的原因。
4. 我国电力机车从 SS_1 一直发展到 SS_9，现在为什么又大力发展交流机车？
5. 双线区段采用并联供电的优点是什么？实际运行中所遇到的困难是什么？
6. 牵引网的不同供电方式主要解决什么问题？

第2章

牵引变电所

【本章内容概要】

概述牵引变电所的主要功能；详细阐述了牵引变压器采用单相接线、三相 Vv 或 V，X 接线、三相－两相平衡接线（包括斯科特接线及阻抗匹配平衡接线等）、三相接线（包括 YNd11 及 YNd11d1 十字交叉接线）时的不对称度、容量利用率、换相连接问题及各自优缺点。

【本章学习重点与难点】

学习重点：牵引变压器的换相连接。

学习难点：斯科特变压器的工作原理。

我国电气化铁路采用工频单相交流制，电力系统将电能输送到变电所，牵引变电所再将电力系统输送的电能变换为适合电力机车使用的形式，电力机车则完成牵引任务，因此牵引变电所的地位是非常重要的。

牵引变电所的主要任务是将电力系统输送来的三相高压电变换成适合电力机车使用的电能。我国电力系统是三相交流系统，电气化铁路采用的是工频单相 25 kV 交流，需要牵引变电所变换电压等级和将三相变成单相。另外，电气化铁路产生的负序电流和高次谐波对电力系统会造成诸多不良影响，也需要通过牵引变电所来解决。因此，牵引变电所的作用主要有以下几个方面。

1. 将电力系统的电能变换成适合电力机车使用的电能

在牵引变电所内装设有牵引变压器，将电力系统 110 kV 或 220 kV 的高压降低为 27.5 kV 或 2×27.5 kV（自耦变压器供电方式），以单相电馈送给牵引网，供电力机车使用。

2. 降低电气化铁路对电力系统的影响

（1）电气化铁路的单相牵引负荷是一个不对称的负荷，对三相电力系统产生负序电流。若要减轻负序电流对三相电力系统的影响，需要在牵引变电所采取措施，相邻牵引变电所牵引变压器原边换接相序，合理安排牵引网的分段及相序；牵引变电所采用三相－二相平衡变压器。

（2）牵引变电所一次侧平均功率因数应该不低于 0.9。功率因数低会使供电系统设备能力不能充分利用，降低了使用效率，增加了能量损耗。因此，需要时应在牵引变电所二次侧母线上安装并联电容补偿装置。交流传动机车自身的功率因数很高，不需要补偿。

（3）减少牵引负荷对电力系统的谐波影响，根据有关标准规定的要求进行谐波预测计算，当大于规定值时，应采取谐波抑制措施。

主变压器是牵引变电所内的核心设备，担负着将电力系统供给的三相电源变换成适合电力机车使用的单相电的任务。由于牵引负荷具有极度不稳定、短路故障多、谐波含量大等特点，所以牵引变压器的运行环境非常恶劣，因此要求牵引变压器过负荷和抗短路冲击的能力要强，这也是牵引变压器区别于一般电力变压器的特点。

根据《铁路电力牵引供电设计规范》（TB 10009—2005）规定，牵引变压器宜采用单相接线，也可采用三相 Vv 或 V，X 接线、三相－两相平衡接线（包括斯科特接线及阻抗匹配平衡接线等）、三相接线（包括 YNd11 及 YNd11d1 十字交叉接线）等其他能满足供电要求的接线。本章将针对这几种变压器及其接线方式进行简单阐述。

2.1　单相接线变压器

电力机车是单相负荷，牵引供电系统也是单相供电，简单地说，高压电通过接触网－机车－钢轨形成回路，机车从中取用电能。因而，牵引变压器二次侧必是单相输出，采用单相变压器，应该是最简单的解决办法。考虑到三相平衡问题，又衍生出单相 Vv、三相 Vv 等不同形式。

1. 单相接线牵引变压器原理

单相接线牵引变压器原理图如图 2-1 所示。牵引变压器的原边跨接于三相电力系统中的两相；低压绕组一端连接牵引侧母线，上引致供电臂，另一端连接钢轨及接地网。工作原理与普通的单相电力变压器相同，但普通的单相电力变压器一次侧的两端，一端接高压，另一端接地或接中性点，所以只需要采用分级绝缘。单相牵引变压器的高压绕组两端都接高压，故两端的绝缘要求相同，需要采用全绝缘。

2. 单相接线供电方式

单相牵引变电所中两台变压器并联。两台变压器的高压绕组接相同的两相，低压绕组的一端分别接牵引侧母线，连接上下行接触网，所以牵引变电所直接相连的两供电臂是同相的，中间用绝缘器分开，这样不仅提高了供电的灵活性，故障时还有利于缩小事故停电范围。低压绕组的另一端连接钢轨和接地网。

在 AT 供电方式中，采用副边绕组带中间抽头的单相牵引变压器，如图 2-2 所示。变压器一次侧接电力系统的两相，二次侧分别接到两组 55kV 的牵引母线上，牵引母线通过馈线供电给供电臂。二次侧绕组中间抽头通过 N 母线上接到钢轨上，并通过放电器接地。因此，可以省去变电所内的 AT，并能提高供电利用率。

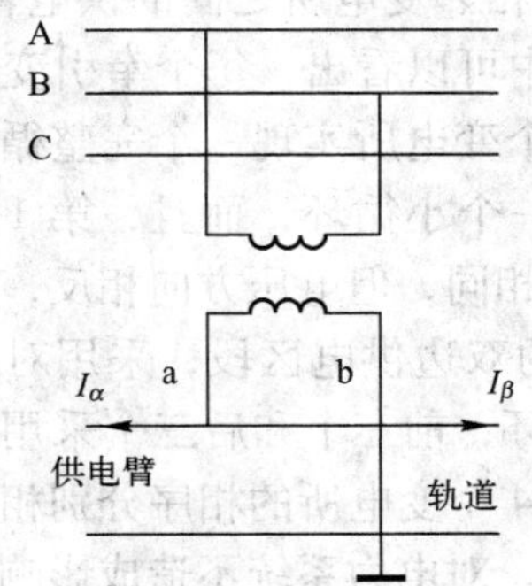

图 2-1　单相接线变压器原理图

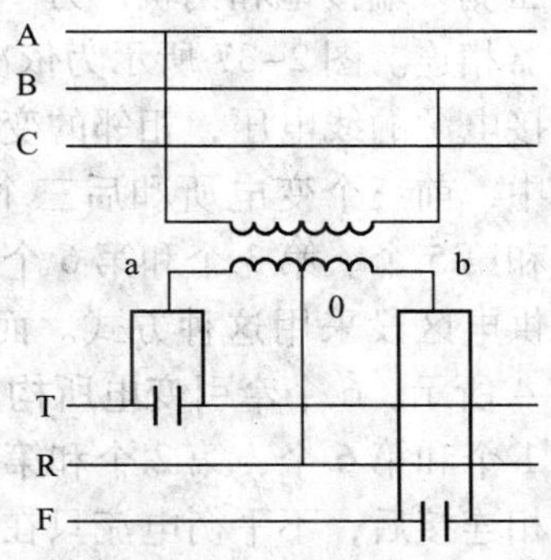

图 2-2　单相接线变压器接线

3. 单相接线牵引变压器不对称度计算

三相电流可以分解为正序分量、负序分量、零序分量。则：

$$\begin{cases}\dot{I}_1=\dfrac{1}{3}(\dot{I}_A+a\dot{I}_B+a^2\dot{I}_C)\\ \dot{I}_2=\dfrac{1}{3}(\dot{I}_A+a^2\dot{I}_B+a\dot{I}_C)\\ \dot{I}_0=\dfrac{1}{3}(\dot{I}_A+\dot{I}_B+\dot{I}_C)\end{cases} \tag{2-1}$$

对于单相负荷来说，则：

$$\begin{cases}\dot{I}_A=\dot{I}\\ \dot{I}_B=-\dot{I}\\ \dot{I}_C=0\end{cases} \tag{2-2}$$

单相负荷引起的不对称程度常用电流的不对称度来表示，具体计算方法参阅第 12 章。

假设牵引变压器原边三相对称，副边两供电臂的功率因数相等，则：

$$\begin{cases}\dot{I}_{A1}=\dfrac{1}{\sqrt{3}K_T}(I_\alpha+I_\beta)I\mathrm{e}^{-\mathrm{j}30^\circ}\\ \dot{I}_{A2}=\dfrac{1}{\sqrt{3K_T}}(I_\alpha+I_\beta)\mathrm{e}^{\mathrm{j}30^\circ}\\ \dot{I}_{A0}=0\end{cases} \tag{2-3}$$

则单相接线变压器的电流不对称度为：

$$K_I=\frac{I_2}{I_1}\times100\%=100\% \tag{2-4}$$

可见，单相接线变压器的单相负荷在电力系统中引起的负序电流和正序电流相等，电流不对称度为 100%。

4. 单相接线牵引变压器换接相序

为了减少负序电流的影响，相邻变电所的牵引变压器高压绕组所接相序依次轮换，构成所谓的换相连接，如图 2-3、图 2-4 所示。变电所的变压器高压侧分别依次接到电力系统的不同相，低压侧一端接地和钢轨，另一端接接触网，两个相邻变电所之间的供电臂为异相，用分相绝缘器相连。图 2-37 所示为依次换相连接，由图中可以看出，每个牵引变电所的变压器高压侧接电源的线电压，相邻的变电所依次接线，6 个变电所实现一个完整循环。在这个完整循环中，前三个变电所和后三个变电所各自构成一个小循环，而且，第 1 个和第 4 个、第 2 个和第 5 个、第 3 个和第 6 个变电所所取线电压相同，但电压方向相反，同一电力系统的单边供电区段采用这种方式。而对同一电力系统的双边供电区段，采用对称换接相序，如图 2-4 所示，6 个牵引变电所构成一个完整变相循环，前三个和后三个采用对称连接方式，即第 1 个和第 6 个，第 2 个和第 5 个，第 3 个和第 4 个变电所的相序分别相同。

通过换相连接后，不平衡电流只在三个变电所间流动，对电力系统不造成影响。上述情况是考虑变电所的负荷相等的情况，但牵引负荷是随时变化的，因而很难达到理想状态，电力系统中仍会有负序电流产生。

5. 单相接线牵引变压器容量利用率

单相接线牵引变压器容量利用率可达100%。

6. 单相接线牵引变压器优缺点

单相接线牵引变压器主接线简单，设备少，占地面积小，投资少。但是它不能供应地区和牵引变电所三相负荷用电。并且，单相牵引负荷产生较大的负序电流，对电力系统造成影响。接触网的供电也不能实现双边供电。所以，纯单相接线变压器适用于电力系统容量较大、电力网比较发达、三相负荷用电能够可靠地由地方电网得到供应的场合。

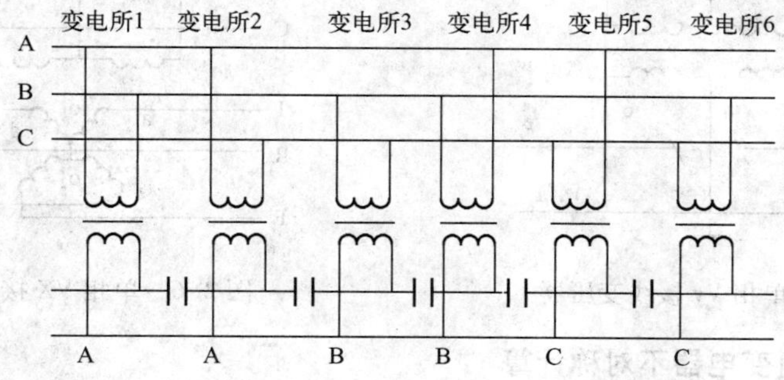

图 2-3　单相接线牵引变电所依次换接相序

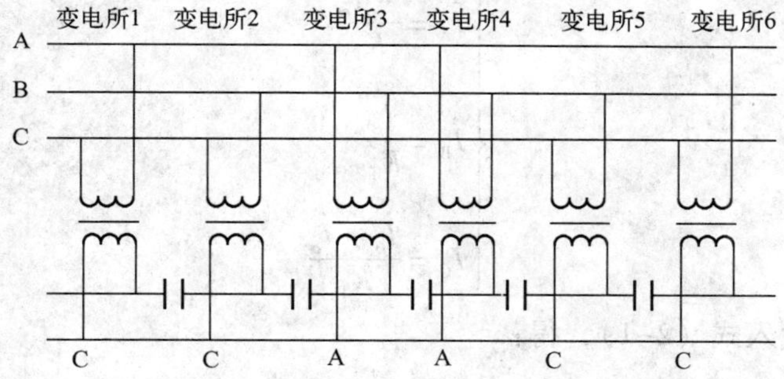

图 2-4　单相接线牵引变电所对称换接相序

2.2　单相 Vv 接线变压器

1. 单相 Vv 接线变压器原理

单相 Vv 接线变压器如图 2-5 所示，将两台单相变压器高压侧一端分别接电源的不同相，如图中接 A 和 C，另一端同时接到另外一相上，如图中接 C 相。这样变压器的高压侧看起来像一个 V 字。两台变压器的低压侧一端分别接各自相连的供电臂，另一端同时接到钢轨引回的回流线上，这样低压侧看起来也像一个 V 字，所以，这种接线变压器称为单相 Vv 接线变压器。

2. 单相 VX 接线的供电方式

单相 VX 接线用于 AT 方式供电，单相 VX 接线变电所中，有两台二次侧有中点抽头的单相变压器。如图 2-6 所示，变压器一次侧端线分别接入三相电力系统中的 A、B 和 B、C，二次侧端线 a_1、x_1和 a_2、x_2分别接到两组 55 kV 牵引母线，再经过各自的馈线接到供电臂上。两台变压器的二次侧中点抽头经 N 母线与钢轨连接，并经放电器接地。

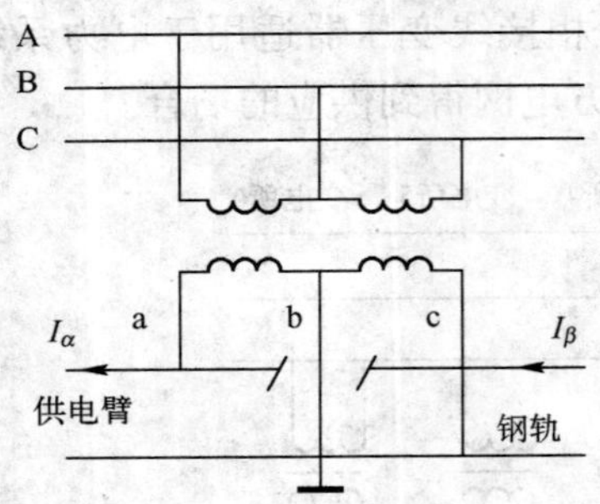

图 2-5 单相 Vv 接线变压器

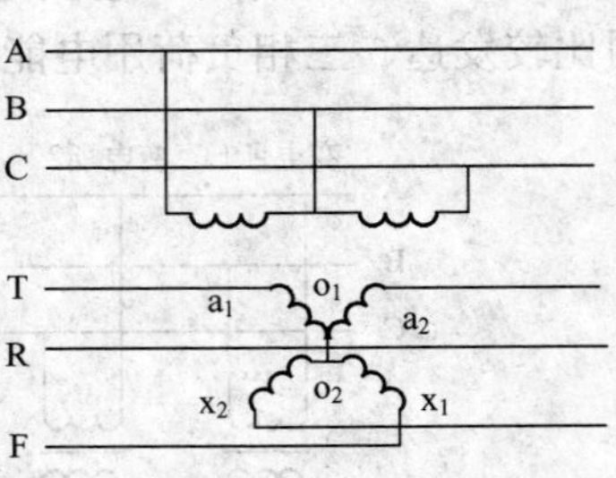

图 2-6 单相 VX 接线供电

3. 单相 Vv 牵引变电器不对称计算

变压器一、二次电流关系为：

$$\begin{cases} \dot{I}_{\mathrm{A}} = \dfrac{-\dot{I}_\alpha}{K_{\mathrm{T}}} \\ \dot{I}_{\mathrm{B}} = \dfrac{\dot{I}_\beta}{K_{\mathrm{T}}} \\ \dot{I}_{\mathrm{C}} = \dfrac{\dot{I}_\beta - \dot{I}_\alpha}{K_{\mathrm{T}}} \end{cases} \tag{2-5}$$

将 I_{A}、I_{B}、I_{C} 代入式（2-1），得：

$$\begin{cases} \dot{I}_{\mathrm{A1}} = \dfrac{1}{\sqrt{3}K_{\mathrm{T}}}(I_\alpha + I_\beta)\mathrm{e}^{\mathrm{j}90^\circ} \\ \dot{I}_{\mathrm{A2}} = \dfrac{1}{\sqrt{3}K_{\mathrm{T}}}\sqrt{I_\alpha^2 + I_\beta^2 - I_\alpha I_\beta}\,\mathrm{e}^{\mathrm{j}330^\circ} \\ \dot{I}_{\mathrm{A0}} = 0 \end{cases} \tag{2-6}$$

电流不对称度为：

$$K_I = \frac{I_2}{I_1} \times 100\% = \frac{\sqrt{I_\alpha^2 + I_\beta^2 - I_\alpha I_\beta}}{I_\alpha + I_\beta} \times 100\% \tag{2-7}$$

令 $n = \dfrac{I_\beta}{I_\alpha}$，代入式（2-7）得：

$$K_I = \frac{\sqrt{1 - n + n^2}}{1 + n} \times 100\% \tag{2-8}$$

4. 单相 Vv 接线的换相连接

单相 Vv 接线使得变电所从两相取电，不对称程度大大降低。但变电所之间仍需采用换相连接来达到三相对称的目的。其依次换相连接图如图 2-7 所示，对称换相连接如图 2-8 所示。

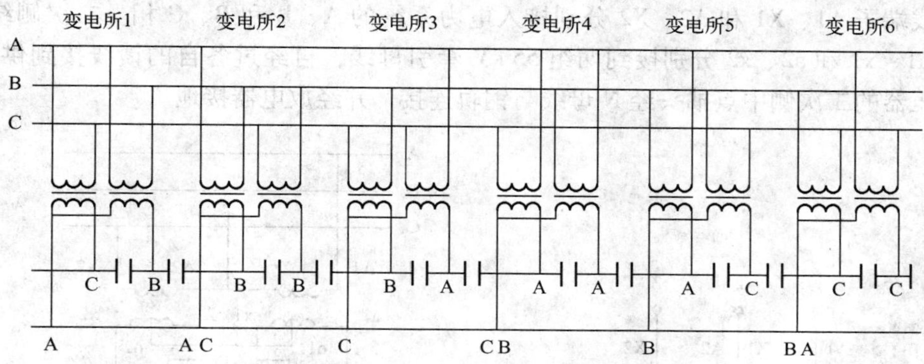

图 2-7　单相 Vv 接线变电所依次换相连接图

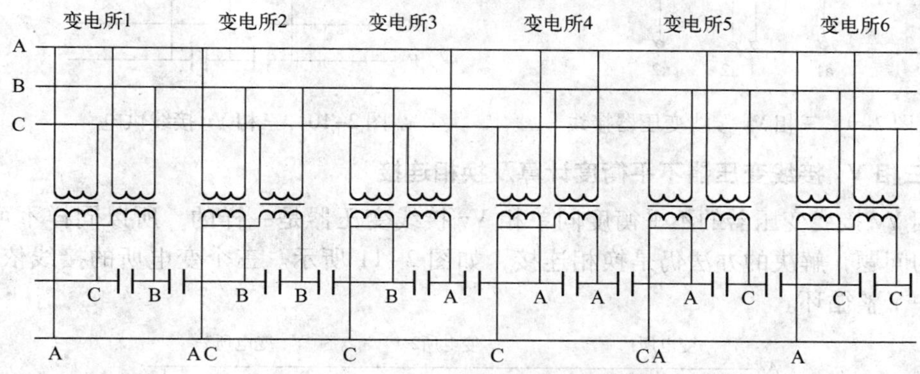

图 2-8　单相 Vv 接线变电所对称换接相序

5. 单相 Vv 接线的优缺点

单相 Vv 接线变压器可以根据两供电臂负荷轻重，分别选择两台单相变压器容量，容量利用率可达到 100%，而且变电所内设备简单、投资小。但在正常工作时，需投入两台单相变压器，采用固定备用时，还需设置另外两台变压器备用，需占用较大空间。

2.3　三相 Vv 接线变压器

1. 三相 Vv 接线变压器原理

三相 Vv 接线牵引变压器接线方式类同于单相 Vv 接线，将两台单相变压器放到同一油箱内。如图 2-9 所示，将一个高压绕组的 X1 端和一个高压绕组的 A2 端连接在一起，构成公共端，另外两端 A1 和 X2 引出到高压接线端子。低压绕组的四个端子分别引出到四个接线端子。与电力系统连接时，高压引出端分别接到三个相线上，构成高压侧的 V 型连接。低压端将 x1 和 a2 或是 a1 和 x2 短接，另外两端分别接到变电所的母线并引出至供电臂，构成低压侧的 V 型连接。

2. 三相 VX 接线变压器供电

三相 VX 接线用于 AT 方式供电，三相 VX 接线变电所有两台二次侧有中点抽头的三相 Vv 接线牵引变压器，如图 2-10 所示。这两台变压器中，一台运行，一台备用。变压器的一次侧接线端子 A1、X1 和 A2、X2 分别接入电力系统的 A、B 和 B、C 相。二次侧绕组的接线端子 a1、x1 和 a2、x2 分别接到两组 55 kV 牵引母线，再经过各自的馈线接到供电臂上。两台变压器的二次侧中点抽头经 N 母线与钢轨连接，并经放电器接地。

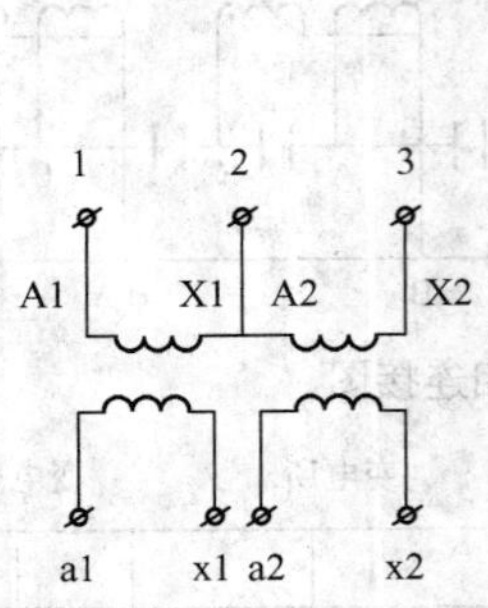

图 2-9 三相 Vv 接线变压器接线

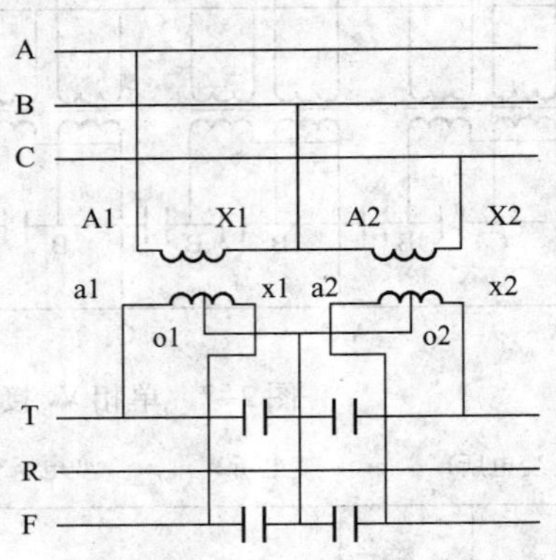

图 2-10 三相 Vv 接线供电

3. 三相 Vv 接线变压器不平衡度计算及换相连接

三相 Vv 接线变压器的不平衡度同单相 Vv 接线变压器是一样的，所以同样不可避免三相平衡的问题，解决的办法仍是换相连接，如图 2-11 所示。三个变电所的接线依次换相，构成了一个整循环。

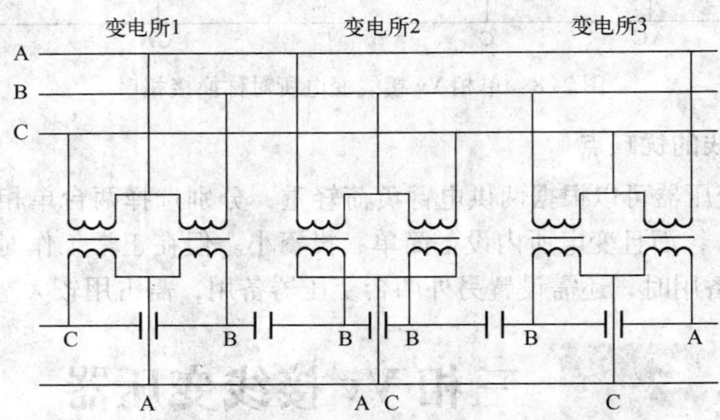

图 2-11 三相 Vv 接线变压器的换相连接

牵引变电所内装设两台三相 Vv 接线变压器，一台运行，一台固定备用，当变压器故障或是检修时，备用变压器可以自动投入，提高牵引供电的可靠性。

2.4 三相 YNd11 接线牵引变电器

采用三相 YNd11 接线牵引变电器的变电所称为三相牵引变电所。三相牵引变电所是我国电气化铁道采用较多的一类，采用油浸风冷变压器，连接组别采用 YNd11 接线，原边中性点采用大电流接地方式，属于三相－两相制式，即原边取自电力系统的 110 kV 或是 220 kV 三相电压，次边向两个单相供电臂供电，其母线额定电压为 27.5 kV，比牵引网标准网压（25 kV）高 10%。备用方式有移动备用和固定备用，实际应用中采用固定备用方式居多。

1. 三相牵引变压器原理

三相牵引变压器采用 YNd11 接线方式，如图 2-12 所示。变压器一次侧接成星形，中性点通过隔离开关直接接地，隔离开关一般情况下断开，变压器停送电时才短时闭合。二次侧接成三角形，低压侧的一角 c 与钢轨、接地网连接，另外两个角 a 和 b 分别接到 27.5 kV 的 a 相和 b 相母线上。由两相牵引母线分别向两侧对应的供电臂供电，两臂电压的相位差为 60°，所以，变压器引出线连接的这两个相邻的接触网区段间采用了分相绝缘器分开。

在图 2-12 中，二次绕组 ax、cz 为负荷相绕组；绕组 by 则被称为自由相绕组，原边的符号为大写字母，二次绕组的符号为小写字母。

为了方便分析、计算，还经常将牵引变压器接线画成展开图的形式，如图 2-13 所示。

在展开图中，为了更加直观，将原边、副边对应绕组画成相互平行，而且统一规定副边绕组的 c 端子接钢轨和接地网，另外，原边、副边每相绕组的同名端都画在同一侧。

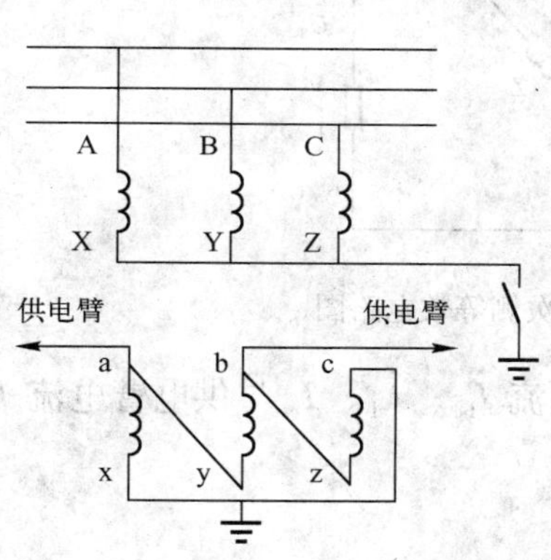

图 2-12　三相 YNd11 牵引变压器

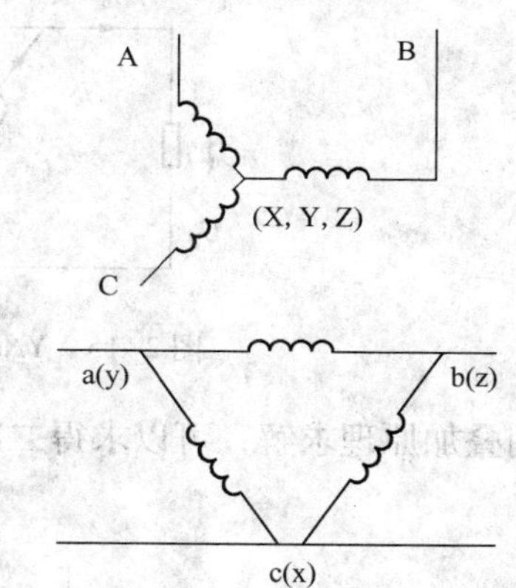

图 2-13　三相 YNd11 牵引变压器的展开图

2. 三相牵引变压器绕组的电流分布

为了求解三相牵引变压器绕组的电流，首先在其展开图上标明电压电流的方向，其示意图如图 2-14 所示。

在标注方向时，遵循的是电压电流的规格化定向，即变压器原边绕组电压、电流采用电动机惯例定向，也就是牵引变压器从电力系统吸收电能；次边绕组电压、电流采用发电机惯例定向，也就是牵引变压器是次边负荷的电源；假定负荷从电源吸收正功率。从图中可以看到，大写下标为一次侧电气量，$\dot{I}_{ca}$、$\dot{I}_{bc}$、$\dot{I}_{ab}$ 为二次侧绕组电流，$\dot{I}_a$ 和 $\dot{I}_b$ 为供电臂电流，假设两供电臂负载相同且为感性负载，则供电臂电流分别滞后对应电压 θ 角，$\dot{I}_a$ 和 $\dot{I}_b$ 之间夹角为 120°。

假设电力系统三相电压正序对称，阻抗平衡，则可将电力系统的电源电压和短路阻抗、牵引变压器的绕组漏抗归算到二次侧，得到牵引变压器的等效电路，如图 2-15 所示。

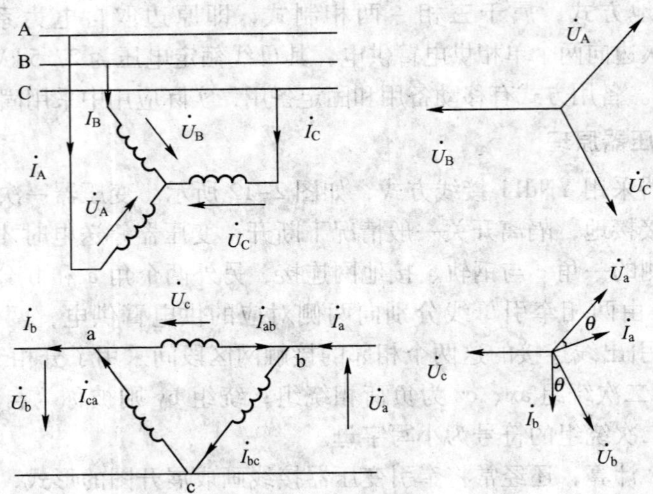

图 2-14 三相 YNd11 牵引变压器电压电流示意图

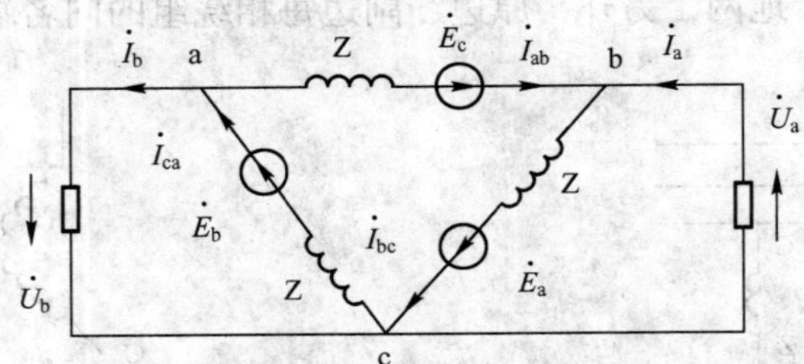

图 2-15 YNd11 牵引变压器二次侧等效电路图

利用叠加原理求解，可以求得二次侧三相绕组电流 $\dot{I}_{bc}$、$\dot{I}_{ab}$、$\dot{I}_{ca}$与供电臂电流 $\dot{I}_a$、$\dot{I}_b$ 的关系：

$$\begin{bmatrix}\dot{I}_{bc}\\\dot{I}_{ca}\\\dot{I}_{ab}\end{bmatrix}=\frac{1}{3}\begin{bmatrix}2&-1\\-1&2\\-1&-1\end{bmatrix}\begin{bmatrix}\dot{I}_a\\\dot{I}_b\end{bmatrix}\tag{2-9}$$

以 $\dot{I}_a$ 为基准量，则 $\dot{I}_a=I$，由于 $\dot{I}_a$ 比 $\dot{I}_b$ 滞后120°，所以 $\dot{I}_b=I\mathrm{e}^{-\mathrm{j}120^\circ}$。则式（2-9）可以变为：

$$\begin{bmatrix}\dot{I}_{bc}\\\dot{I}_{ca}\\\dot{I}_{ab}\end{bmatrix}=\frac{1}{3}\begin{bmatrix}2&-1\\-1&2\\-1&-1\end{bmatrix}\begin{bmatrix}\dot{I}_a\\\dot{I}_b\end{bmatrix}=\frac{I}{3}\begin{bmatrix}2&-\mathrm{e}^{-\mathrm{j}120^\circ}\\-1&2\mathrm{e}^{-\mathrm{j}120^\circ}\\-1&-\mathrm{e}^{-\mathrm{j}120^\circ}\end{bmatrix}=\frac{I}{3}\begin{bmatrix}\sqrt{7}\,\mathrm{e}^{\mathrm{j}19.1^\circ}\\\sqrt{7}\,\mathrm{e}^{\mathrm{j}40.9^\circ}\\\mathrm{e}^{\mathrm{j}120^\circ}\end{bmatrix}\tag{2-10}$$

由式（2-10）可以看到，臂绕组电流 $I_{ca}=I_{bc}=\frac{\sqrt{7}}{3}I=0.882I$，其中 I 为供电臂电流，或是说供电臂电流是臂绕组电流的 1.13 倍。臂绕组电流 $I_{ab}=\frac{I_{ca}}{\sqrt{7}}=0.378I_{ca}=0.378I_{bc}$。可见，

臂绕组 ca 和 bc 的电流比绕组 ab 要大很多，所以，习惯上称臂绕组 ca、bc 称为重负荷臂绕组，绕组 ab 称为轻负荷臂绕组。

3. 三相牵引变压器的供电方式

1）三相 YN，d11 十字交叉接线

三相 YN，d11 十字交叉接线如图 2-16 所示，在变电所中有两台三相 YN，d11 牵引变压器，两台变压器的一次侧绕组分别按照 ABC、ACB 相序接入三相系统，二次侧的 a1、c2 和 b1、b2 分别接到两组 55 kV 母线上，再经过各自的馈线连接到相应的供电臂。二次侧对顶端子 c1、a2 十字交叉接到 N 母线上，再经 N 母线与钢轨连接，并通过放电器接地。

2）三相 YN，d11，d1 十字交叉接线

三相 YN，d11，d1 十字交叉接线如图 2-17 所示，牵引变压器一次侧为 YN 接线，三个绕组分别接到电力系统的三相。二次侧为两个容量相同的绕组，分别接成 d11 和 d1 接线。两个二次侧绕组的引出线 b_2、a_1 和 b_1、c_2 分别接到两组 55 kV 牵引母线上，对顶端子 c1、a2 接成十字交叉的形式引到 N 母线上，再经 N 母线与钢轨连接。

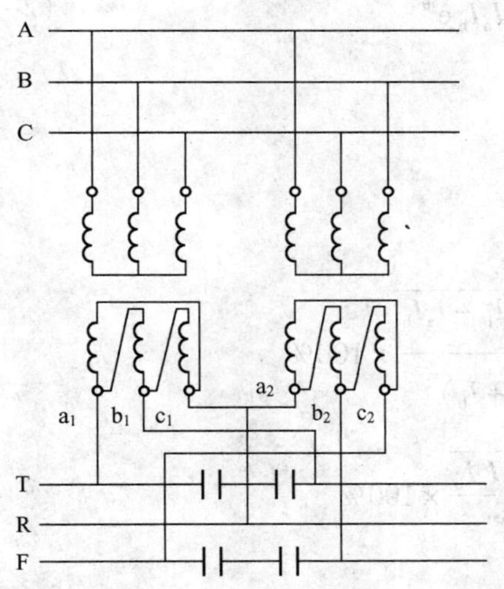

图 2-16　三相 YN，d11 十字交叉接线

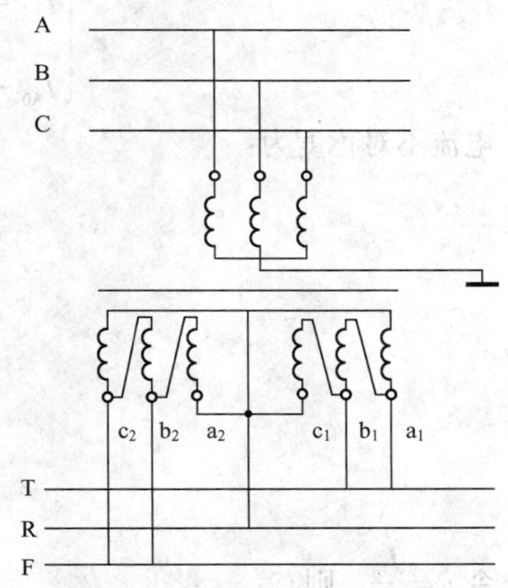

图 2-17　三相 YN，d11，d1 十字交叉接线

4. 三相牵引变压器不对称度计算

现在来看一次侧三线电流与供电臂电流的关系。

忽略空载电流后，A、B、C 三相铁芯柱的磁动势平衡方程为：

$$\begin{cases} \dot{I}_A w_1 - \dot{I}_{ca} w_2 = 0 \\ \dot{I}_B w_1 - \dot{I}_{ab} w_2 = 0 \\ \dot{I}_C w_1 - \dot{I}_{bc} w_2 = 0 \end{cases} \tag{2-11}$$

式中，w_1、w_2 分别为一、二次侧绕组匝数。

令 $K_T = \dfrac{w_1}{w_2}$，并将式（2-11）带入式（2-10）中，得：

$$\begin{bmatrix} \dot{I}_{A} \\ \dot{I}_{B} \\ \dot{I}_{C} \end{bmatrix} = \frac{w_2}{w_1} \begin{bmatrix} \dot{I}_{ca} \\ \dot{I}_{ab} \\ \dot{I}_{bc} \end{bmatrix} = \frac{1}{3K_{T}} \begin{bmatrix} 2 & -1 \\ -1 & 2 \\ -1 & -1 \end{bmatrix} \begin{bmatrix} \dot{I}_{a} \\ \dot{I}_{b} \end{bmatrix} \tag{2-12}$$

在电力系统中，若没有零序分量的产生，则称系统是平衡的。若没有负序分量产生，则称系统是对称的。

由式（2-12）可以看出，在供电臂电流流通时，无论供电臂电流如何变化，$\dot{I}_{A}$、$\dot{I}_{B}$、$\dot{I}_{C}$ 的和都为零，没有零序电流产生，所以三相是平衡的，但是三相 YN，d11 变压器的原边不对称，将有负序电流产生。

将式（2-12）代入式（2-1），得：

$$\begin{cases} \dot{I}_{A1} = \dfrac{1}{3K_{T}}(I_{a} + I_{b}) \\ \dot{I}_{A2} = \dfrac{1}{3K_{T}}\sqrt{I_{a}^{2} + I_{b}^{2} - I_{a}I_{b}}\,e^{j\theta} \\ \dot{I}_{A0} = 0 \end{cases} \tag{2-13}$$

电流不对称度为：

$$\begin{aligned} K_{I} &= \frac{I_2}{I_1} \times 100\% \\ &= \frac{\dfrac{1}{3K_{T}}\sqrt{I_{a}^{2} + I_{b}^{2} - I_{a}I_{b}}}{\dfrac{1}{3K_{T}}(I_{a} + I_{b})} \times 100\% \\ &= \frac{\sqrt{I_{a}^{2} + I_{b}^{2} - I_{a}I_{b}}}{I_{a} + I_{b}} \times 100\% \end{aligned}$$

令 $n = \dfrac{I_{b}}{I_{a}}$，则有：

$$K_{I} = \frac{\sqrt{1 - n + n^{2}}}{1 + n} \times 100\% \tag{2-14}$$

5. 三相牵引变电所的换相连接

为了解决负序电流的影响，同样必须对其进行换相连接，单边供电采用依次换相连接，如图 2-18 所示；双边供电采用对称换相连接，如图 2-19 所示。

6. 三相牵引变压器容量利用率

三相牵引变压器低压侧为三角形接法，设额定输出电压为 U_{N}，线电流 $I_{A} = I_{B} = I_{C} = I_{N}$，则变压器的额定容量为：

$$S_{N} = \sqrt{3}\,U_{N}I_{N}$$

又因为三相牵引变压器三角形侧仅输出两个单相负荷，故变压器的额定输出容量还可以写为：

$$S_{out}=2U_NI_L$$

其中，I_L 为供电臂电流。

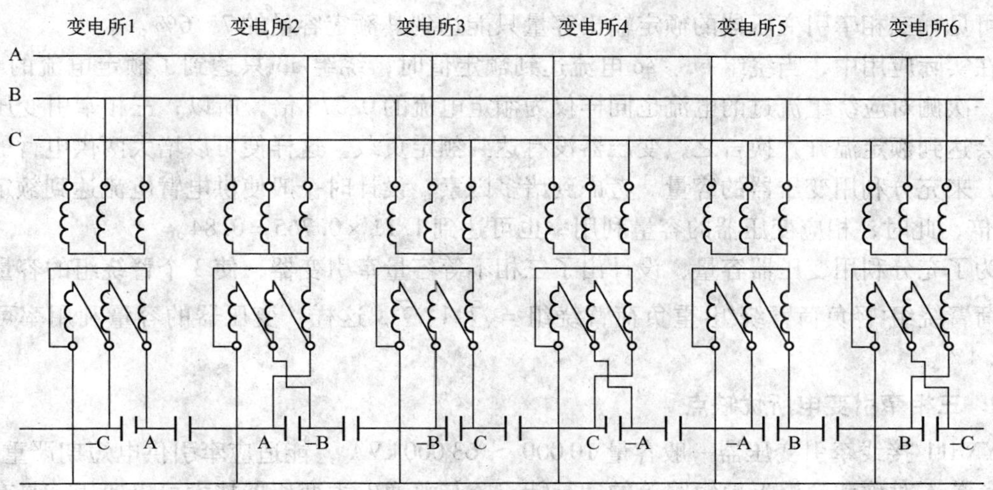

图 2-18　三相 YNd11 牵引变电所依次换接相序

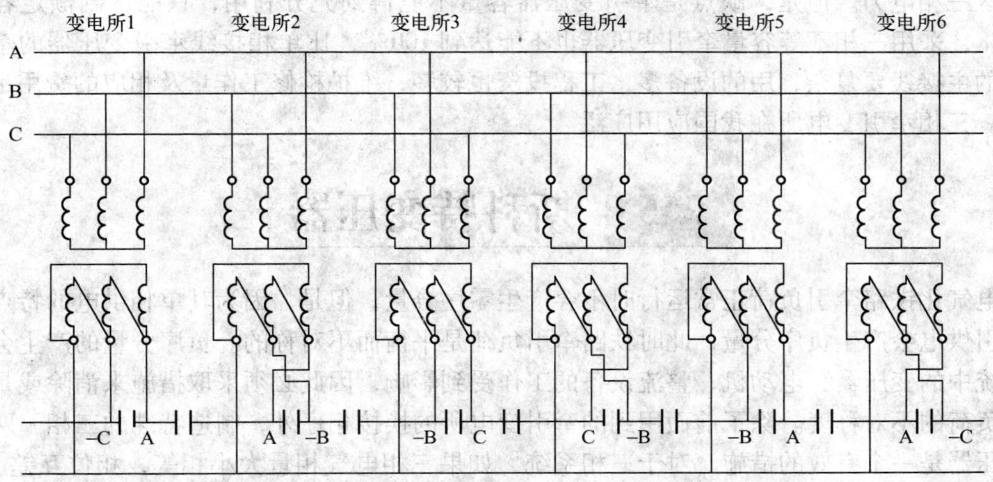

图 2-19　三相 YNd11 牵引变电所对称换接相序

正常情况下，三角形接法的线电流是相电流的$\sqrt{3}$倍，供电臂电流为线电流 I_L，臂绕组电流是相电流 I_p，所以，供电臂电流为臂绕组电流的$\sqrt{3}$倍，即 $I_L=\sqrt{3}I_P$。而三相牵引变压器的供电臂电流为臂绕组电流的 1.13 倍，即 $I_L=1.13I_P$。所以，当臂绕组的电流 I_P 达到额定值时，此时供电臂电流仅为供电臂额定电流 I_N 的 $1.13/\sqrt{3}=0.655$ 倍，故当臂绕组电流为额定电流时，变压器的额定输出容量为：

$$S_{out}=2U_NI_L=2\times0.655I_N=1.31U_NI_N$$

变压器额定容量利用率 K 为：

$$K=\frac{额定输出容量}{额定容量}\times100\%$$

$$K=\frac{1.31U_{\mathrm{N}}I_{\mathrm{N}}}{\sqrt{3}U_{\mathrm{N}}I_{\mathrm{N}}}\times 100\% =75.6\%$$

可见，三相牵引变压器的额定输出容量只能达到其额定容量的75.6%。

在实际应用中，当绕组bc、ac电流达到额定值时，绕组ab只达到了额定电流的0.378倍，一次侧对应绕组流过的电流也同样仅为额定电流的0.378倍，所以，三相牵引变压器这时不会达到额定温升，换言之，变压器没有达到额定负载。这样便可以增大两供电臂的负荷电流，来充分利用变压器的容量。考虑到诸多因素，设计时一般使供电臂电流达到额定值的1.11倍，此时，相应变压器的容量利用率也可达到$1.11\times 0.765=0.84$。

为了充分利用变压器容量，设计出了三相不等容量牵引变器，使3个臂绕组的容量符合重负荷臂绕组∶轻负荷臂绕组∶重负荷臂绕组$=\sqrt{7}:1:\sqrt{7}$，这样，变压器的容量利用率可以达到95.4%。

7. 三相牵引变电所优缺点

YNd11接线牵引变压器一般容量10 000～63 000 kVA，能适应牵引供电短期严重过载、三相负荷不对称和频繁近地短路等的运行特点。与普通电力变压器技术可以通用，具有结构简单、制造方便的特点。另外，牵引变压器低压侧保持三相，有利于供应牵引变电所自用电和地区三相电力。但是，缺点是牵引变压器容量不能得到充分利用，只能达到额定容量的75.6%，采用三相不等容量牵引变压器也不能达到100%，比单相接线牵引变压器的牵引变电所的主接线要复杂，用的设备多，工程投资也较多，维护检修工作量及相应的费用也有所增加。三相牵引变电所在我国应用广泛。

2.5 斯科特变压器

电气化铁路牵引负荷正常运行时不会产生零序分量，但是，因为其单相供电的特点，使得牵引供电会产生负序分量，此时铁路牵引负荷是平衡而不对称的。负序分量的产生会使电力系统中的变压器、电动机、整流设备的工作受到影响，因此必须采取措施来消除或是减弱牵引负荷的不对称度。除了前面用到的牵引变电所的换接相序外，制造特殊的三相－两相平衡变压器是一个有效的措施。对于三相系统，如果三相电气相量大小相等，相位互差120°，则称这个三相系统是对称的。对于两相系统，如果两相电气相量大小相等，相位互差90°，则称这个两相系统是对称的。如果设计制造出这样的变压器，其原边三相是对称的，其副边两相系统也是对称的，那么，整个系统就是对称的。斯科特变压器就是依据这样的原理而设计制造的。

1. 斯科特接线变压器原理

斯科特（Scott）变压器原理图如图2-20所示。从图中可以看到，斯科特变压器可看做两个单相变压器按一定接线方式连接而成。一台单相变压器的原边绕组两端引出，分别接到三相电力系统的B、C相，称为M座变压器，它的绕组一次侧绕组匝数为

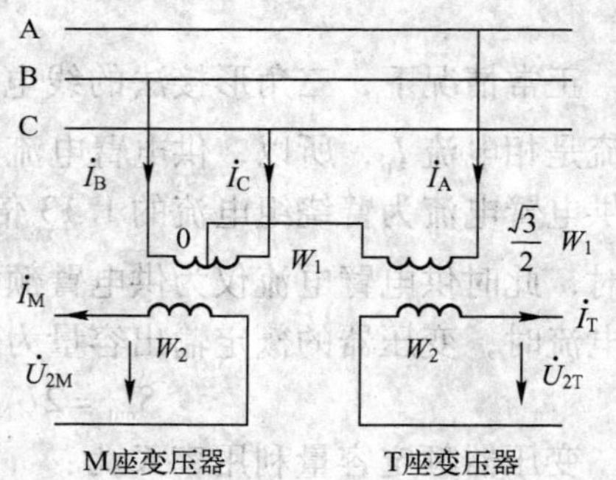

图2-20 斯科特变压器原理图

W_1，二次侧绕组匝数为 W_2；第二台单相变压器的一次侧绕组一端引出，接到三相电力系统的 A 相，另一端接到 M 座变压器一次侧绕组的中点 O，称为 T 座变压器。T 座变压器的一次侧绕组匝数为$\frac{\sqrt{3}}{2}W_1$，其二次侧绕组与 M 座变压器二次侧绕组匝数同为 W_2。这种接线型式把相位互差 120°的三相对称电压变换成输出两个数值相等、相位差为 90°的两相对称电压 U_{2M}和 U_{2T}，分别向变电所的左右两个臂供电，当两臂负荷电流相等时，原边三相电流相等。实际中，通常把两台单相变压器绕组装配在一个铁芯上，安装在一个油箱内。

和其他接线形式的变压器一样，每个变电所均设两台变压器，一台运行，一台备用。

为了适应 AT 方式供电，变电所输出电压为 55 kV，两个输出电压分别接两个自耦变压器的两端点，自耦变压器的中点抽头接地和钢轨，这样就可获得 2 ×27. 5 kV 电压，并分别接接触网和正馈线。

2. 斯科特变压器的电压电流关系

1）电压关系

斯科特变压器一、二次侧电压关系如图 2-21 所示。

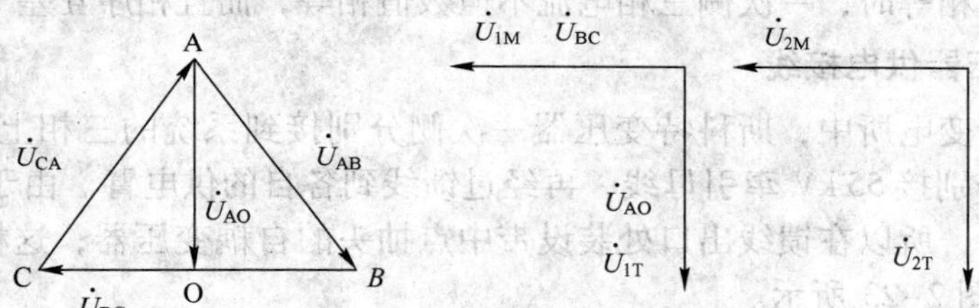

图 2-21　斯科特变压器电压关系

如果电力系统三相电压对称，即线电压 $\dot{U}_{AB}$、$\dot{U}_{BC}$、$\dot{U}_{CA}$ 大小相等，相位互差 120°，则 ΔABC 为等边三角形。ΔABC 的 BC 边为电压 $\dot{U}_{BC}$，它也是 M 座变压器的一次侧绕组电压 $\dot{U}_{1M}$，即 $\dot{U}_{BC}=\dot{U}_{1M}$。其高 AO 为 T 座变压器一次侧绕组电压 $\dot{U}_{1T}$，即 $\dot{U}_{AO}=\dot{U}_{1T}$，其值为线电压的 $\dot{U}_{BC}$ 的 $\sqrt{3}/2$ 倍，所以有 $\dot{U}_{1T}=\frac{\sqrt{3}}{2}\dot{U}_{1M}e^{j90°}$。可见，两变压器原边电压相互垂直，且 $\dot{U}_{1T}$超前 $\dot{U}_{1M}$ 90°。

M 座变压器的变比 $K_M=\frac{W_1}{W_2}$，T 座变压器的变比为 $K_T=\frac{\frac{\sqrt{3}}{2}W_1}{W_2}=\frac{\sqrt{3}}{2}K_M$，$\dot{U}_{1T}=\frac{\sqrt{3}}{2}\dot{U}_{1M}e^{j90°}$，

所以，$\dot{U}_{2T}=\frac{\dot{U}_{1T}}{K_T}=\frac{\frac{\sqrt{3}}{2}\dot{U}_{1M}e^{j90°}}{\frac{\sqrt{3}}{2}K_M}=\dot{U}_{2M}e^{j90°}$，故其二次侧电压 $\dot{U}_{2T}$超前 $\dot{U}_{2M}$ 90°且二者大小相等。

由此可见，斯科特变压器可以把三相对称电压变换为两相对称电压 $\dot{U}_{2T}$和 $\dot{U}_{2M}$。

由于 M 座变压器和 T 座变压器的原绕组分别对应于三角形的底和高，所以通常又称 M 座变压器为底变压器，称 T 座变压器为高变压器。

2）电流关系

由上述分析可知，$\dot{U}_{2T}=\dot{U}_{2M}e^{j90°}$，当两臂功率因数相等时，显然两臂电流 $\dot{I}_T=\dot{I}_M e^{j90°}$。

如果以 $\dot{I}_{\mathrm{M}}$ 为基准量，则有 $\dot{I}_{\mathrm{M}}=I_{\mathrm{M}}$，$\dot{I}_{\mathrm{T}}=\mathrm{j}I_{\mathrm{T}}$，当两负荷臂电流相等时，有 $I_{\mathrm{M}}=I_{\mathrm{T}}=I$。

根据 KCL 电流方程及变压器的磁势平衡原理，可列出以下方程式：

$$\begin{cases}\dot{I}_{\mathrm{A}}+\dot{I}_{\mathrm{B}}+\dot{I}_{\mathrm{C}}=0\\ \dfrac{W_1}{2}\dot{I}_{\mathrm{B}}-\dfrac{W_1}{2}\dot{I}_{\mathrm{C}}=W_2\dot{I}_{\mathrm{M}}\\ \dfrac{\sqrt{3}}{2}W_1\dot{I}_{\mathrm{A}}=W_2\dot{I}_{\mathrm{T}}\end{cases}\tag{2-15}$$

根据上述方程组，可以得到原边三相电流：

$$\begin{bmatrix}\dot{I}_{\mathrm{A}}\\ \dot{I}_{\mathrm{B}}\\ \dot{I}_{\mathrm{C}}\end{bmatrix}=\frac{I}{\sqrt{3}K_{\mathrm{M}}}\begin{bmatrix}0 & \mathrm{j}2\\ \sqrt{3} & -\mathrm{j}\\ -\sqrt{3} & -\mathrm{j}\end{bmatrix}=\frac{2I}{\sqrt{3}K_{\mathrm{M}}}\begin{bmatrix}\mathrm{e}^{\mathrm{j}90^\circ}\\ \mathrm{e}^{-\mathrm{j}30^\circ}\\ \mathrm{e}^{-\mathrm{j}150^\circ}\end{bmatrix}\tag{2-16}$$

将式（2-16）的结果利用作图法，可画出三相电流的相量图，如图 2-22 所示。可见，当负荷臂电流大小相等时，一次侧三相电流不但数值相等，而且相序互差 120°。

3. 斯科特变压器供电接线

在斯科特牵引变电所中，斯科特变压器一次侧分别接到系统的三相上，二次侧的 M 座绕组和 T 座绕组分别接 55 kV 牵引母线，再经过馈线到各自的供电臂。由于斯科特变压器二次绕组无中间抽头，所以在馈线出口处装设带中点抽头的自耦变压器，这样便可以提供 2 × 27.5 kV 电压，如图 2-23 所示。

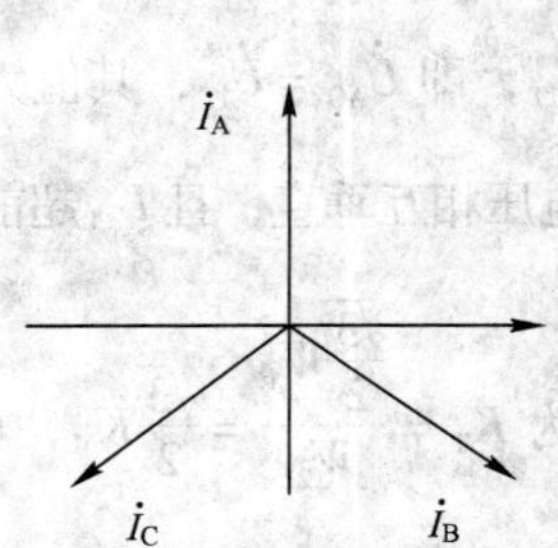

图 2-22　斯科特变压器电流关系

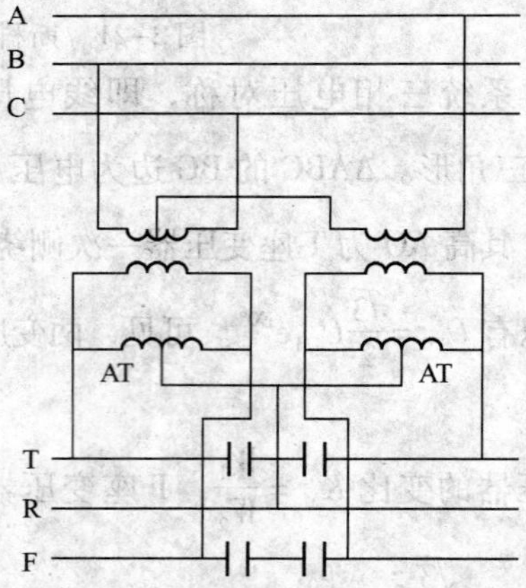

图 2-23　斯科特变压器供电接线

1）斯科特变压器不对称度计算

将式（2-16）代入式（2-1），得：

$$\begin{cases}\dot{I}_{\mathrm{A1}}=\dfrac{1}{\sqrt{3}K_{\mathrm{M}}}(I_{\mathrm{M}}+I_{\mathrm{T}})\mathrm{e}^{\mathrm{j}90^\circ}\\ \dot{I}_{\mathrm{A2}}=\dfrac{1}{\sqrt{3}K_{\mathrm{M}}}(I_{\mathrm{M}}-I_{\mathrm{T}})\mathrm{e}^{-\mathrm{j}90^\circ}\\ \dot{I}_0=0\end{cases}$$

则电流不对称度为：

$$K_I = \frac{I_2}{I_1} \times 100\% = \frac{\frac{1}{\sqrt{3}K_M}(I_M - I_T)}{\frac{1}{\sqrt{3}K_M}(I_M + I_T)} \times 100\%$$

$$= \frac{I_M - I_T}{I_M + I_T} \times 100\% \tag{2-17}$$

从式（2-17）可以看出，当两供电臂电流相等时，斯科特变压器的不对称度为 0。

2）斯科特变压器的容量利用率

额定输出时，设变压器二次侧两供电臂电流相等，则有：

$$I_M = I_T = I_e$$

式中，I_e 为变压器二次侧额定电流。

设变压器原边电压对称，则有：

$$U_{AB} = U_{BC} = U_{CA} = U$$

式中，U 为变压器原边线电压有效值。

又由式（2-6），得：

$$I_A = I_B = I_C = \frac{2}{\sqrt{3}K_M} I_e$$

变压器的输入容量为 M 座和 T 座变压器输入容量之和，则变压器输入容量为：

$$S_{in} = U_{co} I_A + \frac{1}{2} U_{BC} I_C + \frac{1}{2} U_{BC} I_B$$

$$= \left(U_{co} + \frac{1}{2} U_{BC} + \frac{1}{2} U_{BC} \right) \frac{2}{\sqrt{3}K_M} I_e$$

$$= \left(\frac{\sqrt{3}}{2} U + \frac{U}{2} + \frac{U}{2} \right) \frac{2}{\sqrt{3}K_M} I_e$$

$$= \left(\frac{\sqrt{3}}{2} + 1 \right) \frac{2U}{\sqrt{3}K_M} I_e$$

变压器额定输出容量 S_{out} 为二次侧两变压器输出容量之和，则有：

$$S_{out} = U_{2M} I_M + U_{2T} I_T = 2\frac{U}{K_M} I_e$$

变压器额定容量利用率为：

$$K = \frac{S_{out}}{S_{in}} \times 100\% = \frac{2\frac{U}{K_M} I_e}{\left(\frac{\sqrt{3}}{2} + 1 \right) \frac{2U}{\sqrt{3}K_M} I_e} \times 100\% = 92.8\%$$

4. 斯科特变压器的优缺点

斯科特变压器没有中性点，所以它适用于中性点不要求接地、运输较繁忙、两供电臂负荷电流接近相等的牵引变电所。其突出优点为：当 M 座和 T 座两供电臂负荷电流大小相等，功率因数也相等时，斯科特接线变压器原边三相电流对称。变压器容量利用率高，而且可以用逆斯科特接线变压器把对称两相电压变换成对称三相电压，这样就解决了所用电和地区供电的问题。对接触网的供电可实现两边供电。

斯科特变压器的缺点是：制造困难，造价高，而且牵引变电所主接线复杂，设备较多，工程投资也较大，维护检修工作量及费用较大。另外，斯科特变压器原边 T 接地（O 点）电位随负载变化而产生漂移。严重时有零序电流流经电力网，可能引起电力系统零序电流继电保护误动作，对邻近的平行通信线可能产生干扰，同时引起牵引变压器各相绕组电压不平衡，而加重绕组的绝缘负担。为此，斯科特变压器要采用全绝缘。

斯科特变压器是一种三相－两相平衡变压器，由于它对电力系统所形成的负序电流较小，且变压器的容量利用率高，故在北京—秦皇岛、郑州—武昌等繁忙干线上得到采用。

2.6 其他几种类型的牵引变压器简介

电气化铁路单相负荷的特点是引起供电系统的三相不平衡，而出现负序电压和负序电流，对电力设备运行和保护带来了很多问题。为此，人们相继研究了多种变压器。斯科特型(Scott)、伍德布里奇型（Wood Bridge）、列勃兰型（Leblame）和三相阻抗匹配型等（见三相－两相平衡接线变压器）。

1. Wood Bridge 变压器

Wood Bridge 变压器如图 2-24 所示。该变压器是将二次侧结成菱形的三相三绕组变压器，其接线形式为 Yn－d－d，两个二次绕组分别称为 A 座和 B 座，在二次侧出口处设置了自耦变压器，牵引网采用 AT 供电方式，二次侧额定电压为 2×27.5 kV。

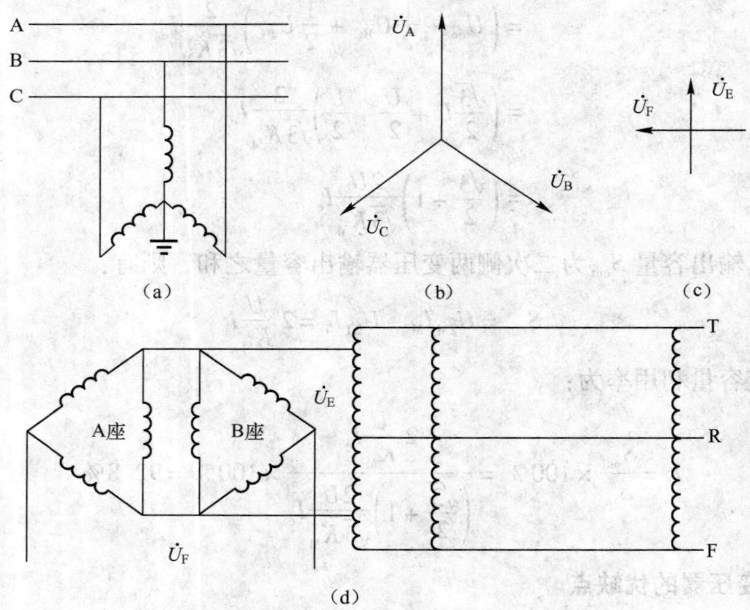

图 2-24 Wood Bridge 变压器

2. Leblanc 变压器

Leblanc 变压器如图 2-25 所示。该变压器二次侧串接三相三绕组变压器，从而获得二相平衡电压。

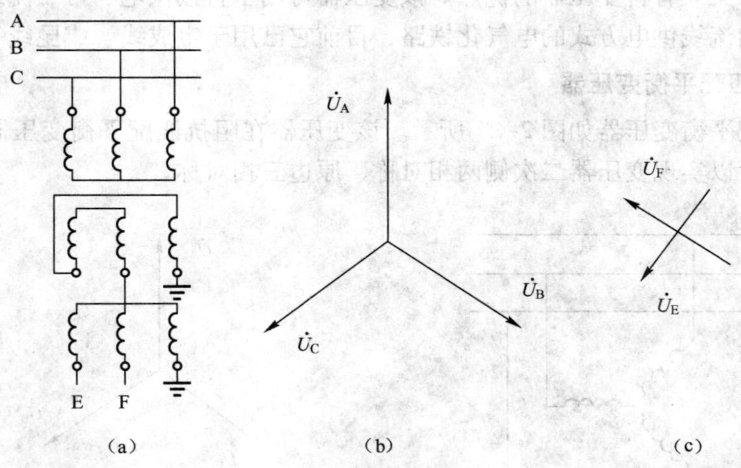

图 2-25　Leblanc 变压器

3. 阻抗匹配平衡变压器

为了解决三相牵引变压器因轻负荷臂的存在而造成的容量利用率低、一次侧电流不对称的问题，可通过改变二次侧绕组三角形接线的结构和阻抗，实现将三相对称电压变换成两相对称电压，这种阻抗匹配平衡变压器如图 2-26 所示。

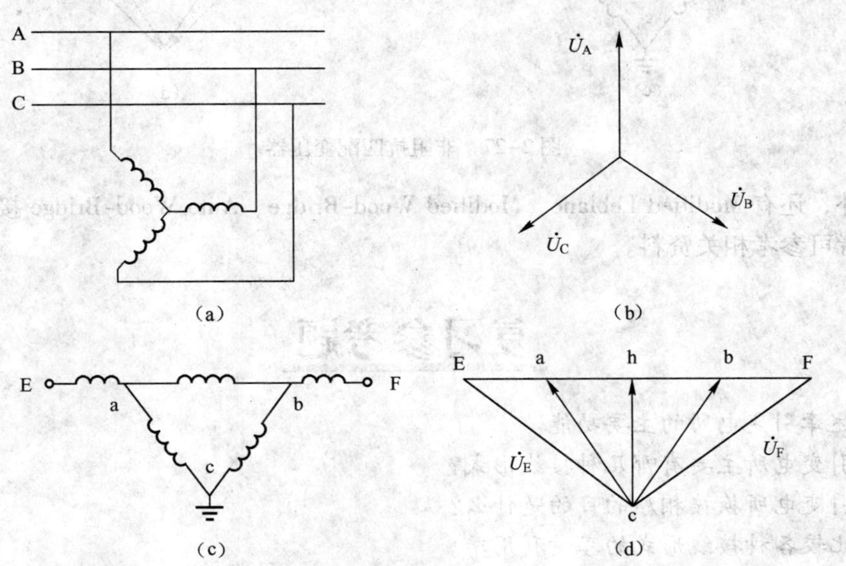

图 2-26　阻抗匹配平衡变压器

副边绕组三角形接线是在非接地相增设两个外移绕组，内三角形接线的一角 c 与钢轨、接地网连接，两端分别接到牵引侧两相母线上，由两相牵引母线分别向两侧对应的供电臂牵引网供电。

阻抗匹配平衡变压器是在传统的三相 YNd11 接线变压器的基础上，通过阻抗匹配的办法实现变压器三相－两相转换，使得变压器二次侧两相平衡，既保持了 YN，d11 三相牵引变压器的性能，又兼有科变压器的优点。该变压器可用于直接供电、带回流线的直接供电和吸流变压器－回流线供电方式的电气化铁路，目前它已用于宝成线、成昆线等铁路。

4. 非阻抗匹配平衡变压器

非阻抗匹配平衡变压器如图 2-27 所示。该变压器在阻抗匹配平衡变压器的基础上增加了补偿绕组，可以实现变压器二次侧两相对称、原边三相对称。

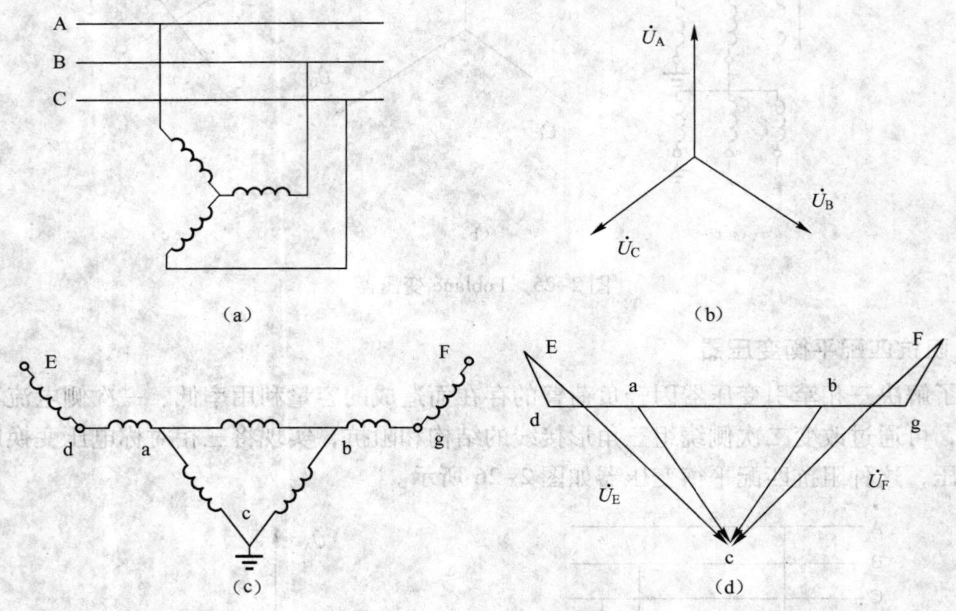

图 2-27 非阻抗匹配变压器

在国外，还有 Modified Leblanc、Modified Wood-Bridge、Auto Wood-Bridge 接线的牵引变压器，读者可参考相关资料。

复习参考题

1. 简述牵引变电所的主要功能。
2. 牵引变电所主要有哪几种接线形式？
3. 牵引变电所换接相序的目的是什么？
4. 请比较各种接线形式的容量利用率。
5. 斯科特变压器的设计原理是什么？其主要优点是什么？

第3章 牵引负荷计算

【本章内容概要】

概述牵引供电负荷的特性和特点；介绍列车平均电流、带电平均电流、有效电流、带电有效电流，以及单复线区段牵引供电馈线用电概率、平均电流、有效电流的计算方法；阐述各种牵引变压器容量选择所需的计算容量、校核容量、安装容量的计算和确定方法；最后通过具体的计算实例予以说明。

【本章学习重点与难点】

学习重点：列车电流和馈线电流计算；牵引变压器容量选择——确定计算容量、校核容量、安装容量。

学习难点：确定校核容量。

3.1 牵引供电负荷简介

牵引供电系统的供电对象为电力机车，电力机车采用牵引电动机为动力，牵引列车运行，其本身不带原动机，通过受电弓与机车上方的接触网滑行接触获得电能。电力机车具有功率大、效率高、速度快、过载能力强、运行安全可靠等优点，而且不污染环境，特别适用于运输繁忙的铁路干线和隧道多、坡度大的山区铁路。

1. 电力机车类型

电力机车按照供电电流制和传动型式的不同，基本上可以分为三类，即直流供电—直流牵引电动机的直直型、交流供电—直流（脉流）牵引电动机的交直型及交流供电—变流器环节—三相交流异步电动机的交直交型。

1）直直型电力机车

直直型电力机车是现代电力机车中最为简单的一种，由直流串励电动机牵引，采用直流制供电，通过牵引变电所内的整流装置将三相交流电变成直流电后送到接触网上。这种结构简化了机车上的设备，所采用的直流串励电动机牵引性能好，调速方便，控制简单，运行可靠。其缺点主要是所需牵引变电所数量较多，同时接触导线要求较粗，要消耗大量的有色金属，造成基建投资大；另外受牵引电动机端电压的限制，接触网电压较低，导致供电效率较低，限制了机车功率的进一步提高。随着现代铁路运输事业的发展，显然直直型电力机车已不适应干线大功率的要求，目前一般应用于工矿及城市交通运输领域。

2）交直型电力机车

交直型电力机车将接触网供给的单相交流电，经机车内部的牵引变压器降压后，再经整流装置将交流转换为直流，然后向直流（脉流）牵引电动机供电，从而产生牵引力牵引列车运行。目前世界上大多数国家都采用50 Hz 工频交流制或25 Hz 低频交流制。

交直型电力机车集变压、变流、牵引为一体，不仅简化了牵引供电设备，而且通过提高接触网的供电电压使较大功率的电能得以采用较小电流输送，既可减小接触网导线的截面，节省有色金属用量，也可减少电能损耗，提高电力机车的供电效率。因此，工频交流制得到了广泛采用，世界上绝大多数电力机车也是交直型电力机车。

3）交直交型电力机车

相比于直流整流子电机，三相交流异步电动机没有整流子，在制造、性能、功能、体积、重量、成本及可靠性等方面优越得多。制约其迟迟不能在电力机车上应用的主要原因是调速比较困难，改变端电压不能使这种电机在较大范围内改变速度，而只有改变电流的频率才能达到目的。随着电子技术和大功率晶闸管变流装置的发展，出现了采用三相交流异步电动机牵引的交直交型电力机车。

交直交型电力机车属于交流传动机车，首先将从接触网引入的单相交流电整流成直流电，然后再把直流电逆变成电压和频率可调的三相交流电供三相异步电动机使用。由于采用三相交流异步电动机，结构简单，维护方便，大大减少了牵引电机的体积和重量，提高了牵引功率，而且由于异步电动机具有很稳定的机械特性，从而获得了优异的牵引和制动运行性能，有利于提高列车的加速度，缩短机车启动和制动时间。

交流传动机车具有启动牵引力大、恒功率范围宽、黏着系数高、电机维护简单、功率因数高、等效干扰电流小等诸多优点，是目前我国铁路发展的必然趋势。新的铁路技术政策也明确指出我国牵引动力将在十年之内，实现由直流传动向交流传动的转变。

2. 电力机车的基本特性

电力机车的基本特性主要包括机车的速度特性、牵引力特性、牵引特性、制动特性等，利用这些特性可以分析研究牵引供电的应用。

1）速度特性

机车速度特性是指机车运行速度 v 与牵引电动机电枢电流 I_a 的关系，即 $v=f(I_a)$。

2）牵引力特性

机车牵引力特性是指机车牵引力 F_k 与牵引电动机电枢电流 I_a 的关系，即 $F_k=f(I_a)$。

机车速度特性和牵引力特性均是从牵引电动机的特性归算至轮周的特性，所以机车的速度特性曲线和牵引力特性曲线与牵引电动机的转速特性曲线、转矩特性曲线具有相同的趋势。在对机车做定性分析时，只要改变牵引电动机特性曲线上的坐标和比例，就可以得到机车的速度特性曲线和牵引力特性曲线。

3）牵引特性

机车牵引特性是指机车牵引力 F_k 与机车运行速度 v 的关系，即 $F_k=f(v)$。该特性曲线一般由机车型式试验测出或在已知机车速度特性曲线和牵引力特性曲线后，给定电机电枢电流 I_a 值，求出机车牵引特性的一组 F_k-v 值，根据不同负载，绘出机车牵引特性曲线。

4）制动特性

机车制动特性是指机车制动时轮周制动力 B_k 与机车运行速度 v 的关系，即 $B_k=f(v)$。

3. 牵引负荷特点

根据电气化铁路的运行特性，其牵引负荷主要表现出移动性和波动性等有别于一般电力负荷的特点。

1）移动性

机车负荷沿线路移动，可以出现在供电区段上任意位置。

2）波动性

在电气化铁路运营中，机车密度、运行速度、线路状况、环境因素等变化都会导致机车取流及牵引总负荷的大小随时间发生很大变化，以致于这种波动性甚至表现为间断性，牵引负荷一般很难表现出持续的状态。

3.2 机车电流和能耗

1. 电力机车的运行状况

由于受运行图及牵引重量、线路状况、司机操作情况等因素的影响，电力机车在正常运行过程中存在以下几种状况：

① 启动，是指机车由静止状况到所要求的正常牵引状况的过程；

② 牵引，是指电力机车取电运行，牵引列车运行；

③ 加速，是指调速级位进级，使机车运行速度提高；

④ 减速，是指调速级位减级，使机车运行速度降低；

⑤ 惰性，是指电力机车断电运行，列车靠惯性前进；

⑥ 制动，是指对列车加制动力，使列车减速或停止前进。

⑦ 停站，是指在中间站因会车、待避或装卸等原因使列车无作业的停留，此时一般不降下受电弓。

2. 机车电流曲线

机车电流曲线是指机车电流 i 与机车行走里程 l 的关系（$i-l$ 曲线）或机车电流 i 与机车运行时间 t 的关系（$i-t$ 曲线）。

某区段实测机车 $i-l$ 曲线如图 3-1 所示。机车启动时，电流逐渐增加到最大值，然后随着机车加速而减小。机车运行级位高时速度增高，电流加大；运行级位低时速度降低，电流减小；机车惰性运行和停站时，电力机车只有自用电电流。

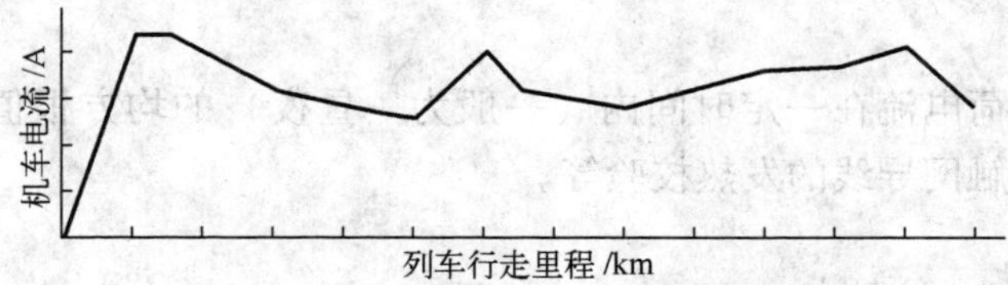

图 3-1　某区段机车电流曲线

机车电流与铁路线路的情形有关，铁路线路上有平直道、曲线和坡道等情况。上坡时机车运行的阻力加大，所需要的牵引力和机车电流也加大；下坡时，机车的自重形成牵引力，此时可采用惰性、减速或制动等方式运行。图中机车电流的起伏对应着线路的崎岖程度。

3. 机车能耗

能量消耗是机车运行计算的重要内容，既是评价机车牵引方案设计的一个方面，也是运营费用计算的基础，是铁路运输成本的重要组成部分。机车能耗主要取决于牵引质量、运行速度、线路纵断面和站停时间等，另外还与机车质量、机车乘务员操纵技术有关。

从牵引计算可得到机车运行速度（$v-l$）和走行时分（$t-l$）曲线，再利用机车速度特性（$v-I_a$）可得机车电流时间（$i-t$）曲线。例如，该曲线的积分即机车能耗如图 3-2 所示。

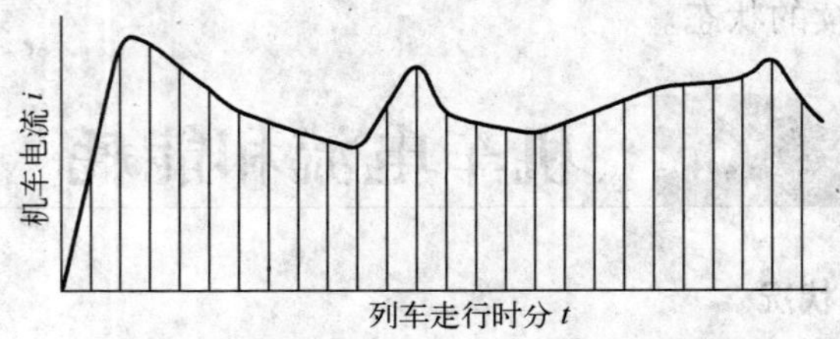

图 3-2　某区段机车电流时间曲线

首先确定时间间隔 Δt，这样假设机车在该供电分区的走行时间按此间隔可分为 n 段，在 $i-t$ 曲线上由此得出 $n+1$ 个对应的 i 值，则机车在该供电分区的能耗为：

$$A = \frac{n\Delta t}{60} \cdot \frac{U}{n+1}\sum_{k=0}^{n} i_k \quad (\text{kVA} \cdot \text{h})$$

式中，牵引网电压 U 取 25 kV，Δt 的单位为 min。

机车能耗指标应采用计算与实际查定相结合的方法来确定，可应用专用计算机程序辅助进行计算，而在电力机车上装设的测量仪表能够实时测量记录机车运行中的能耗。

3.3 牵引负荷电流计算

1. 计算的内容和作用

牵引负荷计算的核心在于负荷电流也就是馈线电流的计算，但牵引负荷的复杂特性使其很难计算，其实没有必要准确计算出随着时间波动变化的负荷电流。结合概率统计相关原理和牵引供电设计施工需要，牵引负荷计算一般应该得到三种负荷电流。

1）有效电流

有效电流是指负荷电流在一定时间内（一般为一昼夜）的均方根值，主要用来计算牵引变压器的容量和接触网导线的发热校验等。

2）平均电流

平均电流一般为负荷电流有效值在一定时间内（一般为一昼夜）的平均值，主要用于计算变压器容量利用率和负序大小等。

3）最大电流

最大电流一般为负荷电流有效值瞬时的最大值，主要用于继电保护装置整定。

2. 列车数计算

牵引负荷由通过本供电区段的多台机车构成，负荷计算就需要先计算列车数 N，列车数 N 反应列车负荷密度。

1)（平均）列车数 N

（平均）列车数 N 代表所需的线路通过能力，一般按运量计算，并留有一定的储备能力。即：

$$N = \frac{\Gamma_J \times 10^4}{365G\gamma_{净}} \quad (列/日) \tag{3-1}$$

式中，G——列车牵引重量，吨/列；

$\gamma_{净}$——货物列车净载重系数，即货车净载重与货车总重之比；

Γ_J——线路货物年计算输送能力，10^4 吨/年。

Γ_J 可按不同条件分别考虑：

(1) 当采用近期运量计算时，$\Gamma_J = K_1 K_2 \Gamma$ (3-2)

式中，K_1——波动系数，取 1.2；

K_2——储备系数，单线取 1.2，双线取 1.15；

Γ——线路货物年需要输送能力，10^4吨/年。

(2) 当国家规定的需要输送能力已经接近线路输送能力时，可按线路输送能力计算；当低于线路输送能力的一半时，可按 2 倍需要输送能力计算。在这两种情况下，都不再考虑波动系数和储备系数。

2) 最大列车数

最大列车数 N_{max} 是指对应于非平行运行图区间通过能力 $N_{非}$，一般按紧密运行状态计算。

双线铁路上、下行均按 8 min 追踪间隔连发列车计算，即：

$$N_{max} = \frac{1440}{8} = 180 \quad (对/日) \tag{3-3}$$

单线铁路按每区间均有一列车计算，即：

$$N_{max} = \frac{1440}{t_i + t_i' + \tau} \quad (对/日) \tag{3-4}$$

式中，t_i、t_i'——一对车在第 i 个区间上、下行净走行时间，min；

τ——停车、会让时间，一般取 7min。

在电气化工程设计中，计算所需要的年运量、电力机车类型、牵引定数、牵引方式、线路坡道、追踪间隔时分等，在国家下达的设计任务书中都有规定。

3. 列车电流计算

为了计算馈线电流，首先要计算列车电流。

(1) 列车平均电流 I：

$$I = \frac{60A}{Ut} + 7 = 2.4\frac{A}{t} + 7 \quad (A) \tag{3-5}$$

式中，A——列车通过供电分区的总能耗，kVA · h；

U——牵引网电压，取 25 kV；

t——列车通过供电分区的总的运行时分，min；

7——机车自用电取流 7 A，也可忽略。

（2）列车带电平均电流 I_g：

$$I_g = \frac{60A}{Ut_g} + 7 = 2.4\frac{A}{t_g} + 7 \quad (\text{A}) \tag{3-6}$$

式中，t_g——列车通过供电分区的总的给电运行时分，min。

（3）列车有效电流 I_ε。可根据列车电流曲线计算其在供电区间运行全部时间内的均方根值，即为有效电流。为简化计算，引入有效系数 k_ε：

$$I_\varepsilon = k_\varepsilon I \tag{3-7}$$

（4）列车带电有效电流 $I_{\varepsilon g}$。可根据列车电流曲线计算其在供电区间运行带电时间内的均方根值，即为有效电流。为简化计算，引入带电有效系数 $k_{\varepsilon g}$：

$$I_{\varepsilon g} = k_{\varepsilon g} I_g \tag{3-8}$$

式中，k_ε、$k_{\varepsilon g}$由数据统计确定，一般 k_ε 取 1.23 ～ 1.41，$k_{\varepsilon g}$取 1.04 ～ 1.10。

4. 馈线电流计算

一般采用同型列车法，以给定的运量作为依据，并应用牵引计算的结果（列车能耗、列车运行时间和列车用电时间）。先做如下假定：

- 区段上的列车均为同一类型，上（下）行运行的列车具有同样地走行时间和能耗，列车数可以用固定的平均列车数表示；
- 各列车在区段上的位置是独立的相互无关的；
- 各列列车取用的电流相互无关。

1）单线区段单边供电

单线区段单边供电示意图如图 3-3 所示。i_i、i_i' 为供电分区 i 的上、下行机车瞬时电流。

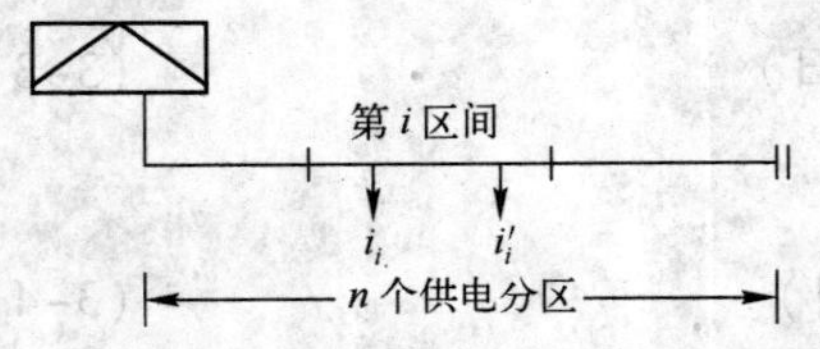

图 3-3　单线区段单边供电示意图

（1）供电臂同时存在的平均列车数 m：

$$m = \frac{N\sum t_i}{T} \tag{3-9}$$

式中，N——供电区段列车对数，对/日；

t_i——在第 i 个区间净走行时间；

T——全日时间，即 1 440 min。

（2）列车用电概率。

第 i 区间的列车用电概率 p_i：

$$p_i = \frac{Nt_{gi}}{T} \tag{3-10}$$

式中，t_{gi}——在第 i 个区间带电走行时间。

n 个区间的列车用电平均概率 p：

$$p = \frac{\sum_{i=1}^{n} p_i}{n} \tag{3-11}$$

式（3-9）、式（3-10）中的 m、p_i 加“′”符号代表下行。

（3）馈线平均电流 I_a：

$$I_a=\begin{cases} mI+m'I' \\ np_iI_{gi}+np_i'I_{gi}' \\ \dfrac{60N(\sum A_i+\sum A_i')}{TU}=1.667N(\sum A_i+\sum A_i')\times 10^{-3} \end{cases} \tag{3-12}$$

（4）馈线有效电流 $I_{a\varepsilon}$：

$$I_{a\varepsilon}=\sqrt{I_a^2+nk_{\varepsilon g}^2(pI_g^2+p'I_g'^2)-n(pI_g+p'I_g')^2}\quad (A) \tag{3-13}$$

考虑列车同型，各分区上行和下行方向个供电分区用电概率相等，即：

$$p_1=p_2=\cdots=p_n=p=p_1'=p_2'=\cdots=p_n'=p' \tag{3-14}$$

则：

$$I_{a\varepsilon}=I_a\sqrt{1+\frac{k_{\varepsilon g}^2-2p}{2np}}\quad (A) \tag{3-15}$$

证明从略。

2）双线区段单边供电

（1）双线单边末端并联供电方式。

双线单边末端并联供电计算图示如图 3-4 所示。

如图 3-4 所示，由于上、下行馈线存在并联分流关系，故其各自平均电流为：

$$\begin{cases} I_a=pI_g\sum_{i=1}^{n}\dfrac{2L-l_{ip}}{2L}+p'I_g'\sum_{i=1}^{n}\dfrac{l_{ip}}{2L}\quad (A) \\ I_a'=p'I_g'\sum_{i=1}^{n}\dfrac{2L-l_{ip}}{2L}+pI_g\sum_{i=1}^{n}\dfrac{l_{ip}}{2L}\quad (A) \end{cases} \tag{3-16}$$

上、下行馈线有效电流为：

$$\begin{cases} I_\varepsilon^2=\left(\dfrac{3}{4}mI_g+\dfrac{1}{4}m'I_g'\right)^2+\left(\dfrac{3}{4}mI_g\right)^2\dfrac{1.14a-1}{m}+\left(\dfrac{1}{4}m'I_g'\right)^2\dfrac{1.46a'-1}{m'}\quad (A) \\ I_\varepsilon'^2=\left(\dfrac{3}{4}m'I_g'+\dfrac{1}{4}mI_g\right)^2+\left(\dfrac{3}{4}m'I_g'\right)^2\dfrac{1.14a'-1}{m'}+\left(\dfrac{1}{4}mI_g\right)^2\dfrac{1.46a-1}{m}\quad (A) \end{cases} \tag{3-17}$$

式中，令 $m=anp$，即 $a=\dfrac{m}{np}$。

I_g 为上行机车带电平均电流，I_g' 为下行机车带电平均电流，以下类同。

（2）双线单边分开供电方式。

双线单边分开供电计算图示如图 3-5 所示。

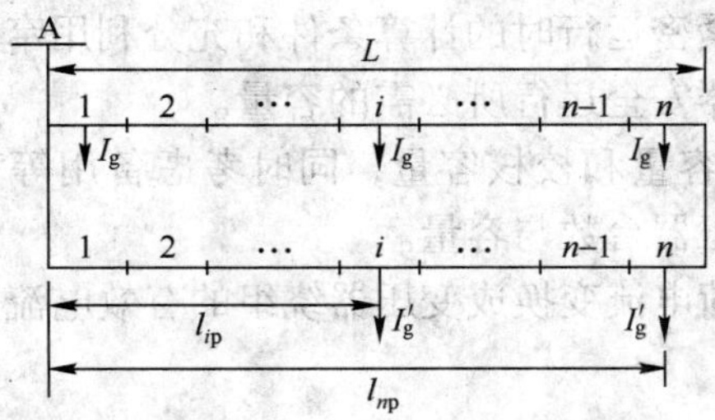

图3-4　双线单边末端并联供电计算图示

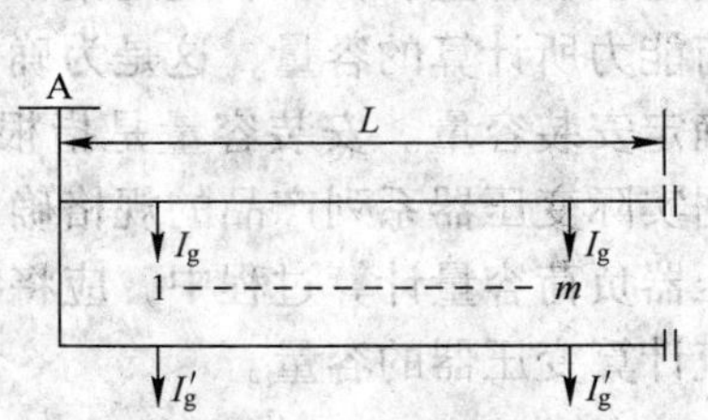

图 3-5　双线单边分开供电计算图示

计算方法类同于单线铁路，将上、下行分开计算即可。

① 上、下行馈线平均电流为：

$$I_a = mI = np_iI_{gi} = 1.667N\sum A_i \times 10^{-3} \tag{3-18}$$

$$I'_a = m'I' = np'_iI'_{gi} = 1.667N\sum A'_i \times 10^{-3} \tag{3-19}$$

② 上、下行馈线有效电流。考虑列车同型，各分区上行或下行方向各供电分区用电概率相等，即：

$$p_1 = p_2 = \cdots = p_n = p \tag{3-20}$$

$$p'_1 = p'_2 = \cdots = p'_n = p' \tag{3-21}$$

则有：

$$I_{a\varepsilon} = I_a\sqrt{1 + \frac{k_{\varepsilon g}^2 - p}{np}} \quad (\text{A}) \tag{3-22}$$

$$I'_{a\varepsilon} = I'_a\sqrt{1 + \frac{k_{\varepsilon g}^2 - p'}{np'}} \quad (\text{A}) \tag{3-23}$$

证明从略。

(3) 上、下行馈线总电流。

上、下行馈线总平均电流为：

$$I_{a总} = I_a + I'_a = \begin{cases} mI + m'I' \\ np_iI_{gi} + np'_iI'_{gi} \\ 1.667N(\sum A_i + \sum A'_i) \times 10^{-3} \end{cases} \quad (\text{A}) \tag{3-24}$$

上、下行馈线总有效电流为：

$$I_{\varepsilon总} = \sqrt{I_\varepsilon^2 + I_\varepsilon'^2 + 2I_aI'_a} \quad (\text{A}) \tag{3-25}$$

3.4 牵引变压器容量计算

牵引供电容量的确定，关键在于牵引变压器容量的计算与确定。牵引变压器是牵引供电系统的重要设备，其容量应能满足负荷的需要。为了经济合理地选择牵引变压器，其容量计算一般分为以下 3 个步骤。

(1) 确定计算容量。计算容量是指根据铁道部任务书中规定的年运量大小和行车组织的要求，按正常运行的计算条件求出供应牵引负荷所必需的最小容量。

(2) 确定校核容量。校核容量是指根据列车紧密运行时的计算条件和充分利用牵引变压器的过负荷能力所计算的容量，这是为确保变压器安全运行所必需的容量。

(3) 确定安装容量。安装容量是指根据计算容量和校核容量，同时考虑备用等其他因素，并根据实际变压器系列产品的规格确定的变压器台数与容量。

在变压器负荷容量计算过程中，应将馈线负荷电流变换成变压器绕组的有效电流，用绕组有效电流计算变压器的容量。

1. 计算容量的确定

按正常运行时的全日平均有效电流来计算牵引变压器的计算容量。

(1) 三相 YN，$d11$ 接线牵引变压器的计算容量为：

$$S_C = K_t U_N \sqrt{4I_{a\varepsilon_1}^2 + I_{a\varepsilon_2}^2 + 2I_{a_1}I_{a_2}} \quad (\text{kVA}) \tag{3-26}$$

式中，$I_{a\varepsilon_1}$、I_{a_1}——重负荷臂有效电流和平均电流，A；

$I_{a\varepsilon_2}$、I_{a_2}——轻负荷臂有效电流和平均电流，A；

U_N——牵引变电所牵引侧母线额定电压，27.5 kV；

K_t——绕组负荷不均匀系数，也称温度系数，考虑到三相相绕组中的负荷电流分配不均，若按最大相负荷的 3 倍确定三相变压器容量，实际中会空闲部分容量，从而留有部分温升裕量。为考虑这一过负荷能力，引入该系数，一般取 0.9。

同理，也可以采用式（3-26）的简化公式：

$$S_C = K_t U_N (2I_{a\varepsilon_1} + 0.65I_{a\varepsilon_2}) \quad (\text{kVA}) \tag{3-27}$$

(2) Vv 接线牵引变压器（两台单相牵引变压器连接）的计算容量为：

$$S_{C1} = U_N I_{a\varepsilon_1} \quad (\text{kVA}) \tag{3-28}$$

$$S_{C2} = U_N I_{a\varepsilon_2} \quad (\text{kVA}) \tag{3-29}$$

(3) 单相接线牵引变压器的计算容量如下。

① 当只供一个供电臂时，其计算容量为：

$$S_C = U_N \sum I_{a\varepsilon} \quad (\text{kVA}) \tag{3-30}$$

式中，$\sum I_{a\varepsilon}$—— 牵引变电所牵引侧母线有效电流。

② 当供两个供电臂时，其计算容量为：

$$S_C = U_N \sqrt{I_{a\varepsilon_a}^2 + I_{a\varepsilon_b}^2 + 2I_{a_a}I_{a_b}} \quad (\text{kVA}) \tag{3-31}$$

式中，$I_{a\varepsilon_a}$、I_{a_a}———一侧供电臂 a 的有效电流和平均电流，A；

$I_{a\varepsilon_b}$、I_{a_b}——另一侧供电臂 b 的有效电流和平均电流，A。

(4) Scott 接线牵引变压器的计算容量如下。

若 $I_{a\varepsilon_T} > I_{a\varepsilon_M}$，则：

$$S_C = 2U_N I_{a\varepsilon_T} \quad (\text{kVA}) \tag{3-32}$$

若 $I_{a\varepsilon_T} < I_{a\varepsilon_M}$，则：

$$S_C = U_N \sqrt{I_{a\varepsilon_T}^2 + 3I_{a\varepsilon_M}^2} \quad (\text{kVA}) \tag{3-33}$$

式中，$I_{a\varepsilon_T}$、$I_{a\varepsilon_M}$——T、M 座有效电流，A。

2. 校核容量的确定

对牵引变压器进行容量校核，需要进行两步工作。第 1 步，根据满足列车紧密运行的需要计算最大容量 S_{max}；第 2 步，根据确定牵引变压器过负荷倍数 K，计算得到校核容量 S_E，从而达到既满足列车紧密运行的需要又充分利用过负荷能力的目的。

1) 不同接线形式牵引变压器最大容量的计算

按列车紧密运行时计算 N_{max}，进而计算最大容量 S_{max}。

(1) 三相 YNd11 接线牵引变压器的最大容量为：

$$S_{max} = K_t U_N (2I_{1max} + 0.65I_{a\varepsilon_2}) \quad (\text{kVA}) \tag{3-34}$$

式中，I_{1max}——重负荷臂 1 最大电流；

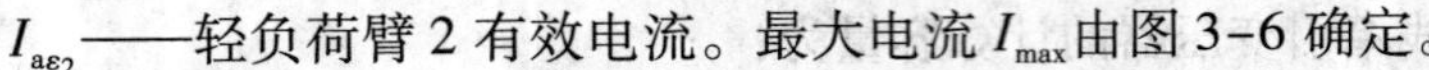
$I_{a\varepsilon_2}$——轻负荷臂 2 有效电流。最大电流 I_{max} 由图 3-6 确定。

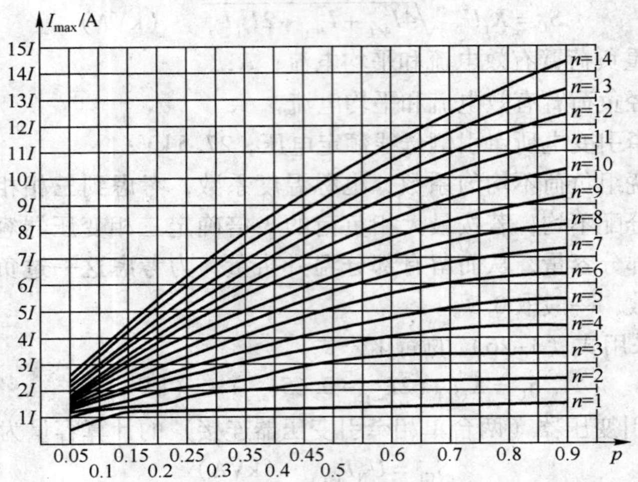

n－区间数　I－供电臂列车带电平均电流　p－区间平均带电概率

图 3-6　最大电流 $I_{max}=f(n,p)$ 曲线

（2）Vv 接线牵引变压器（两台单相牵引变压器连接）的最大容量为：

$$S_{1max}=U_N I_{1max}\quad (\text{kVA}) \tag{3-35}$$

$$S_{2max}=U_N I_{2max}\quad (\text{kVA}) \tag{3-36}$$

（3）单相接线牵引变压器的最大容量为：

$$S_{max}=U_N(I_{1max}+I_{a\varepsilon_2})\quad (\text{kVA}) \tag{3-37}$$

（4）Scott 接线牵引变压器的最大容量为：

若 $I_{Tmax}>I_{Mmax}$，则：

$$S_{max}=2U_N I_{Tmax}\quad (\text{kVA}) \tag{3-38}$$

若 $I_{Tmax}<I_{Mmax}$，则：

$$S_{max}=U_N\sqrt{I_{Tmax}^2+3I_{Mmax}^2}\quad (\text{kVA}) \tag{3-39}$$

式中，I_{Tmax}、I_{Mmax}——T、M 座最大电流，A。

2）确定变压器过负荷倍数

变压器过负荷运行会增大温升，而运行温度是决定变压器绝缘材料老化程度的最主要因素，随着温度的增加，绝缘材料加速老化，从而减少了变压器的使用寿命。

正常运行时，牵引负荷可能经常出现剧烈变化而导致过负荷，但程度一般不大。一般牵引变压器绕组的热时间常数为 5 ～ 10 min；变压器油的热时间常数长达 2 ～ 3 h。所以负荷变化引起的绕组温度变化通常需要约 15 min 才能达到稳定值，且绕组的短时允许温度可达 140℃，这样 1 ～ 2 min 以下的牵引负荷电流的短时起伏与尖峰可以不考虑。但在紧密运行时，变压器可能出现持续时间超过绕组热时间常数的较大的偶发性过负荷，可使绕组绝缘温度较快上升，因此，设计规范规定，此时允许牵引变压器在不超过规定的过负荷倍数情况下过负荷继续运行。

过负荷倍数 K 定义为变压器过负荷电流与其额定电流的比值。一般，三相 YNd11 变压器 K 取 1.5，单相变压器 K 取 1.75，Scott 变压器 K 取 2。

3）牵引变压器校核容量的确定

在最大容量 S_{max} 的基础上，再考虑牵引变压器的过负荷能力后所确定的容量，即校核容量 S_E。

$$S_E = \frac{S_{max}}{K} \quad (\text{kVA}) \tag{3-40}$$

3. 牵引变压器选择（安装容量的确定）

选取计算容量和校核容量中较大者作为基准，再考虑备用方式及是否有地区动力负荷等诸多因素，最后按其系列产品确定的牵引变压器台数与容量。

一般生产的牵引变压器采用 R10 系列规格，即额定容量为 10 000、12 500、15 000、20 000、25 000、31 500、40 000、50 000、63 000、80 000、100 000（kVA）等。

为了确定牵引变压器的安装容量，除了其计算容量与校核容量外，主要考虑因素是其备用方式。为确保电气化铁路的正常运输，牵引变压器在检修或发生故障时，需要有备用变压器投入。《铁路电力牵引供电设计规范》（TB10009—2005）规定："牵引变压器应采用下列固定全备用方式，每个牵引变电所宜设两台牵引变压器，一台运行，一台备用，每台变压器容量应能承担牵引变电所最大负荷。

3.5　牵引负荷计算样例

1. 基本条件

某单线区段，近期年运量 $\Gamma = 2\,000$ 万吨/年，牵引定数 $G = 2\,100$ 吨，$\gamma_{静}$ 取 0.705，波动系数 K_1 取 1.2，储备系数 K_2 取 1.2，非平行列车运行图区间通过能力 $N_{非} = 42$ 对/日。

牵引计算结果如下。

供电臂 1：$n = 3, \sum A_1 = 1724\ \text{kVAh}, \sum t_{g1} = 29.3\ \text{min}$；上下行数据相同。

供电臂 2：$n = 3, \sum A_2 = 2115\ \text{kVAh}, \sum t_{g2} = 28.3\ \text{min}$；上下行数据相同。

接触网电压等级 25 kV。

选用三相 YNdll 接线牵引变压器，固定全备用。

2. 计算过程

（1）计算列车对数 N：

$$N = \frac{\Gamma_J \times 10^4}{365 G\gamma_{净}} = \frac{K_1 K_2 \Gamma \times 10^4}{365 G\gamma_{净}} = \frac{1.2 \times 1.2 \times 2\,000 \times 10^4}{365 \times 2\,100 \times 0.705} = 53.3\ (\text{列/日}) = 27\ (\text{对/日})$$

（2）计算各供电臂平均电流和有效电流。

① 列车带电平均电流：

$$I_{g1} = \frac{60A_1}{Ut_{g1}} = 2.4\frac{A_1}{t_{g1}} = 2.4 \times \frac{1724}{29.3} = 141\ (\text{A})$$

$$I_{g2} = \frac{60A_2}{Ut_{g2}} = 2.4\frac{A_2}{t_{g2}} = 2.4 \times \frac{2115}{28.3} = 179\ (\text{A})$$

② 平均列车用电概率：

$$p_1=\frac{Nt_{g1}}{T}=\frac{27\times 29.3}{1\,440}=0.55$$

$$p_2=\frac{Nt_{g2}}{T}=\frac{27\times 28.3}{1\,440}=0.53$$

③ 馈线平均电流：

$$I_{a1}=2p_1I_{g1}=2\times 0.55\times 141=155\ (\mathrm{A})$$
$$I_{a2}=2p_2I_{g2}=2\times 0.53\times 179=190\ (\mathrm{A})$$

或

$$I_{a_1}=2\times 1.667N\sum A_1\times 10^{-3}=2\times 1.667\times 27\times 1\,724\times 10^{-3}=155(\mathrm{A})$$

$$I_{a_2}=2\times 1.667N\sum A_2\times 10^{-3}=2\times 1.667\times 27\times 2\,115\times 10^{-3}=190(\mathrm{A})$$

④ 馈线有效电流。

取带电有效系数 $k_{\varepsilon g}=1.04$，则：

$$I_{a\varepsilon 1}=I_{a1}\sqrt{1+\frac{k_{\varepsilon g}^2-2p_1}{2np_1}}=155\times\sqrt{1+\frac{1.04^2-2\times\frac{0.55}{3}}{2\times 0.55}}=199\ (\mathrm{A})$$

$$I_{a\varepsilon 2}=I_{a2}\sqrt{1+\frac{k_{\varepsilon g}^2-2p_2}{2np_2}}=190\times\sqrt{1+\frac{1.04^2-2\times\frac{0.53}{3}}{2\times 0.53}}=247\ (\mathrm{A})$$

（3）计算变压器计算容量：

$$\begin{aligned}S_C&=K_tU_N\sqrt{4I_{a\varepsilon_1}^2+I_{a\varepsilon_2}^2+2I_{a_1}I_{a_2}}\\&=0.9\times 27.5\times\sqrt{4\times 247^2+199^2+2\times 190\times 155}\\&=14\,485(\mathrm{kVA})\end{aligned}$$

注意：$I_{a\varepsilon_1}$、I_{a_1}是指重负荷臂有效电流和平均电流，并不是指供电臂 1。

采用简化公式：

$$\begin{aligned}S_C&=K_tU_N(2I_{a\varepsilon_1}+0.65I_{a\varepsilon_2})\\&=0.9\times 27.5\times(2\times 247+0.65\times 199)\\&=15\,428\ (\mathrm{kVA})\end{aligned}$$

（4）计算变压器校核容量。

按非平行运行图区间通过能力 $N_{非}$ 的要求进行校核。

在紧密运行状态下，有：

$$p_1=\frac{N_{非}\sum t_{g_1}}{T}=\frac{42\times 29.3}{1\,440}=0.855$$

$$p_2=\frac{N_{非}\sum t_{g_2}}{T}=\frac{42\times 28.3}{1\,440}=0.825$$

$$I_{a_1}=2\times 1.667N\sum A_1\times 10^{-3}=2\times 1.667\times 42\times 1\,724\times 10^{-3}=241(\mathrm{A})$$

$$I_{a_2}=2\times 1.667N\sum A_2\times 10^{-3}=2\times 1.667\times 42\times 2\,115\times 10^{-3}=296(\mathrm{A})$$

则有 $n=3, I=296\text{A}, p=\dfrac{2p_2}{n}=\dfrac{2\times0.825}{3}=0.55$。

查图 3-6 可得：

重负荷臂最大电流　　$I_{1\max}=3.2I=3.2\times296=947$（A）

轻负荷臂有效电流

$$I_{a\varepsilon2}=I_{a1\max}\sqrt{1+\frac{k_{\varepsilon g}^2-2p_1}{2np_1}}=241\times\sqrt{1+\frac{1.04^2-2\times\frac{0.855}{3}}{2\times0.855}}=275\ (\text{A})$$

$$\begin{aligned}S_{\max}&=K_tU_N(2I_{1\max}+0.65I_{a\varepsilon_2})\\&=0.9\times27.5\times(2\times947+0.65\times275)\\&=51\,300\ (\text{kVA})\end{aligned}$$

$$S_E=\frac{S_{\max}}{K}=\frac{51\,300}{1.5}=34\,200\ (\text{kVA})$$

（5）确定安装容量。将计算容量和校核容量进行比较，并结合采用的备用方式和系列产品，最终确定安装容量为 2×40 000 kVA。

复习参考题

1. 简述牵引负荷的基本特点。
2. 简述平均电流、有效电流、最大电流的用途。
3. 阐述同型列车法计算馈线电流。
4. 简述牵引变压器容量计算和选择的步骤。
5. 简述计算容量、校核容量、安装容量的意义。
6. 某单线区段，上行供电臂、下行供电臂供电分区数 n 均为 3。

（1）近期年运量 $\Gamma=3\,000$ 万吨/年，牵引定数 $G=3\,000$ 吨，$\gamma_{静}$ 取 0.705，波动系数 K_1 取 1.2，储备系数 K_2 取 1.2，试计算日列车数。

（2）牵引供电计算结果如下。

上行供电臂：$\sum A_1=2\,000\ \text{kVA}\cdot\text{h}, \sum t_{g1}=30\ \text{min}$；上下行数据相同。

下行供电臂：$\sum A_2=1\,500\ \text{kVA}\cdot\text{h}, \sum t_{g2}=25\ \text{min}$；上下行数据相同。

试计算馈线平均电流和有效电流。

（3）非平行列车运行图区间通过能力 $N_{非}=42$ 对/日，变电所选用固定全备用的三相 YNd11 接线变压器，试进行牵引变压器容量选择。

第4章

接　触　网

【本章内容概要】

概述接触网的组成；阐述接触网的悬挂类型及接触网的设备与结构类型。

【本章学习重点与难点】

学习重点：接触网的悬挂类型；接触网的设备与结构。

学习难点：弹性链形悬挂。

4.1　接触网的组成

接触网是沿铁路上空架设的一条特殊形式的输电线路，它由接触网悬挂、支持装置，定位装置和支柱及基础等几部分组成，如图4-1所示。

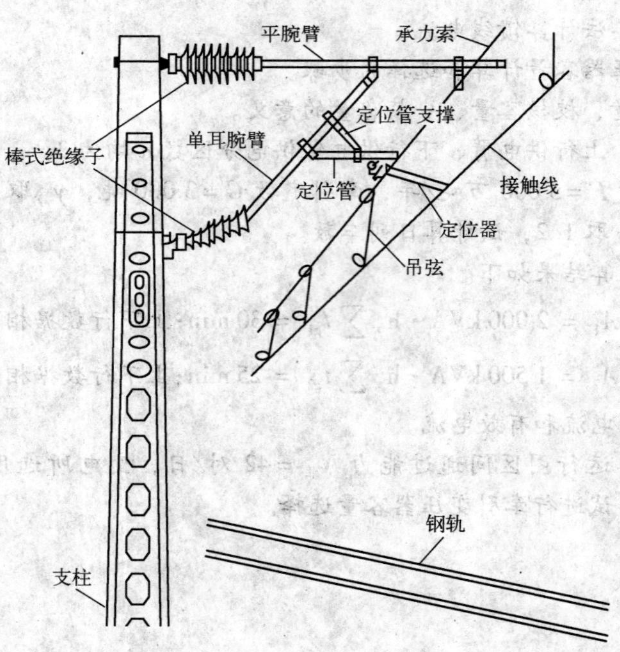

图4-1　接触网组成示意图

1. 接触悬挂

接触悬挂包括接触线、吊弦、承力索和补偿器及连接零件。接触悬挂通过支持装置架设在支柱上，其作用是将牵引变电所的电能输送给电力机车。电力机车运行时，受电弓顶部的滑板紧贴接触线摩擦滑行得到电流（简称“取流”）。为了保证滑板的良好取流，接触悬挂应达到下列要求。

1）弹性均匀

接触悬挂弹性是指接触悬挂在受电弓抬升力作用下所具有的抬高性能，用单位垂直力使接触线升高量表示。衡量弹性好坏的标准有：弹性的大小（取决于接触线索的张力）；弹性均匀程度（取决于悬挂结构、悬挂类型和某些负载接触上的集中负载的集中程度）。当接触线本身不平直或者在接触线的某一位置存在较大的集中负载，接触线将出现硬点，影响接触网质量。

2）接触线坡度适当

接触线对轨面的高度应尽量相等，以限制接触线坡度。接触线坡度对机车运行速度有很大影响，坡度选择不当，会产生离线、起弧等不正常情况。

3）良好的稳定性

接触悬挂在受电弓压力及风力作用下，应有良好的稳定性，即电力机车运行取流时，接触线不发生剧烈的上、下振动。在风力作用下不发生大的横向摆动，这就要求接触线有足够的张力，并能适应气候的变化。

4）结构标准化

接触悬挂的结构及零部件应力求轻巧、简单、可靠，做到标准化，以便检修和互换，缩短施工及运行维护时间。同时还应有一定的抗腐蚀能力和耐磨性，以延长使用寿命。此外，要结合国情尽量节省有色金属及钢材，降低造价。

2. 支持装置

支持装置是接触网中支持接触悬挂，并将其机械负荷传给支柱固定的部分。支持装置包括腕臂、平腕臂（或水平拉杆、悬式绝缘子串）、棒式绝缘子及接触悬挂的悬吊零件。根据接触网所在区间、站场和大型建筑物所需要的不同，支持装置表现为不同的形式。如腕臂结构、软横跨、硬横跨（多股道站场使用），以及隧道、桥梁和其他大型建筑物上的特殊支持结构。

3. 定位装置

定位装置包括定位管、定位器、定位线夹及其连接零件。其作用是固定接触线的横向定位置，使接触线水平定位在受电弓滑板运行轨迹范围内，保证接触线与受电弓不脱离，使受电弓磨耗均匀，同时将接触线的水平负荷传给支柱。

4. 支柱与基础

支柱与基础用以承受接触悬挂、支持和定位装置的全部负荷，并将接触悬挂固定在规定的位置和高度上。在中国，接触网主要采用预应力钢筋混凝土支柱和钢柱，其基础用来承载支柱负荷，即将支柱固定在用钢筋混凝土支撑的地下基础上，由基础承受支柱传给的全部负荷，并保证支柱的稳定性。预应力钢筋混凝土支柱也可不设单独的基础，支柱直接埋入地下，起到基础的作用。

4.2 接触悬挂的类型

接触网的分类大多以接触悬挂的类型来区分。在一条接触网线路上，为了满足供电和机械方面的要求，总是将接触网分成若干一定长度且相互独立的分段，这就是接触网的锚段。这里所讲的接触悬挂的分类是对接触网的每个锚段而言的。接触悬挂的种类较多，一般根据其结构的不同分成简单接触悬挂和链形接触悬挂两大类。

1. 简单接触悬挂

简单接触悬挂（以下简称“简单悬挂”）是指由一根接触线直接固定在支柱支持装置上的悬挂形式。接触线（或承力索）端头同支柱的连接称为线索的下锚。下锚分两种方法，一种是将线索的端头同支柱直接固定连接，称硬锚。另一种是增加补偿装置，以调节线索的驰度和张力，称为补偿下锚。

国内外对简单悬挂做了不少研究和改进。我国目前采用的带补偿装置的弹性简单悬挂系在接触线下锚处装设了张力补偿装置，以调节张力和弛度的变化。在悬挂点上加装 8 ～16 m 长的弹性吊索，通过弹性吊索悬挂接触线，减少了悬挂点处产生的硬点，改善了取流条件。另外，跨距适当缩小，增大接触线的张力，改善了弛度对取流的影响。

2. 链形悬挂

链形悬挂是一种运行性能较好的悬挂形式。它的结构特点是接触线通过吊弦悬挂在承力索上，承力索通过钩头鞍子、承力索座或悬吊滑轮悬挂在支持装置的腕臂上，使接触线在不增加支柱的情况下增加了悬挂点，通过调节吊弦长度使接触线在整个跨距中对轨面的高度基本保持一致，减小了接触线在跨中的驰度，改善了接触线弹性，增加了接触悬挂的重量，提高了稳定性，达到满足电力机车高速运行时取流的要求。

链形悬挂比简单悬挂得到了较好的性能，但也带来了结构复杂、造价高、施工和维修任务量大等许多问题。

1）链形悬挂分类

链形悬挂分类方法较多，按悬挂链数的多少可分为单链形、双链形和多链形（又称三链形）。目前我国采用单链形悬挂。

单链形根据悬挂点处吊弦的形式可分为简单链形悬挂和弹性链形悬挂两种。

（1）简单链形悬挂。简单链形悬挂结构简单，造价低，运行、检修经验丰富。目前，简单链形悬挂是中国电气化铁道使用的主要悬挂形式，如图 4-2 所示。

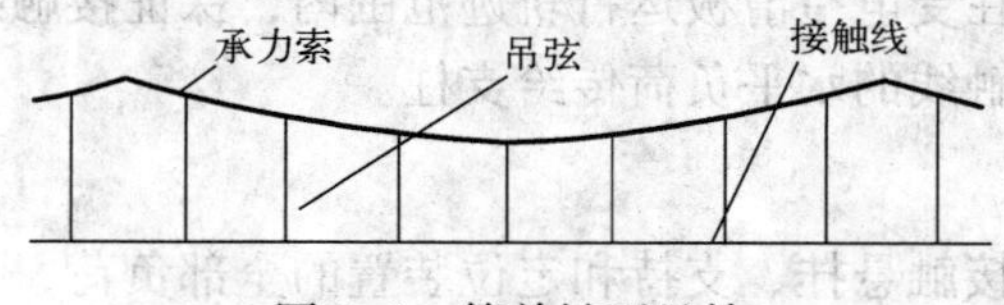

图 4-2 简单链型悬挂

（2）弹性链形悬挂。弹性链形悬挂在支柱悬挂点处增设了一根弹性吊弦。其作用是增加了支柱接触线固定点（又称定位点）的弹性，使其弹性均匀，有利于机车受电弓取流。弹性吊弦由长 15 米的辅助绳和一根（或两根）短吊弦构成。安装时，辅助绳两端分别固定在承力索上，短吊弦上端用U型滑动夹板同辅助绳连接，下端与接触线定位器相连，当温度变化时，可避免短吊弦产生过大偏斜。弹性链形悬挂在高速时受流性能较为优越，是世界上普遍认可的高速接触网悬挂类型，如图4-3所示。我国在哈大线、秦沈高速客运专线上使用了这种悬挂形式。

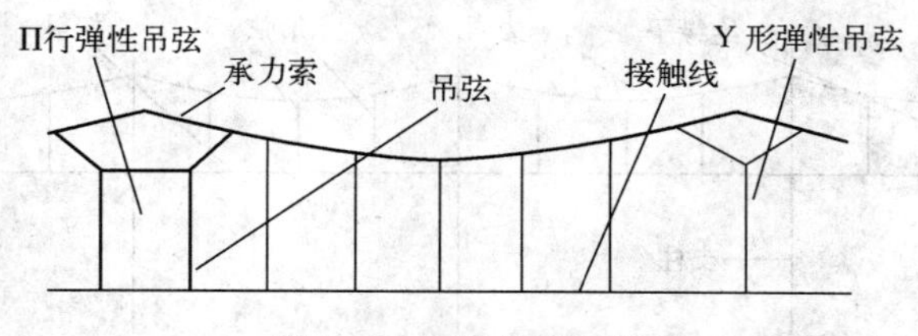

图4-3 弹性链型悬挂

2）线索的锚定方式分类

链形悬挂根据线索的锚定方式（即线索两端下锚的方式），可分为未补偿链形悬挂、半补偿链形悬挂、全补偿链形悬挂。

（1）未补偿链形悬挂。这种悬挂方式的承力索和接触网两端无补偿装置，均为硬锚。在大气温度变化时，因为承力索和接触线的热胀冷缩，承力索和接触线的张力、驰度变化较大，造成受流状态恶化，一般不采用，如图4-4所示。

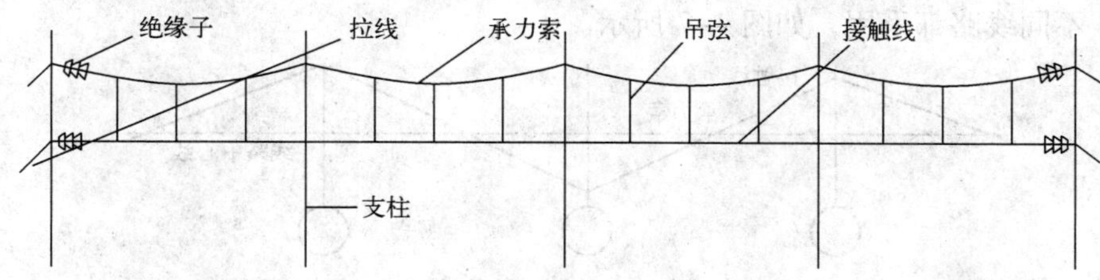

图4-4 未补偿链形悬挂

（2）半补偿链形悬挂。在半补偿链形悬挂中，接触线两端设张力补偿装置，承力索两端为硬锚。

半补偿悬挂比未补偿悬挂在性能上得到了很大改善。但由于承力索为硬锚，当温度变化时，承力索的张力和驰度发生变化，对接触线产生一定的影响。同时温度变化时，承力索的驰度变化，吊弦上端产生上、下位移，而吊弦的下端接触线发生顺线路方向的偏移。由于各吊弦的偏斜，造成接触线纵向张力不均，特别是在极端温度下，使接触线在锚段中部和下锚段之间出现较大张力差，接触线张力和弹性不均匀，在支柱悬挂点处产生明显的硬点，不利于电力机车高速运行取流。因此这种悬挂只用于车速不高的车站侧线和支线上。

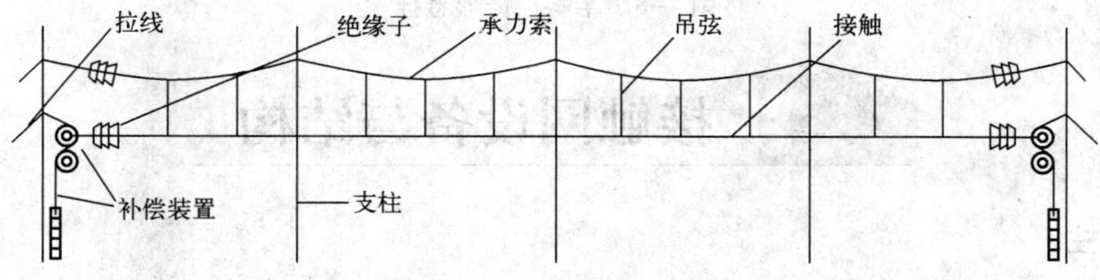

图4-5 半补偿链形悬挂

（3）全补偿链形悬挂。全补偿链形悬挂，即承力索和接触线两端下锚初均装设补偿装置。全补偿链形悬挂在温度变化时由于补偿作用，承力索和接触线的张力基本不发生变化，弹性比较均匀，承力索和接触线均产生同方向的纵向位移，因而吊弦偏斜大小减小（接触线和承力索为相同材质时，偏斜更小，几乎可以忽略），有利机车高速取流。

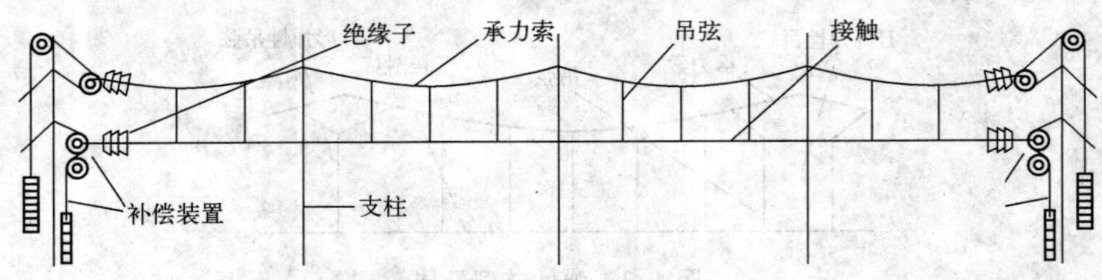

图 4-6　全补偿链形悬挂

3）按其承力索和接触线的相对位置分类

（1）直链形悬挂。其承力索和接触线在同一垂直平面内，它们在水平面上的投影是一条直线。

直链形悬挂的风稳定性较差，在大风作用下接触线易产生横向摆动，造成接触线与受电弓脱离而发生事故（脱弓事故）。在很长一段时间内，我国电气化铁道只是在曲线区采用这种悬挂形式。对于直链形悬挂，接触线和承力索在曲线上有垂直于轨面和垂直于水平面两种布置方式，不同线路都采用，如图 4-7 所示。

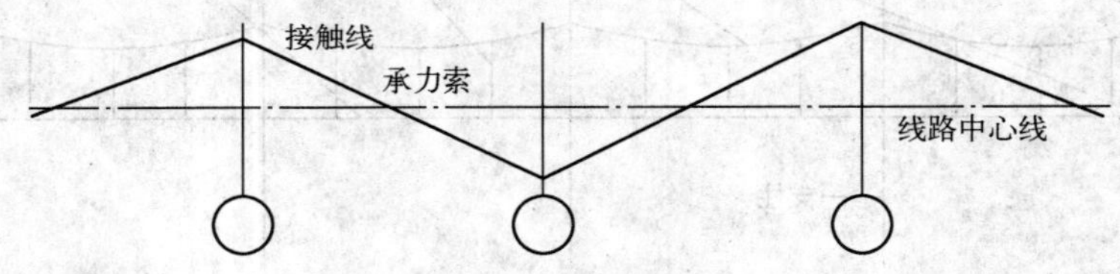

图 4-7　直链形悬挂

（2）半斜链形悬挂。在半斜链形悬挂中，承力索沿线路中心布置，接触线在每一支柱定位点处，通过定位装置被布置成之字形，承力索与接触线部在同一垂直平面内，它们在水平面上的投影有一个较小的偏移，如图 4-8 所示。半斜链形悬挂风稳定性好，我国在支线区段大量采用这种悬挂方式。

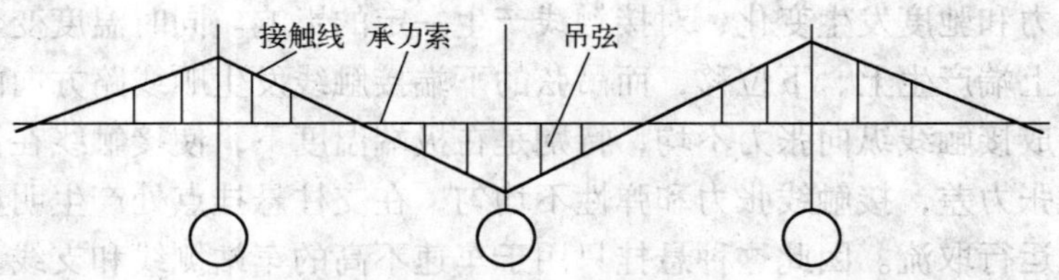

图 4-8　半斜偿链形悬挂

4.3 接触网设备与结构

1. 支柱

支柱是接触网中最基本、应用最广泛的支撑设备，用来承受接触悬挂与支持设备的负荷。接触网支柱，按其使用材质分为预应力钢筋混凝土支柱和钢支柱两大类。

预应力钢筋混凝土支柱，简称为钢筋混凝土支柱，采用高强度的钢筋，在制造时，预先使钢筋产生拉力，它比普通钢筋混凝土支柱在同等容量情况下具有节省钢材、强度大、支柱轻等优点。钢筋混凝土支柱本身是一个整体结构，不需另制基础。

钢支柱以角钢焊成架结构，具有支柱较轻、强度高、抗碰撞、安装运输方便等优点。根据安装使用地点不同，钢柱的型号规格及外形结构也不同。

支柱按其在接触网中的作用可分为中间支柱、转换支柱、中心支柱、锚柱、定位支柱及道岔支柱、软横跨支柱、硬横跨支柱及桥梁支柱等几种，如图 4-9 所示。

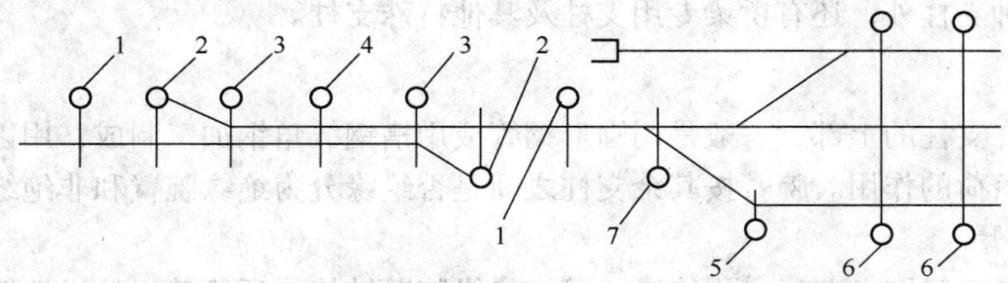

1- 中间柱　2- 锚柱　3- 转换柱　4- 中心柱　5- 定位柱　6- 软横跨支柱　7- 道岔定位柱

图 4-9　支安装位置图挂

1）中间支柱

中间支柱在区间和站场上广泛应用，布置在两相邻锚段关节之间，支持一支接触悬挂，它承受一支工作支接触悬挂的重力及风作用于悬挂上的水平分力，中间支柱所承受的力矩比较小。

2）锚柱

在接触网锚段关节处或其他接触网下锚的地方需设锚柱，锚柱承受两个方向的负荷。在垂直线路方向起中间支柱的作用，在顺线路方向，承受接触悬挂下锚的全部拉力。锚柱分为带下锚拉线和不带下锚拉线两种，分腿式钢柱用作锚柱时可不带拉线，其余锚柱用作下锚时均带拉线。

3）转换支柱

转换支柱位于锚段关节处的两棵锚柱之间，它同时支持两支接触悬挂，其中一支为工作支，另一支为下锚支（简称非支），电力机车受电弓在两转换支柱之间进行两个锚段线索的转换。它要承受接触悬挂下锚支和工作支线索的重力和水平力。

4）中心支柱

在四跨锚段关节处，位于两棵转换支柱中间的那棵支柱称为中心支柱。它同时承受两组工作支接触悬挂的重力和水平分力，两工作支接触线在此柱定位点呈水平状，且使两支接触线线间距离符合技术要求。

5）定位支柱及道岔支柱

当接触线由于某些原因对受电弓中心偏移过大时，为保证电力机车受电弓正常接触取流不发生脱弓事故，而专门设立定位支柱。它通常仅承受接触线水平分力而不承受接触悬挂的垂直分力，一般多设于站场道岔后曲线处。由于受力较小可采用中间柱。

在站场两端道岔处，为使接触线线岔符合技术要求规定的位置，该处往往需要设立道岔支柱，根据支柱容量选择支柱类型。

6）软横跨支柱

软横跨支柱一般用于跨多股道的站场，由于受力较大，多选用容量较大的支柱，跨越5股道及以下的软横跨柱可用钢筋混凝土支柱，5股道以上的软横跨则采用钢柱。

7）硬横跨支柱

硬横跨亦称为硬横梁，多用于全补偿链形悬挂的站场上，一般是为固定承力索中心锚结绳而设立的。在某些特殊地段，如站场深入高架梁桥上时，用双线路碗臂支柱或软横跨都不方便时，可考虑采用硬横跨，硬横跨支柱错位钢柱和等径圆混凝土支柱。

除上述几种支柱外，还有桥梁专用支柱及其他特殊支柱。

2. 腕臂

腕臂安装在支柱的上部，一般是用圆形钢管或用槽钢、角钢加工制成，用以支持接触悬挂，并起传递负荷的作用。腕臂按其余支柱之间是否绝缘分为绝缘腕臂和非绝缘腕臂。

1）绝缘腕臂

目前在我国接触网上普遍采用绝缘腕臂，绝缘腕臂结构灵巧简单，技术性能好，施工维修和安装都很方便，由于绝缘子安装在靠支柱侧，减少了对支柱容量和高度的要求，从而降低了成本，同时在内电混合牵引区段不易被污染，减少了清扫和维护绝缘子的工作。绝缘腕臂安装结构如图4–10所示。

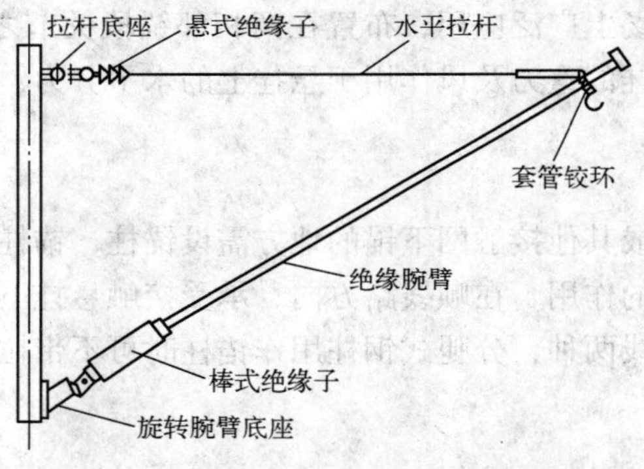

图4–10　绝缘腕臂安装结构

2）非绝缘腕臂

非绝缘腕臂结构中，通过悬吊在腕臂上的绝缘子串来承挂承力索，腕臂和支柱之间不绝缘，因此称为非绝缘腕臂。非绝缘腕臂结构笨重，要求支柱高度和支柱容量大，安装维修困难，绝缘子容易脏物，不便开展带电作业，应尽量减少使用。

3. 接触线

接触线也称为电车线，是接触网中重要的组成部分之一。电力机车运行中，其受电弓滑板直接与接触线摩擦，并从接触线上获得电能。接触线的材质、工艺及性能对接触网起着重要的作用。要求它具有较小的电阻率、良好的抗磨损性能、高强度的机械性能和较强的抗张能力。

1）接触线材质

接触线一般制成两侧带沟槽的圆柱状，其沟槽为便于安装线夹，并按技术要求悬吊固定接触线位置，同时又不影响受电弓滑板的滑行取流。接触线下面与受电弓滑板接触的部分呈圆弧状，称为接触线的工作面。

我国采用的铜接触线多为 TCG－110 和 TCG－85 两种型号，其字母 T 表示铜材，C 表示电车线，G 表示带沟槽形式，后面的数字表示该型铜接触线的截面积。近年来我国也引进使用日本的铜接触线。

我国还研制和使用了钢铝接触线。钢铝接触线以铝和钢两种金属压接制成。以铝面作为导电部分，与受电弓滑板接触摩擦的是钢面，既保证了导电性能又提高了工作面的耐磨性，我国采用的钢铝接触线有 GLCA 100/215 和 GLCB 80/173 两种型号。字母 GLC 表示钢铝电车线，A、B 表示线型，后面分式中，分母表示该型钢铝接触线的截面积，分子表示该型钢铝接触线的载流量当量于铜接触线的截面积。另外，还有内包钢的 GLCN 型钢铝接触线。

常用接触线类型如图 4-11 所示。

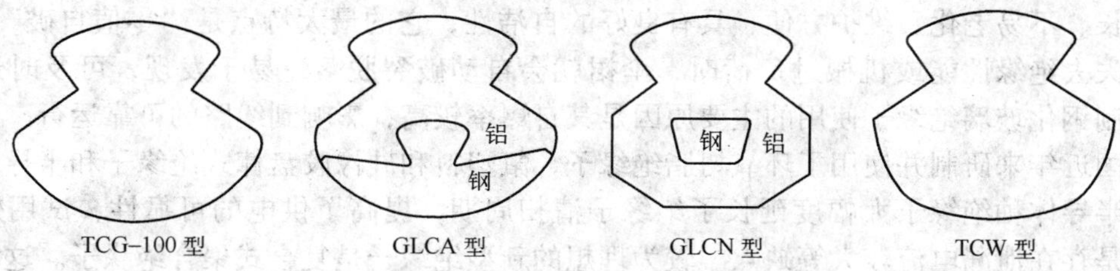

图 4-11 常用接触线类型

20 世纪 90 年代以前，我国有色金属比较紧缺，对采用铜接触线比较谨慎，因此钢铝接触线应用较多。但运营经验表明，钢铝接触线的安全可靠性较差，且其回收再利用价值较低，随着社会的不断发展和进步，对铁路运输质量的要求越来越高，任何一次弓网事故都将中断运行，打乱正常的运输秩序，影响铁路的信誉。目前已不推荐使用钢铝接触线。

随着电气化铁路的大幅度提速和高速电气化铁路的建设，我国研制了 CTHA－110 型、CTHAB－120 型铜银合金接触线（也称为 AgCu110 、AgCu120 ），MgCu－120 型镁铜接触线也有使用。铜银合金接触线以其抗拉强度高、耐高温性能好的优势逐渐被人们所认可，目前已成为我国繁忙干线或提速干线接触导线的主流产品。

2）接触线的磨耗

在接触网运营中，为了保证接触线在一定张力的情况下不断线，要求每年至少要进行一次接触线磨耗测量，当接触网接触线磨耗到一定程度时应当补强或更换。若发现全锚段接触线平均磨耗超过该型接触线截面积的 25% 时，应当全部更换。平均磨耗没达到 25% 、局部磨耗超过 30% 时可局部补强，当局部磨耗达到 40% 时应切换。

测量磨耗重点放在定位点、电联接、导线接头、中心锚结、电分相、电分段接头处，测量磨耗要利用游标卡尺，测量接触线的残存高度，然后对照该型号接能线磨耗换算表，即可查出该处接触线磨耗面积（磨掉的截面积）。

4. 承力索

承力索的作用是通过吊弦将接触线悬挂起来。要求承力索能够承受较大的张力和具有抗腐蚀能力，并在温度变化时驰度变化小。承力索还可承载一定电流来减小牵引网阻抗，降低电压损耗和能耗。

承力索根据材质可分为铜承力索、钢承力索、铝包钢承力索。

钢承力索需采取防腐措施。虽然出厂时表面镀了一层锌，但因污染外表镀锌层很快就会锈蚀，为了延长寿命，使用时一律涂防腐油脂，一般规定每3～4年涂防腐有一次，在夏秋季节进行。

5. 接触网用绝缘子

绝缘子是接触网上广泛应用的重要部件之一，绝缘子用以悬吊和支持绝缘悬挂并使带电体对接地体间保持电气绝缘。

接触网上所用的绝缘子一般为瓷质绝缘子，按结构分成悬式绝缘子和棒式绝缘子两类；按绝缘子表面长度（即泄漏距离）又可分成普通型和防污型两种。

近年来，大量推广采用了钢化玻璃悬式绝缘子，这种绝缘子机械强度高（为瓷质绝缘子的2～3倍）、电气性能好（在冲击波作用下其平均击穿强度为瓷绝缘子的3.5倍）、使用寿命长、不易老化、维护方便，具有良好的自洁性，它的最大特点是“零值自破”，即当绝缘子失去绝缘性能或机械过负荷时，伞裙就会自动破裂脱落，易于发现，可及时进行更换。限制钢化玻璃绝缘子使用的主要原因是其自爆率较高，影响到线路的可靠运行。

我国近年来研制并使用了环氧树脂绝缘子，氟塑料和硅橡胶盘棒式绝缘子和半导体釉绝缘子。半导体釉绝缘子大幅度延长了绝缘子清扫周期，提高了供电的可靠性，试用效果良好，但是存在泄漏电流较大等缺点。较为理想的新型绝缘子是复合式聚合绝缘子。这种绝缘子由两种聚合材料结合制成，一种材料提高机械强度，另一种材料提高绝缘性能，使复合式聚合绝缘子可以满足机械强度高、绝缘性能好、耐冲击、耐电弧重量较轻等的要求，这也是未来绝缘子发展的方向。

6. 锚段关节

为满足供电、机械方面的分段要求，将接触网分成若干一定长度且相互独立的分段，每一分段叫锚段。设立锚段可以限制事故范围，便于设立补偿装置，并且有利于供电分段，配合开关设备，满足供电的需要。可实现一定范围内的停电检修作业。

两个相邻锚段衔接部分称为锚段关节。根据锚段关节所起的作用可分为电分段非绝缘锚段关节和电分段绝缘锚段关节：根据所含跨距数可分为三跨、四跨锚段关节。

非绝缘锚段的关节只起机械分段作用。绝缘锚段关节既起电分段作用还起机械分段作用。

7. 补偿装置

补偿装置又称补偿器，设在锚段两端，它是自动调整接触线或承力索张力的补偿器及其制动装置的总称，由补偿滑轮、补偿绳、杠杆、坠砣杆和坠砣组成。

补偿装置作用是：当温度变化时，线索受温度影响而伸长或缩短，由于补偿器坠砣的重量作用，可使线索沿线路方向移动而自动调整线索张力，使张力恒定不变，并借以保持接触线驰度。

8. 接触网中心锚结

在链形悬挂的中部，将接触线和承力索在支柱上进行可靠固定，称为中心锚结。在两端装有补偿器的锚段里，必须加设中心锚结，其布置原则是尽量使中心锚结两端张力相等，直线曲段中心锚结设在锚段中部，曲线曲段、曲线半径相同的整个锚段仍设在锚段中部，当锚段处于直线和曲线共有区段且曲线半径不等时，应设在靠曲线多、半径小的一侧。

安设中心锚结后，由于接触线和承力索在中心锚结处系死固定（防串中心锚结除外），因此，当温度变化时，锚段两端的补偿器只能使线索由中心锚结处分别向两端移动，不至于向一端滑动。保证线索张力均匀，并使接触线工作状态良好，同时能缩小事故范围。当锚段一端的接触线发生断线时，不致影响锚段另一端接触线，以利于抢修和缩短事故时间。运行实践表明，接触网发生断线事故情况较少，即使发生事故，影响范围也仅为3～4个跨距，而只要装设中心锚结，就使接触网结构复杂，特别是对于站场内全补偿中心锚结，在下锚时要穿过很多股道，使站场中心部分拉线纵横交错，影响站场工作人员的作业和行人安全，同时也影响站场的美观。因此，我国从京秦线开始，以后设的线路站内都采用防止接触悬挂串动而不考虑断线的中心锚结，即采用防串不防断的中心锚结，简称防串中心锚结，如图4-12所示。

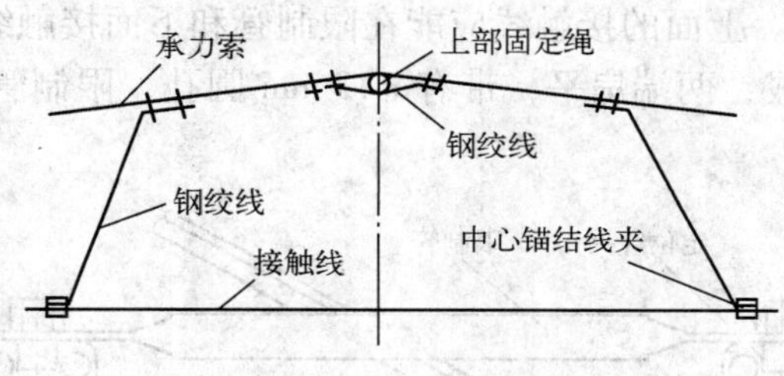

图4-12 站场防串中心锚结

中心锚结按结构可分为半补偿链形悬挂中心锚结（图4-13所示）、半补偿链形悬挂中心锚结、全补偿链形悬挂中心锚结，站场防串中心锚结等。

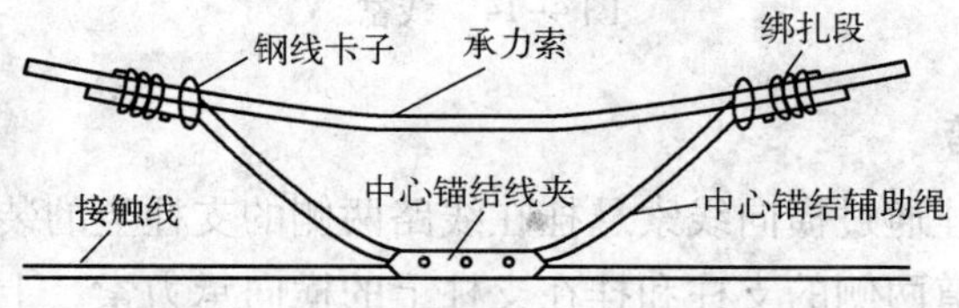

图4-13 半补偿链形悬挂中心锚结

9. 接触网吊弦

在链形悬挂中，接触线通过吊弦悬挂在承力索上，调节吊弦的长度可以保证接触悬挂的结构高度和接触线距轨面的工作高度，增加接触线的悬挂点，提高电力机车受电弓的取流质量。按其使用位置在跨距中、软横跨上或隧道内有不同的吊弦类型，吊弦是链形悬挂中的重要组成部件之一。

普通环节吊弦以直径4 mm（一般称为8号铁线）的镀锌铁线制成。提速后采用铜直吊弦，铜直吊弦是一个整体吊弦，减小了检修工作量，增加了导流性能，提高了接触悬挂的工作特性。

10. 接触网线岔

列车在运行中，当运行到两条铁路交叉处，由一股道过渡到另一股道上运行时，要经过道岔设施达到转换。在电气化铁路区段的站场内两个股道交叉处，为了使电力机车受电力由一股道顺利过渡到另一股道，在两条铁路交叉的上空相应的有两支汇交的接触线，在两支汇交接触线的相交处，用限制管连接并固定的装置称为线叉。

当机车受电弓从一股道通过线岔时，由于受电弓有一固定的宽度，因此在未运行到两导线交叉点时，即已接触到另一股道接触线，该处被称为线岔始触点。在接触瞬间，本股道接触线因受电弓抬升力的作用已有一升高值，而相邻股道接触线仍保持原有高度，此时会出现两导线不等高的情况，为保持两导线在始触点基本等高，使受电弓在始触点处不发生刮弓和钻弓事故，两导线间交叉点处应安装一个限制管，使电力机车受电弓由一条股道上空的接触线平滑、安全地过渡到另一条股道上空的接触线上，从而使电力机车牵引的列车完成线路转换运行的目的。

接触网线岔是由一根限制管、两个定位线夹和固定限制管的螺栓组成，其结构是用一根限制管将相交的两支接触线上下相互贴近，限制管的两端用定位线夹和螺栓固定在下面那根接触线上。如果两个接触线是非正线相交，一般是交叉点距中心锚结或硬锚近者在下面；若是正线相交，正线在下面。上面的接触线应能在限制管和下面接触线间活动。限制管一般用3/8英寸镀锌钢管加工而成，两端扁平，带有 ϕ13 mm 圆孔，限制管用方头螺栓和定位线夹固定在下面的接触线上。

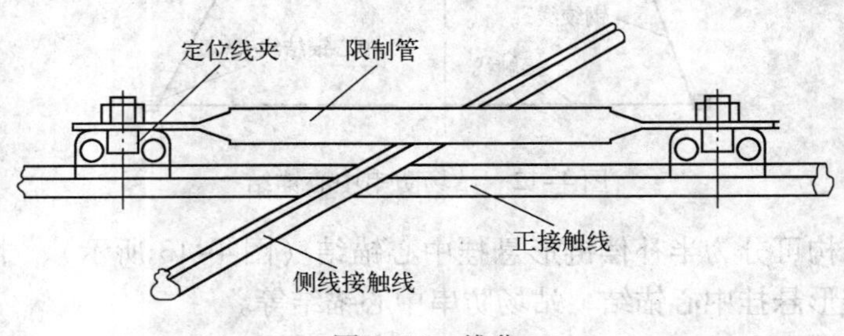

图 4-14 线岔

11. 软横跨和硬横跨

多股道站场接触悬挂通过横向线索悬挂在线路两侧的支柱上的装配方式称为软横跨。

软横跨由电气化铁道两侧的支柱和挂在支柱上的横向承力索，上、下部固定绳及支持和连接它们的零件组成。软横跨的形式有绝缘式软横跨、电分段式绝缘软横跨等几种。其中非绝缘式软横跨除早期电气化铁道区段采用过，目前一般不再采用，另外还有一种硬横跨形式，即固定在位于电气化线路两侧支柱上的实腹钢结构（硬横梁）上。

12. 分段绝缘器

在电气化铁道区段各车站的装卸线、机车整备线、电力机车库线等地，为了保证工作人员的作业方便及人身安全，将接触网在电的方面分成独立的区段。

分区绝缘器安设在上述独立区段的两端，其结构既能保证供电的分段，又能使受电弓平滑地通过该设备。分区绝缘器大多应配合隔离开关使用，以便使分区绝缘器两端的接触线当开关闭合时都能带电；当隔离开关打开时，独立的区段中则没有电，便于在该独立区段中进行装卸或停电作业。

分区绝缘器的种类较多，但由于接触网设备及材料的发展，曾经广泛使用的三式、玻璃钢、环氧树脂分区绝缘器等，因结构笨重或耐脏污、耐电弧性能差，或易老化开裂或泄漏距离不足等原因，现已逐渐淘汰，被新型的 C-1200 型高铝陶瓷分段绝缘器和引进英国的滑道式菱形分段绝缘器所代替。

13. 分相绝缘装置

在单相交流牵引供电系统中，电力机车是由单相电供给的，为了平衡电缆系统的各相负荷，一般要实行 U、V 相轮流供电，所以，U、V 相之间要分开，这称为电分相。

分相绝缘器的作用是将接触网上不同相位的电能隔离开，以免发生相间短路，并起机械连接作用，使接触网成为一个整体。分相绝缘装置包括分相绝缘器和有关分相绝缘器的线路标志。分相绝缘器设在两供电臂连接的地方。如牵引变电所、分区亭等处。

分相绝缘器一般由三块相同的玻璃钢绝缘件组成。每块玻璃钢绝缘件长 1. 8 m，宽 25 mm，高 60 mm，其底面制成斜槽，以增加表面距离。

玻璃绝缘件之间的接触线无电，称为中性区，中性区的长度按照规定不小于 18 m。这一规定是考虑到机车双弓升起时不至短接不同相位的接触线为限。在分相绝缘器处配置隔离开关，以便越区供电。

两端部绝缘元件之间的不带电区域称为中性区段，电力机车通过中性区段时为断电惰行。为了不缩短中性区长度和避免接触线供电相间短路，确保分相绝缘器的功能，电力机车通过分相绝缘器时，目前不能断电滑行通过，因此，在分相绝缘器的两端，上行和下行方向均应设立“断”、“合” 标示牌，用以通知司机当机车通过分相绝缘器时，必须先断开机车的主断路器，通过分相绝缘器后，再重新合上主断路器，以防止受电弓通过中性区时，拖带电弧烧损绝缘件和接触线或造成其他事故。

目前提速后在线路中一般采用自动过分相绝缘装置，以使机车快速平稳通过电分相。自动过分相绝缘装置其技术方案基本上有三种：地面开关自动切换方案；柱上开关自动断电方案；车上自动控制断电方案。

1）地面开关自动切换方案

地面开关自动切换方案国际上以日本为代表，解决了东海道新干线上高速列车自动过分相的难题，其工作原理图如图 4-15 所示。在接触网分相处嵌入一个中性段，其两端分别由绝缘器 JY1、JY2 与二相接触网绝缘。JY1、JY2 不采用一般的由绝缘物构成的分相绝缘器，而采用锚段关节结构，以保证受电弓滑过时能连续受流。两台真空负荷开关 QF1、QF2 分别跨接在 JY1、JY2 上，使接触网两相能通过它们向中性区段供电。在线路边设置四台无绝缘钢轨电路 CG1 ～ CG4 作为机车位置传感器。无车通过时，两台真空负荷开关均断开，中性区段无电。当机车从 A 相驶来达到 CG1 处时，真空负荷开关 QF1 闭合，中性区段接触网由 A 相供电。待机车进入中性区段而到 CG3 处时，QF1 分断、QF2 随即迅速闭合，完成中性区段的换向过程。由于此时中性区段已由 B 相供电，机车可以在不用任何附加操纵、负荷基本不变的条件下通过相分段。待机车驶离 CG4 处后，QF2 分断、装置回零。反向来车时，由控制系统自动识别，控制两台真空负荷开关以相反顺序轮流闭合，采用这种方法过分相，断电时间约为 0. 1 ～0. 15 s。

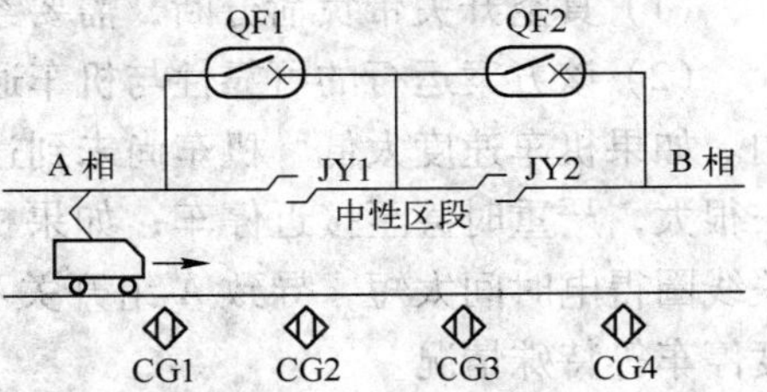

图 4-15 地面自动切换方案的工作原理

地面自动切换方案的优点是：接触网无供电死区，无须司机操作，机车上主断路器无须动作，自动换相时接触网中性段瞬间断电时间很短，且此时间与行车速度无关，可适用于 0 ～ 350 km/h 速度范围，对行车中可能出现的限速、一度停车等情况均能正常工作。

地面自动切换方案的缺点如下。

(1) 真空负荷开关带负荷分断，因而必须考虑在线备份及检修备份。

(2) 中性区段的长度难于确定。对于只有 1 个受电弓的列车或是双机重联、两台机车紧靠的列车，中性区段的长度可以按双机长度来确定。对于双机重联，机车分布在首尾的列车或是多弓动力分散型列车，中性区段要按整个列车长度来考虑。中性区段的长度必须考虑本区段运行模式的多样性。

(3) 过分相区后合闸时的电流冲击比较大，同时列车冲动也使乘客难以忍受。

(4) 投资巨大，要建分区所，需要有一批管理和操作维护人员，而且后续的管理维护费用相对也较大。

地面自动切换方案经过试验改进，目前已经在沪昆线上投入使用。

2) 柱上开关自动断电方案

柱上开关自动断电方案以瑞士 AF 公司为代表。国内福州铁路分局曾经从瑞士 AF 公司引进了两组自动分相装置，装于鹰厦线永安机务段管区内。其工作原理如图 4-16 所示。A、B 两组真空开关在正常状态下均处于分断位置。当电力机车运行至 a—b 之间时，A 组开关装置线圈有电流通过，磁铁吸合，真空开关在 15 ms 时间内闭合使 c—d 段有电。当电力机车运行至 c—d 之间时，A 组开关的线圈中无电流通过，磁铁释放，15 ms 时间内 A 组真空开关断开，使 d—e—f—g 为无电区，机车惰行。当电力机车运行至 g—h 之间时，B 组开关装置线圈有电流通过，同理 B 组真空开关闭合；当机车驶离 i 点后，B 组开关线圈失电使 B 组开关断开，但此时该开关不起分断电流作用。这样 A、B 两组开关回到初始状态。

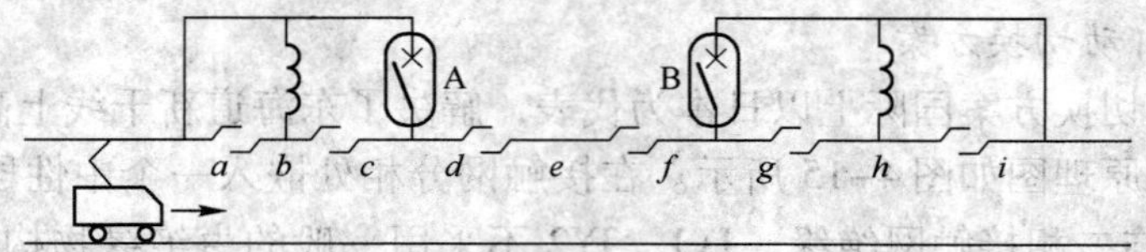

图 4-16 柱上开关自动断电方案的工作原理图

柱上开关自动断电方案的优点是：与第 1 种方案相比，简单、无须设立分区所，相应投资要少些，供电死区（d—e—f—g 或 c—d—e—f）比现有的分相区短，无需司机操作，机车上的主断路器不需分断。

柱上开关自动断电方案的缺点如下。

(1) 真空开关带负荷分断，需要经常维护，由于是柱式安装，难于实现 100% 备份。

(2) 该方案运行的可靠性与机车通过分相区时的速度有关，即通过速度必须在一定范围内。如果机车速度太低，机车尚未到达 d 点就过早地断电，靠惯性闯过供电死区时的速度损失很大，严重时甚至接近停车；如果机车速度太高，机车通过 a—c 段的时间太短，A 组开关线圈得电时间太短，导致 A 组开关不能正常闭合。所以这种方案难以适应临时限速、一度停车等特殊情况。

(3) 过分相后机车电流有很大的冲击，造成机车主断路器跳闸，如果机车上未采取措施，则势必造成机车冲动，影响电机和车钩，使乘客感到不舒适。这点与方案 1 类似。

(4) 试验中发现在靠近分相两端产生了一些明显的电弧。这主要是机车进入分相区 $a—c$ 段时，由于真空开关线圈的接入，引起加到机车上的网压突降，产生了电弧。这是本方案不可克服的弊病。

(5) 分相区中接触网分段比较多，接触网结构复杂。

(6) 当机车向一个方向行驶时，A、B 两组开关中只有一组开关动作是必要的，另一组开关动作是多余的。

(7) 难于适应多弓运行的列车，一列车过分相会造成真空开关多次动作，且与弓的位置有关。

(8) 存在着一定长度的供电死区，因而断电时间比方案 1 长，且与速度有关。

柱上开关自动断电方案由于其本身的缺陷，特别是难以适应不同的通过速度，再加上对过分相后的电流冲击未采取相应措施，因而未能实际投入使用。

3) 车上自动控制断电方案

车上自动控制断电方案的工作原理是：当机车得到过分相预告信号后，首先进行确认，然后封锁触发脉冲，延时断开主断路器，使机车惰行通过无电区。在通过无电区后，由机车自动检测网压从无到有的跳变并确认，再合主断路器，顺序启动辅机，然后限制电流上升率，启动机车。该方案中，除分相预告信号与地面设施有关外，其余一切操作都由机车自动完成，无需人工干预。

在离分相区两端约 60 m 处的线路上，左、右各埋 1 块磁铁，一个分相区只需要 4 块磁铁。机车头部靠近铁轨处左右各设 1 个感应器，当机车通过磁铁时，感应器就接收到信号，再由感应器向机车微机控制系统发送 110 V 电平的预告信号。机车微机控制系统在收到该预告信号后延迟一定时间，向感应器发出一个 20 ms 宽、110 V 电平的复位信号，使感应器复位，预告信号随之消失。所延迟的时间用于完成对预告信号的确认、封锁触发脉冲、等待电机电流衰减和断开主断路器，并留有一定余量。但延时时间不能太长，必须保证机车开始进入分相区时使感应器复位，以便进行下一次的检测。当机车驶离分相区时，感应器也相应动作，机车在经过同样延时后再次使感应器复位，而这一次感应器所发的信号没有实际意义，它只是为了线路上车辆双向行驶的需要才设置的。

机车上为了实现自动过分相的功能，一是必须在主断路器前设置 25 kV 的高压电压互感器，以便检知是否已过了分相区；二是利用微型计算系统已有的硬件：1 个数字输入口用于检知预告信号，2 个数字输出口，分别发出感应器复位信号及合主断路器命令。自动过分相分主断路器命令，可与机车保护用的分主断路器命令合用，由软件来区分主断分的原因。国产相控电力机车上一般都装有高压互感器，用于提供一次侧电压信号和检测无功功率。所以为了实现过分相的自动控制，一般不需另行增加设备。

车上自动控制断电方案的优点如下。

(1) 投资最低，仅需解决过分相的预告信号问题。

(2) 主断路器只分断辅机的小电流，而不需分断牵引电机电流，因而对主断路器的寿命影响不大。

(3) 过分相区后能自动控制电流上升率，不会有冲击电流，对列车造成的冲动也比较小，提高了乘客的舒适度。

(4) 过分相的自动控制与列车速度无关，可适应低速、常速、准高速和高速的要求。

(5) 预告信号的检测采用了两套冗余，所以使用可靠，没有发生过问题。

(6) 无需人工干预。

(7) 可以适应多弓的列车。头车在接到分相预告信号后，发出命令到其他动力车，使各动力车几乎同时封锁脉冲和断开主断路器，由各车自己判断是否通过了分相区。这样合主断路器命令是相继发出的，因而可减少整个列车牵引力的损失。昆明至石林的动车组上有3台受电弓并举的动车，就是采用这种方法自动过分相的。

车上自动控制断电方案的缺点是：机车上有一段时间是断电的，且断电时间比方案1长，而断电时间的长短与通过速度有关。

14. 接触网隔离开关

在大型建筑物、车站两端，装卸线、专用线、电力机车库线、机车整备线需要进行电的分段，凡需要进行电分段的地方（除上、下行渡线）都应设置隔离开关。另外，当供电线距上网点隔离过长的需设置隔离开关，它是接触网设备之一，主要增加接触网供电的灵活性和可靠性。接触网上多采用电力系统中35 kV级单极隔离开关和双极隔离开关，按其用途分带接地刀闸（GW4－35D）和不带接地刀闸（TW4－35）两种。经常操作的隔离开关，为保证人身安全，一般采用带接地刀闸的，安装在车站装卸线、机务段的机车整备线、电力机车入库线、工厂的专用线上。不经常操作的隔离开关，一般采用不带接地刀闸的，安装在车站两端“四跨”或“三跨”电分段绝缘锚段关节处、分相绝缘处、供电线、连接线等与接触网连接的上网处。

GW4－35D和GW4－35型隔离开关的符号表示意义为：G为隔离开关；W为屋外用；4为产品序号；35为额定电压35 kV；D为带接地刀闸。GW4－35D和GW4－35型隔离开关的立体结构是相同的，而GW4－35D比GW4－35型隔离开关仅仅多了一个接地刀闸。

15. 接触网限界门

限界门位于铁路、公路等交道口的两侧，用于限制超高车辆通过，防止触电伤人。限界支柱用8 m长钢筋混凝土锥形柱，防护桩用100 mm×100 mm×1600 mm混凝土桩，一般应由线路中心公路两侧各12 m为支柱限界，再由公路路宽外0.5～1 m处确定坑位。坑深由地面起计算，保证支柱实际坑深1.8 m。

标志板由厚度为1.0～2.0 mm钢板制成，规格为500 mm×600 mm，标志板写上“严禁超高”字样。限界门上拉索、下拉索是用GJ－10钢绞线制成。吊线用ϕ4.0镀锌铁线，上、下均在拉索上缠绑50～100 mm可制成环节形式。吊线长度一般为1 000 mm左右，数量根据距离决定，吊线间距为2.5 m左右，标志板间距为1 000 mm。

16. 接触悬挂的弹性及提高弹性的措施

接触悬挂的弹性是其质量优劣的主要标志。接触悬挂的弹性是指悬挂中某一点在受电弓的压力下，每单位垂直力使接触线升高的程度。衡量接触悬挂弹性的标准有：一是弹性的大小，取决于接触线的张力；二是弹性的均匀程度，取决于接触悬挂的结构。为了使接触悬挂具有良好的弹性，以使受电弓高质量地取流，提高电力机车的运行速度，就必须对与悬挂弹性有关的设备结构进行研究和改革。改善接触悬挂弹性及取流的条件有：一是尽量使受电弓对接触线的压力不随受电弓的起伏波动而变化，这就需要从受电弓结构方面研究改进；二是使受电弓沿接触线滑行时接触点的轨迹，尽可能地近于水平直线。如果要达到上述后一种条件的要求，就要尽量地减小接触线的驰度，改善接触悬挂的弹性、性能。改善接触悬挂的弹性性能，重点应在于提高定位点、分段分相、绝缘器、线岔等处的弹性，同时尽量使全线接触悬挂的弹性均匀一致。如果条件允许，应可以采用双链形接触悬挂和其他复合链形悬挂（即具有弹性装置吊线的多链形悬挂）。改善张力自动补偿装置，研制新型补偿器结构以保证悬挂中线索的恒定张力；减轻接触悬挂（特别是接触线上）的集中重量，采用轻型零件；研制新型高强度的接触线以提高接触线和辅助绳索的张力等都是改善接触悬挂弹性的重要措施和手段。

17. 接触网与受电弓的配合

受电弓是指电力机车受流装置，接触线与受电弓之间的可靠接触，是保证电力机车良好取流的重要条件。接触线的高度、拉出值、导线坡度、定位器坡度、线岔、锚段关节、吊线等技术参数不符合要求，接触网的弹性不均匀，接触线上有硬点，在受电弓滑行范围内有低于接触导线的障碍物均会影响受电弓取流。受电弓压力不正常，如受电弓安装位置偏于轮距中心线，滑板不平滑或有缺陷、滑板和导角之间不能顺利过渡也能影响正常取流。受电弓滑板材质应与接触线材质配合，以便使接触线的磨耗与滑板的磨耗互相适应。铜接触线区段用碳滑板或铜基粉末冶金滑板，钢铝接触线区段用钢滑板。

18. 定位器

定位器是指定位装置的主体，通过线夹把接触线固定到相应位置上，保持接触线处于相对于线路中心的正确位置。定位器从形状上可分为直管式定位器、弯管式定位器、特型定位器等数种。

复习参考题

1. 接触网由哪些部分组成？各起什么作用？
2. 我国现阶段采用的主要悬挂类型是什么？为什么？
3. 接触网支柱按作用可分为哪几种类型？
4. 接触线常用的型号有哪些？其中的字母和数字分别代表什么含义？
5. 接触线检修时有哪些规定？测量磨耗的重点应放在什么部位？
6. 接触网用绝缘子的作用是什么？为什么近来大量采用钢化玻璃绝缘子和环氧树脂绝缘子？
7. 分段绝缘器和分相绝缘器所用场合有何不同？

第5章 牵引网阻抗的计算

【本章内容概要】

概述牵引网阻抗的计算方法，利用卡尔松公式构造“导线—地”回路的方法，详细介绍了单线、双线及AT供电方式的牵引网阻抗计算方法。

【本章学习重点与难点】

学习重点：等值“导线—地”回路的构造；牵引网阻抗计算。

学习难点：牵引网阻抗的计算。

后面章节的短路计算及电压损失、电能损失计算必须用到牵引网的阻抗参数。牵引电流的路径为馈电线、接触网、大地和钢轨。对于装设自耦变压器的区段，牵引电流的路径为牵引变压器、接触网、自耦变压器、正馈线、大地和钢轨。牵引变压器的阻抗计算与普通电力变压器相同，因此，本章介绍单线、双线及AT供电方式的牵引网阻抗的计算。

5.1 牵引网的阻抗

1. 牵引网电阻

对于牵引网电阻，这里主要讨论接触网、钢轨和大地的电阻。

1）有色金属的电阻

有色金属导线的单位长度直流电阻可按下式计算：

$$r=\frac{\rho}{S}\quad(\Omega/\text{km}) \tag{5-1}$$

式中，ρ——导线的电阻率，$\Omega\cdot\text{mm}^2/\text{km}$；

S——导线载流部分的标称截面积，mm^2。

在单相工频交流供电系统中，通过牵引网的是工频交流电，由于趋肤效应，交流电阻比直流电阻略大。因此，在应用公式（5-1）时，不用导线材料的标准电阻，而是采用略微增大了的计算值。

工程计算中，也可以直接从有关手册查出各种导线的电阻值。我国常用的接触线、承力索、回流线、加强线和正馈线的类型及基本参数见表5-1～表5-3。

表 5-1　接触导线类型及基本参数

名称	型号	截面/mm²			截面尺寸/mm		单位重量 /(kg/km)	直流电阻 /(Ω/km)	计算半径 /mm	等效半径 /mm	持续载流量/A	20 min 载流量/A
					A	B						
钢铝电车线	GLCA - 110/215	215	67	148	16.5	19.6	925	0.184	9.02	8.57	470	520
	GLCB - 85/173	173	54	119	16.7	13.2	744	0.23	7.47	7.1	400	440
铜接触导线	TCG - 100	100	/	/	10.8	12.81	890	0.179	5.9	4.6	600	520
	TCG - 85	85	/	/	10.8	11.76	760	0.211	5.64	4.4	500	400
铜合金接触线	CTHA - 110				12.34	12.34	993.2	0.178			670	740

注：① 计算半径 $R=(A+B)/4$ mm，A、B 分别为截面高度和宽度；

② 表中 GLCB - 85/173 项的持续载流量和 20 min 载流量为试验值。

表 5-2　承力索类型及基本参数

名称	型号	计算截面/mm²		股数×单线直径/mm		单位重量 /(kg/km)	计算半径 /mm	等效半径 /mm	电阻 /(Ω/km)	持续载流量/A
硬铜绞线	TJ - 70	68.8		19×2.14		618	5.35	4.055	0.28	340
	TJ - 95			19×2.49		839	6.25	4.74	0.20	415
	TJ - 120			19×2.80		1057	7.00	5.31	0.158	485
钢芯铝绞线	LGJ - 95	铝	钢	铝	钢					
		94.23	17.81	28×2.07	7×1.8	401	6.84	6.50	0.315	335
	LGJ - 120	116.34	21.99	28×2.30	7×2.00	495	7.60	7.22	0.255	380
	LGJ - 150	140.76	26.61	28×2.53	7×2.20	599	8.36	7.94	0.211	445
	LGJ - 185	182.40	34.36	28×2.88	7×2.50	774	9.51	9.03	0.163	515
钢绞线	GJ - 50					411.1	4.6		3.61	90
	GJ - 70					615	5.75		1.93	120
	GJ - 95						6.30		1.58	140
	GJ - 100	100.83				859.4	6.50	6.18	1.45	

表 5-3　回流线、加强线、正馈线的类型及基本参数

名称	型号	计算截面/mm²	股数×单线直径 /mm	单位重量 /(kg/km)	计算半径 /mm	等效半径 /mm	电阻 /(Ω/km)	持续载流量/A
铝绞线	LJ - 95	93.27	19×2.50	257	6.25	4.74	0.317	325
	LJ - 120	116.99	19×2.80	323	7.00	5.31	0.253	375
	LJ - 150	148.07	19×3.15	409	7.87	5.97	0.200	440
	LJ - 185	182.80	19×3.50	504	8.75	6.63	0.162	500

2）铁磁材料的电阻

钢绞线和钢轨属于铁磁材料。在铁磁性材料的导体流过交流电时，除了趋肤效应，还存在着磁滞损耗和涡流损耗，也相应增加了导体的电阻。但是，因为铁磁材料的磁导系数与流过它的电流大小有关，因此精确求得其电阻是非常复杂的。所以，工程计算中，也是直接从有关手册查出其电阻值。钢轨和钢绞线的类型及基本参数见表5-4 表5-5。

表5-4 钢轨的类型及基本参数

名 称	规 格	单位重量 /(kg/km)	截面 /cm^2	周长 /mm	计算半径 /mm	电阻 /(Ω/km)	内电抗 /(Ω/km)	等效半径 /mm
钢轨	43	44.653	57.0	558	88.9	0.22	0.22	2.69
	50	51.514	65.8	606	96.6	0.18	0.18	5.54
	60	60.35	77.08	685	109.1	0.135	0.135	12.79

表5-5 钢绞线的类型及基本参数

通过电流 /A	GJ-50		GJ-70		GJ-95		通过电流 /A	GJ-50		GJ-70		GJ-95	
	R	xint	R	xint	R	xint		R	xint	R	xint	R	xint
1	2.75	0.23	1.70	0.16	1.55	0.08	35	3.25	0.69	1.79	0.33	1.56	0.09
2	2.75	0.24	1.70	0.17	1.55	0.08	40	3.40	0.80	1.83	0.37	1.57	0.10
3	2.75	0.25	1.70	0.17	1.55	0.08	45	3.52	0.91	1.83	0.41	1.57	0.11
4	2.75	0.25	1.70	0.18	1.55	0.08	50	3.61	1.00	1.93	0.45	1.58	0.11
5	2.75	0.26	1.70	0.18	1.55	0.08	60	3.69	1.10	2.07	0.55	1.58	0.13
6	2.75	0.27	1.70	0.19	1.55	0.08	70	3.73	1.14	2.21	0.65	1.61	0.15
7	2.75	0.27	1.70	0.19	1.55	0.08	80	3.70	1.15	2.27	0.70	1.63	0.17
8	2.76	0.28	1.70	0.20	1.55	0.08	90	3.68	1.14	2.29	0.72	1.67	0.20
9	2.77	0.29	1.70	0.20	1.55	0.08	100	3.65	1.13	2.33	0.73	1.71	0.22
10	2.78	0.30	1.70	0.21	1.55	0.08	125	3.58	1.04	2.33	0.73	1.83	0.31
15	2.80	0.35	1.70	0.23	1.55	0.08	150	3.50	0.95	2.38	0.73	1.87	0.34
20	2.85	0.42	1.72	0.25	1.55	0.09	175	3.45	0.94	2.23	0.71	1.89	0.35
25	2.95	0.49	1.74	0.27	1.55	0.09	200			2.19	0.69	1.88	0.35
30	3.10	0.59	1.77	0.30	1.56	0.09							

3）大地的电阻

我国的牵引供电系统为单相供电，导电回路经由钢轨和大地流回牵引变电所。而大地的电流分布非常复杂，它与土壤的电阻率、电流的频率等因素有关，其阻抗的精确计算是很困难的。多年来许多人从理论分析和实验测定上做了大量工作。经实践证明，采用卡尔松（CARSON）公式可以方便地解决大地阻抗问题，其精确度也能满足设计要求。

对于单导线以地作为回路的交流通路，可以用一个虚构的“导线—地”回路来代替，所谓“导线—地”回路是指理想化的简单情形，导线1距地面高度H，导线平直，长度无限；大地2地面平坦，且尺寸无限，其大地电导率分布均匀。此时电流从一端流入导线，沿导线另一端由大地流回，3为大地等效的虚构导线。导线与位于地下的虚构导线的轴线间的距离为D_g，如图5-1所示。

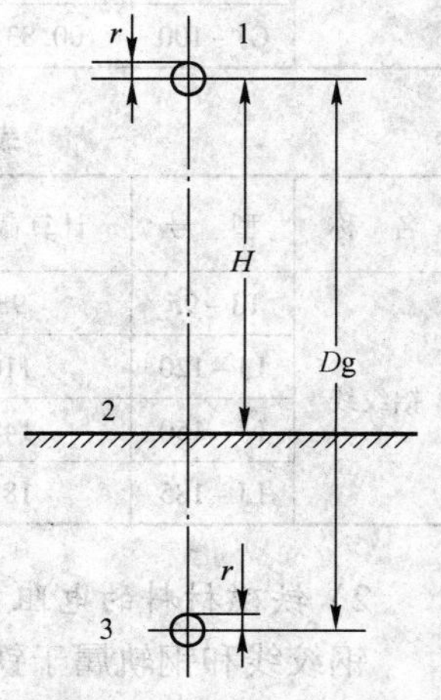

图5-1 “导体—地”回路

图中 D_g 是指“导线—地”回路的等效深度。它的值与地电导率及电流的频率等因素有关。根据卡尔松的推导，可以用下式来计算：

$$D_g=\frac{2.085}{\sqrt{f\sigma\times10^{-9}}}\times10^{-3}(\mathrm{m}) \tag{5-2}$$

式中，f——电流的频率，Hz；

σ——大地的电导率，$(\Omega\cdot\mathrm{cm})^{-1}$。

当 $f=50$ Hz 时，不同 σ 的 Dg 值见表 5-6。

表 5-6　不同 σ 时的等效深度（50 Hz）

	$\sigma/(\Omega\cdot\mathrm{cm})^{-1}$	D_g/m		$\sigma/(\Omega\cdot\mathrm{cm})^{-1}$	D_g/m
干燥泥土	10^{-5}	3 000	海水	10^{-2}	94
潮湿泥土	10^{-4}	935	通常采用的 D_g 平均值		1 000

如果用 r_e 来表示大地的等效电阻，则根据卡尔松经验公式，得：

$$r_e=\pi^2 f\times10^{-4}\quad(\Omega/\mathrm{km}) \tag{5-3}$$

对于 $f=50$ Hz，

$$r_e\approx0.05\quad(\Omega/\mathrm{km}) \tag{5-4}$$

2. 牵引网中各“导线—地”回路的阻抗

在交流电气化区段中，牵引网单位阻抗的实用计算方法，是把牵引网看成由几个“接触导线—地”回路和“钢轨—地”回路所构成的电路，然后计算牵引网的阻抗。

实际的情形是牵引电流由牵引变电所经馈电线、接触网送给电力机车，然后电流再沿着钢轨、大地（和回流线）流回牵引变电所，这样形成两个回路，即“接触导线—钢轨回路”和“接触导线—地”回路并联。然而在实际工作中，常采用等效方法将上述两个回路等效为“接触导线—地”回路和“钢轨—地”回路，如图 5-2 所示。假设牵引电流只流过“接触导线—地”回路，而“钢轨—地”为无源回路，其中流过的电流为感应电流。假定钢轨中流过的电流与实际在钢轨中流过的电流相同，在地中便存在两个方向相反的电流，该电流之和就等于牵引电流流入大地的电流。这样就得到了牵引网的等效电路，如图 5-3 所示。图 3 中，1 表示“接触导线—地”回路，其端电压等于牵引变电所牵引侧电压与电力机车受电弓处电压的相量差 ΔU，即牵引电流通过牵引网阻抗而产生的电压降；2 表示“钢轨—地”回路，它是一个本身闭合的无源回路；Z_1，Z_2，Z_{12} 分别表示回路 1 和 2 的自阻抗及两回路的互阻抗。因此，只要求出 Z_1，Z_2，Z_{12}，就可求出牵引网阻抗。

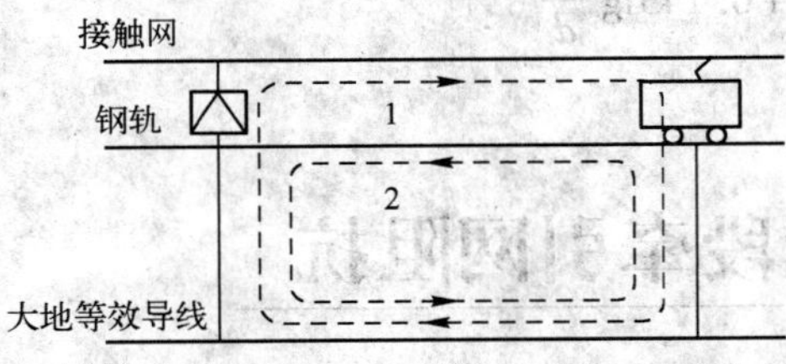

图 5-2　牵引网等效回路

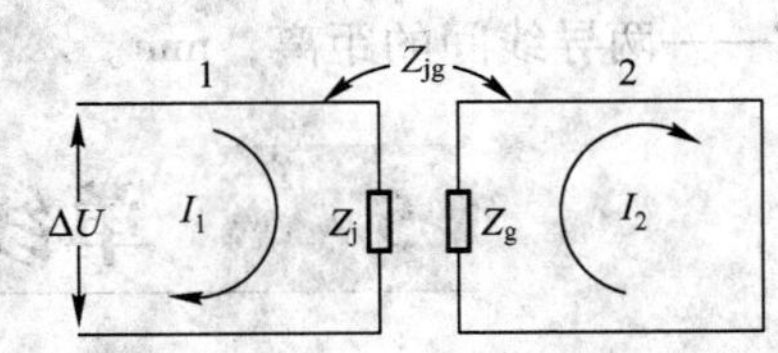

图 5-3　牵引网等效电路

1）“导线—地”回路的自阻抗

根据卡尔松公式，“导线—地”回路的单位自阻抗 $z_{自}$ 为：

$$z_{自}=r+0.05+0.145\lg\frac{D_g}{R_\varepsilon}\quad(\Omega/\text{km})\tag{5-5}$$

式中，r——导线的单位有效电阻，Ω/km。对于通交流电的导线，如果是截面不大的铜、铝等有色金属导线，其有效电阻可近似采用直流电阻；

R_ε——导线的等效半径。以 R_ε 为半径的等效导线来代替半径为 R 的导线，则该导线的“导线—地”回路的自感抗仅计算其外感抗。

R_ε 用下式计算：

$$R_\varepsilon=\alpha R\quad(\text{mm})\tag{5-6}$$

式中，R——导线计算半径，mm；

α——当量系数，值小于1。

$$\alpha=e^{-\frac{1}{4}\mu}\tag{5-7}$$

式中，μ——导线材料的导磁率。

部分导线的 α 值见表5-7。

表5-7　部分导线的 α 值

导线种类	铜铝绞线（19股）	铜铝接触线	钢芯铝绞线和钢铝接触线
当量系数 α	0.758	0.78	0.95

对于钢绞线、钢轨，其内感抗随流过电流大小而不同。因此，当 μ 未知时不能采用式（5-7）计算。若已知导线在某电流值下的内感 $x_{内}$，则：

$$0.145\lg\frac{D_g}{R_\varepsilon}=x_{内}+0.145\lg\frac{D_g}{R}\tag{5-8}$$

对于钢轨，其计算半径为：

$$R=\frac{L}{2\pi}\tag{5-9}$$

式中，L——钢轨的周长，mm。

同样，根据式（5-8）可得到钢轨的等效半径。

2）两个“导线—地”回路的互阻抗

根据卡尔松公式，两个“导线—地”回路的单位互阻抗 $z_{互}$ 为：

$$z_{互}=0.05+0.145\lg\frac{D_g}{d}\tag{5-10}$$

式中，d——两导线间的距离，mm。

5.2 单线区段牵引网阻抗

在单线电气化区段，接触网的悬挂主要有简单悬挂、链形悬挂、有加强线的单链形悬挂。虽然形式不同，但是分析计算时都可以将之归结为“接触导线—地”回路和“钢轨—

地”回路模型，并计算其自阻抗和互阻抗。下面逐个介绍这几种悬挂方式的阻抗计算。

1. 简单悬挂牵引网阻抗

单线牵引网采用的简单悬挂布置示意图如图 5–4 所示。接触网只有一条接触导线，它同大地构成一条“接触导线—地”回路，钢轨有两条，构成两条“钢轨—地”回路，因此，计算时，首先要求得“接触导线—地”回路的自阻抗，然后把两条“钢轨—地”回路归算成一条等值“钢轨—地”回路，并求得其自阻抗，最后再求得“接触导线—地”回路和等值“钢轨—地”回路的互阻抗。

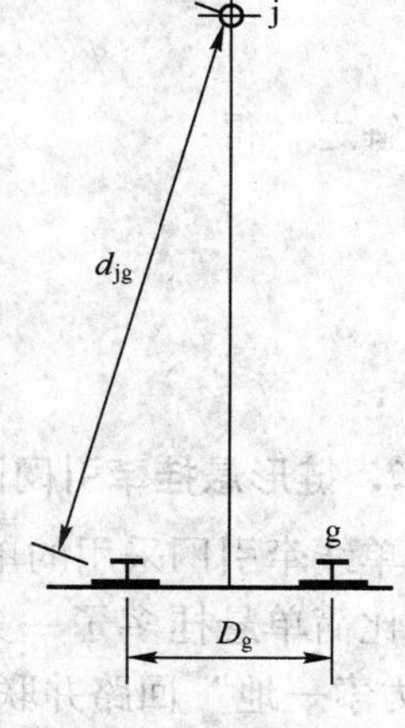

图 5–4　简单悬挂示意图

1）“接触导线—地”回路的自阻抗

根据式（5–5），得：

$$z_j = r_j + 0.05 + j0.145\lg \frac{D_g}{R_{\varepsilon j}} \quad (\Omega/\text{km}) \tag{5-11}$$

式中，r_j——接触导线的有效电阻，Ω/km，可查表 5–1；

$R_{\varepsilon j}$——接触导线的等效半径，mm，可查表 5–1。

2）等值“钢轨—地”回路的自阻抗

由于钢轨有两条，所以分别形成两条“钢轨—地”回路，采用式（5–1）和式（5–10）可以得到一条“钢轨—地”回路的自阻抗和两条“钢轨—地”回路的互阻抗。

$$z'_g = r_g + 0.05 + j0.145\lg \frac{D_g}{R_{\varepsilon g}} \quad (\Omega/\text{km}) \tag{5-12}$$

$$z_{mg} = 0.05 + j0.145\lg \frac{D_g}{d_g} \quad (\Omega/\text{km}) \tag{5-13}$$

式中，r_g、$R_{\varepsilon g}$——一条钢轨的有效电阻和等效半径，可查表 5–4；

z_{mg}——两钢轨之间的距离，数值为 1 435 mm。

则等值的“钢轨—地”回路的自阻抗为：

$$\begin{aligned} z_g &= \frac{z'_g + z_{mg}}{2} \\ &= \frac{r_g}{2} + 0.05 + j0.145\lg \frac{D_g}{\sqrt{R_{\varepsilon g} d_g}} \quad (\Omega/\text{km}) \end{aligned} \tag{5-14}$$

3）“接触导线—地”回路和等值“钢轨—地”回路的互阻抗

由式（5–10），得：

$$z_{jg} = 0.05 + j0.145\lg \frac{D_g}{d_{jg}} \quad (\Omega/\text{km}) \tag{5-15}$$

式中，d_{jg}——接触导线与钢轨之间的距离，mm，如图 5–4 所示。

4）简单悬挂的单线牵引网的等值单位阻抗

现在来推导牵引网的等值单位阻抗。

每公里牵引网等效电路如图 5–5 所示，其中 1 表示每公里“接触导线—地”回路；2 表示每公里等值“钢轨—地”回路；Δ*u* 表示每公里牵引网的电压降，z_j、z_g、z_{jg} 分

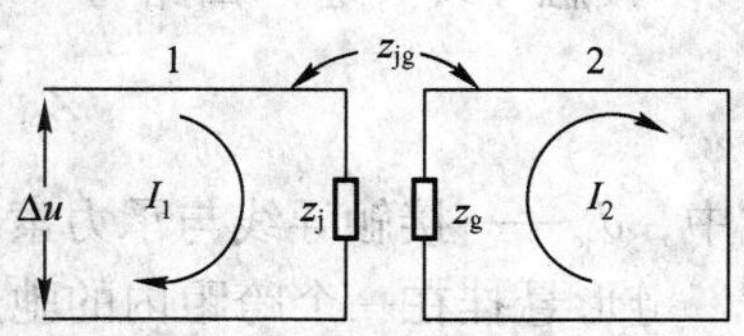

图 5–5　每公里牵引网等效电路

别表示回路 1 和 2 的自阻抗及两回路的互阻抗。

根据基尔霍夫电压定律，列出图 5-5 中两回路的电压平衡方程式：

$$\begin{cases}\Delta u = I_1 z_{\mathrm{j}} - I_2 z_{\mathrm{g}} \\ 0 = -I_1 z_{\mathrm{jg}} + I_2 z_{\mathrm{g}}\end{cases}$$

解之，得：

$$\Delta u = I_1\left(z_{\mathrm{j}} - \frac{z_{\mathrm{jg}}^2}{z_{\mathrm{g}}}\right)$$

$$z = \frac{\Delta u}{I_1} = z_{\mathrm{j}} - \frac{z_{\mathrm{jg}}^2}{z_{\mathrm{g}}} \quad (\Omega/\mathrm{km}) \tag{5-16}$$

2. 链形悬挂牵引网阻抗

单线牵引网采用的单链形悬挂示意图如图 5-6 所示。图中，j 表示接触线；c 表示承力索。比简单悬挂多了一条承力索。因此“接触网—地”回路由“接触导线—地”回路和“承力索—地”回路并联而成。首先要求得“接触网—地”回路的自阻抗和等值“钢轨—地回路”的自阻抗，然后求得它们的互阻抗，最后再求单位阻抗。

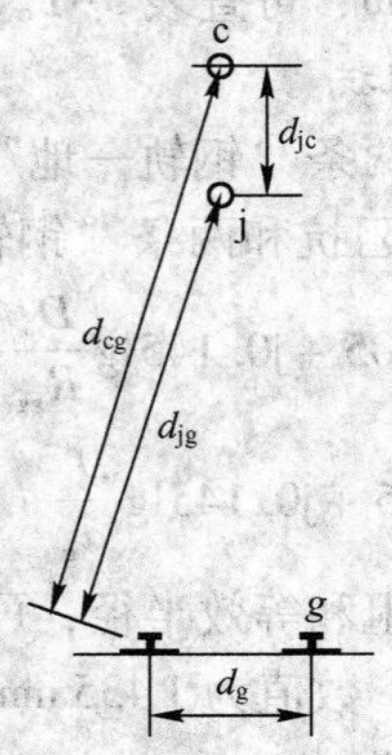

图 5-6 链形悬挂示意图

1)“接触网—地”回路的自阻抗

“接触导线—地”回路的自阻抗由式（5-11）求得。

“承力索—地”回路的自阻抗为：

$$z_{\mathrm{c}} = r_{\mathrm{c}} + 0.05 + \mathrm{j}0.145\lg\frac{D_{\mathrm{g}}}{R_{\varepsilon\mathrm{c}}} \quad (\Omega/\mathrm{km}) \tag{5-17}$$

式中，r_{c}——承力索的有效电阻，Ω/km，钢绞线可查表 5-4，铜线可查表 5-2；

$R_{\varepsilon\mathrm{c}}$——承力索的等效半径，mm。

“接触导线—地”回路与“承力索—地”回路的互阻抗为：

$$Z_{\mathrm{jc}} = 0.05 + \mathrm{j}0.145\lg\frac{D_{\mathrm{g}}}{d_{\mathrm{jc}}} \quad (\Omega/\mathrm{km}) \tag{5-18}$$

式中，d_{jc}——接触导线与承力索的距离，mm。

链形悬挂在一个跨距内的驰度示意图如图 5-7 所示。由于重力的作用，承力索与接触导线并不平行，所以二者的距离须按以下方法确定。抛物线形分布的承力索各点与连接两悬挂点的水平直线的距离平均值，等于其弛度 f 的 2/3。因此，接触线与承力索的距离为：

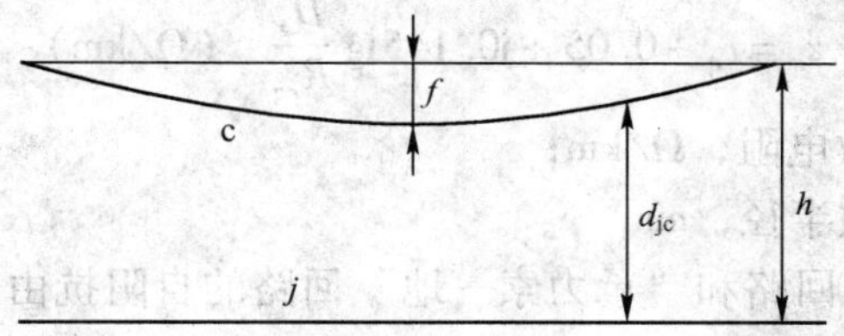

图 5-7　链形悬挂驰度示意图

$$d_{jc}=h-\frac{2}{3}f \tag{5-19}$$

式中，h——链形悬挂结构高度，取 1 100 ～ 1 500 mm；

f——承力索驰度，取 600 ～ 700 mm。

由电路知识容易得到“接触网—地”回路的自阻抗：

$$z_w=z_{jc}+\frac{1}{\frac{1}{z_j-z_{jc}}+\frac{1}{z_c-z_{jc}}}\quad(\Omega/\text{km}) \tag{5-20}$$

2）“接触网—地”回路与“钢轨—地”回路的互阻抗

由式（5-15），得：

$$z_{wg}=0.05+\text{j}0.145\lg\frac{D_g}{d_{wj}}\quad(\Omega/\text{km}) \tag{5-21}$$

式中，d_{wj}——接触网等值导线与等值钢轨间的距离（图 5-6）。可直接应用几何均距法求得，即：

$$d_{wj}=\sqrt[4]{d_{jg}^2d_{cg}^2}=\sqrt[4]{\left[\left(\frac{d_g}{2}\right)^2+(d_h+d_{jc})^2\right]\times\left[\left(\frac{d_g}{2}\right)^2+d_h^{\ 2}\right]}\quad(\text{mm}) \tag{5-22}$$

3）链形悬柱的单线牵引网的等值单位阻抗

根据式（5-16）可求得采用单链形悬挂的单线牵引网的等值单位阻抗：

$$z=z_w-\frac{z_{wg}^2}{z_g}\,(\Omega/\text{km}) \tag{5-23}$$

3. 有加强线的单链形悬挂牵引网阻抗

单线牵引网采用的有加强线的单链形悬挂示意图如图 5-8 所示，图中加强线装设在承力索位置。图中 q 为加强线，它与大地也构成一个“加强线—地”回路。因此“接触网—地”回路由“接触导线—地”回路、“承力索—地”回路和“加强线—地”回路并联而成，需要将它们归算为“接触网—地”回路，求得“接触网—地”回路的自阻抗和等值“钢轨—地”回路的自阻抗，然后求得它们的互阻抗，最后再求单位阻抗。

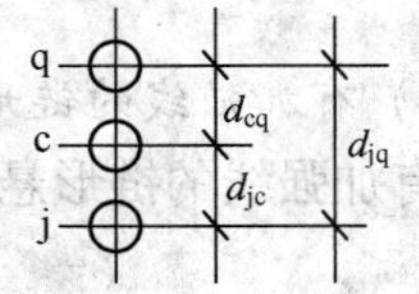

图 5-8　有加强线的链形悬挂示意图

1）“接触网—地”回路的自阻抗

“接触导线—地”回路、“承力索—地”回路和“加强线—地”回路各有不相等的自阻抗，三个回路相互有互阻抗。

(1)“加强线—地”回路的自阻抗为:

$$z_q = r_q + 0.05 + j0.145\lg\frac{D_g}{R_{\varepsilon q}} \quad (\Omega/\text{km}) \tag{5-24}$$

式中,r_q——加强线的有效电阻,Ω/km;

$R_{\varepsilon q}$——加强线的等效半径,mm。

(2)“接触导线—地”回路和“承力索—地”回路的自阻抗由式(5-11)和式(5-17)求得。

(3)接触网的三个“导线—地”回路的互阻抗为:

$$z_{jcq} = 0.05 + j0.145\lg\frac{D_g}{d_{jcq}} \quad (\Omega/\text{km})$$

其中 d_{jcq} 为接触网三条导线间的几何平均距离,即:

$$d_{jcq} = \sqrt[3]{d_{jc}d_{jq}d_{cq}}$$

式中,d_{jq}——接触线与加强线的中心距离;

d_{jc}——接触线与承力索的中心距离;

d_{cq}——承力索与加强线的中心距离。

(4)“接触网—地”回路的自阻抗为:

$$z_w = z_{jcq} + \frac{1}{\dfrac{1}{z_j - z_{jcq}} + \dfrac{1}{z_c - z_{jcq}} + \dfrac{1}{z_q - z_{jcq}}} \quad (\Omega/\text{km}) \tag{5-25}$$

2)等值“钢轨—地”回路的自阻抗

“钢轨—地”回路的自阻抗按式(5-14)计算。

3)“接触网—地”回路与“钢轨—地”回路的互阻抗

“接触网—地”回路与“钢轨—地”回路的互阻抗为:

$$z_{wg} = 0.05 + j0.145\lg\frac{D_g}{d_{wg}} \quad (\Omega/\text{km}) \tag{5-26}$$

式中,d_{wg}——接触网的等值导线和等值钢轨间的距离,即接触网中的三条导线——接触线、承力索和加强线与两钢轨的几何平均距离,即:

$$d_{wg} = \sqrt[3]{d_{jg}d_{cg}d_{qg}} \tag{5-27}$$

4)有加强线的链形悬挂单线牵引网的等值单位阻抗

有加强线的链形悬挂单线牵引网的等值单位阻抗为:

$$z = z_w - \frac{z_{wg}^2}{z_g} \quad (\Omega/\text{km}) \tag{5-28}$$

5.3 双线牵引网阻抗

双线电气化区段牵引网如图 5-9 所示,其悬挂类型和单线区段相同,主要有简单悬挂、链形悬挂、有加强线的单链形悬挂。但双线上下行铁路的接触网通常是由各自的馈电线分别供电,所有平行钢轨都并联。因此双线牵引网可看成是由“上行接触网—地”回路、“下行接触网—地”回路和等值“钢轨—地”回路三个导线的回路组成。其自阻抗和互阻抗计算方法与单线牵引网是相同的，但是，不同供电方式下其单位阻抗会发生一定变化。

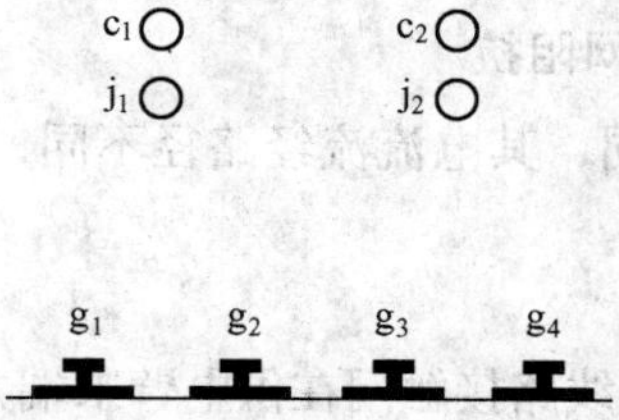

图 5-9　双线区段牵引网示意图

1. 上下行牵引网自阻抗及其之间的互阻抗

1）上下行接触网的等值“导线—地”回路的自阻抗

上下行两条回路是对称的，因此“上（下）行接触网—地回路”自阻抗的计算方法与单线接触网计算方法和数值是相同的，可根据不同的接触网悬挂类型分别采用相应公式计算。

2）“钢轨—地”回路的自阻抗

双线牵引网的“钢轨—地”回路是由上下行四根钢轨组成的，所以，其自阻抗为：

$$z_g = \frac{r_R}{4} + 0.05 + j0.145\lg\frac{D_g}{R'_{εg}} \quad (\Omega/km) \tag{5-29}$$

式中，r_R——一条钢轨的有效电阻，Ω/km；

$R'_{εg}$——等值钢轨的等效半径。

$$R'_{εg} = \sqrt[8]{R_{εg}^2 d_{g1g2} d_{g1g3} d_{g1g4} d_{g2g3} d_{g2g4} d_{g3g4}} \quad (mm)$$

上行（或下行）“接触悬挂——地”回路与等值“钢轨—地”回路的互阻抗为：

$$z_{1g} = z_{2g} = 0.05 + j0.145\lg\frac{D_g}{d_{1g}} \quad (\Omega/km) \tag{5-30}$$

式中，d_{1g}——上（下）行接触网与钢轨之间的几何均距。用下式计算（链形悬挂）：

$$d_{1g} = \sqrt[8]{d_{jg1} d_{jg2} d_{jg3} d_{jg4} d_{cg1} d_{cg2} d_{cg3} d_{cg4}} \quad (mm)$$

上行（或下行）“接触悬挂—地”回路间的互阻抗为：

$$z_{12} = z_{23} = 0.05 + j0.145\lg\frac{D_g}{d_{12}} \quad (\Omega/km) \tag{5-31}$$

式中，d_{12}——两接触悬挂间的几何均距。

对于单链形悬挂，由于上下行线路是对称的，则有：

$$d_{12} = \sqrt{d_{j1j2} d_{j1c2}} \quad (mm) \tag{5-32}$$

式中，d_{j1j2}——上下行线路接触线（或承力索）的中心距离；

d_{j1c2}——一条线路接触线与另一条线路承力索的中心距离。

3）上行（或下行）牵引网的单位阻抗

上行（或下行）牵引网的单位阻抗为：

$$z_{\mathrm{I}} = z_{\mathrm{II}} = z_1 - \frac{z_{1g}^2}{z_g} \quad (\Omega/km) \tag{5-33}$$

上下行牵引网间的互阻抗为：

$$z_{\mathrm{I\,II}} = z_{12} - \frac{z_{1g}^2}{z_g} \quad (\Omega/\mathrm{km}) \tag{5-34}$$

2. 不同供电方式下双线牵引网阻抗

牵引网阻抗随着供电方式不同，其电流流经路径不同，导致阻抗不同，下面根据不同供电方式分别计算双线牵引网阻抗。

1）末端并联供电方式

末端并联供电方式是指上下行线路接触网在供电臂末端并联的供电方式，如图 5-10 所示。

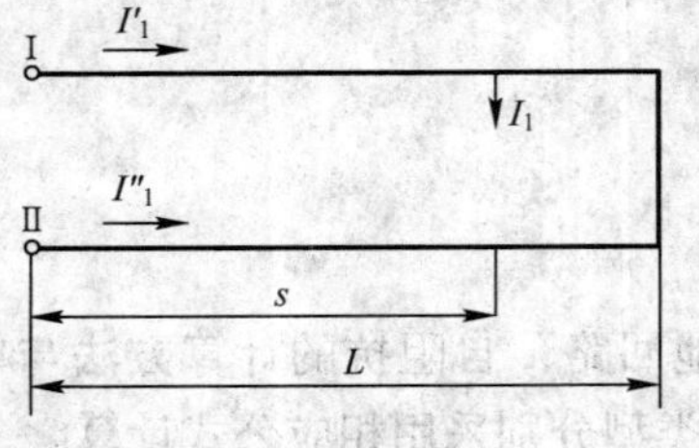

图 5-10 末端并联供电方式示意图

根据基尔霍夫定律容易得到以下方程组：

$$\begin{cases} \Delta u_1 = (I'_1 z_{\mathrm{I}} s + I''_1 z_{\mathrm{I\,II}} s) \\ \Delta u_1 = I''_1 z_{\mathrm{I}} s + I'_1 z_{\mathrm{I\,II}} s + 2I''_1 (z_{\mathrm{I}} - z_{\mathrm{I\,II}})(L - s) \\ I'_1 + I''_1 = I_1 \end{cases}$$

联立求解，则末端并联供电方式下双线牵引网等值阻抗为：

$$Z = \frac{\Delta u_1}{I_1} = \left(z_{\mathrm{I}} - \frac{z_{\mathrm{I}} - z_{\mathrm{I\,II}}}{2} \cdot \frac{s}{L}\right) s \tag{5-35}$$

其单位阻抗为：

$$z = \frac{Z}{s} = z_{\mathrm{I}} - \frac{z_{\mathrm{I}} - z_{\mathrm{I\,II}}}{2} \times \frac{s}{L} \quad (\Omega/\mathrm{km}) \tag{5-36}$$

2）全并联供电方式

当供电方式采用全并联方式时，在供电臂内有若干个并联点，其供电方式示意图如图 5-11所示。此时，上下行接触网共同为负载提供电流，其牵引网阻抗为上下行阻抗的二分之一，故有：

$$z = \frac{z_{\mathrm{I}} + z_{\mathrm{I\,II}}}{2} \quad (\Omega/\mathrm{km}) \tag{5-37}$$

3）两线路分开供电方式

两线路分开供电方式是指上下行线路接触网在供电臂内无并联点，如图 5-12 所示。

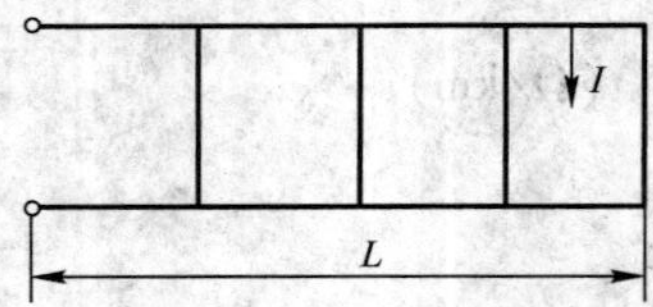

图 5-11 全并联供电方式示意图

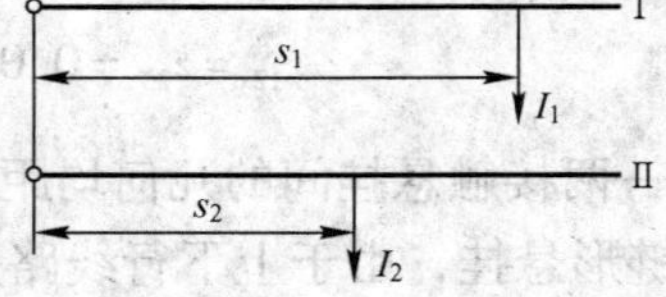

图 5-12 两线路分开供电方式示意图

（1）当线路 I 有负荷电流 I_1，而线路 II 无负荷电流时，线路 I 的牵引网单位阻抗为：

$$z = z_1 \quad (\Omega/\mathrm{km}) \tag{5-38}$$

这种情况与单线牵引网单位阻抗相似。

（2）当线路 I 有负荷电流 I_1，线路 II 也有负荷电流 I_2时，则可列出线路 I 的电压平衡方程式，从而求出线路 I 的牵引网单位阻抗，即：

$$\Delta u_1 = I_1 z_{\mathrm{I}} s_1 + I_2 z_{\mathrm{I\,II}} s_2$$

解之，得：

$$z=\frac{\Delta u_1}{I_1 s_1}=z_{\mathrm{I}}+\frac{I_2 s_2}{I_1 s_1}z_{\mathrm{I\,II}}$$

当 $s_2<s_1$ 时，线路Ⅱ的电流 I_2 在线路中产生互感的范围 $s_2<s_1$，则线路Ⅰ的牵引网单位阻抗为：

$$z=z_{\mathrm{I}}+\frac{I_2 s_2}{I_1 s_1}z_{\mathrm{I\,II}} \tag{5-39}$$

当 $s_2>s_1$ 时，虽然线路Ⅱ的电流 I_2 在线路Ⅰ中产生互感的条件为 $s_2>s_1$，但是超出部分对线路Ⅰ的牵引网单位阻抗不产生影响，所以取 $s_2=s_1$，则线路Ⅰ的牵引网单位阻抗为：

$$z=z_{\mathrm{I}}+\frac{I_2}{I_1}z_{\mathrm{I\,II}} \tag{5-40}$$

在实际设计中，牵引网阻抗是通过计算机计算或是查设计手册来得到的。

5.4　AT 牵引网阻抗

自耦变压器（Auto Transformer）供电方式，简称 AT 供电方式。AT 供电方式无需提高牵引网绝缘水平即可将供电电压增高一倍。在相同牵引负荷条件下，接触悬挂和正馈线中的电流大约减少一半，这是 AT 供电方式的一个突出优点。AT 供电方式接触网电压损失低、输送功率大，特别适合于高速重载铁路电力牵引供电。

AT 供电方式的牵引网阻抗不是一种均匀分布参数。在供电线路上有列车运行时，AT 网络阻抗由长回路阻抗（线性部分的单位阻抗）和列车处于 AT 段中间时出现的牵引网阻抗中的增量部分组成。当列车由牵引变电所出发通过整个供电臂时，其牵引网阻抗将成为一系列递增的鞍形曲线。

1. AT 网络的等值电路

AT 供电网络是一个多网孔电路，分析计算时一般是先将一次侧阻抗折算到二次侧，得到其等值电路，然后消去等值电路中的互感，忽略钢轨对地漏导和漏抗，这样就得到最简化的网络等值电路，如图 5-13 所示。用简化的网络等值电路，即可列出 AT 牵引网的阻抗算式。

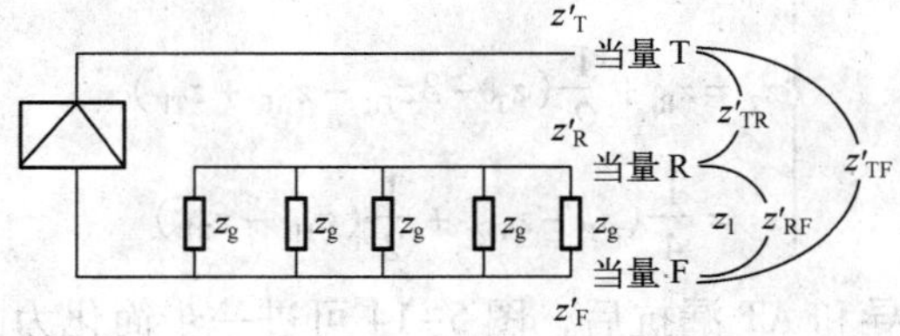

图 5-13　单线 AT 网络的等值电路

图 5-13 中各阻抗折算后的等值的阻抗为：

（1）等值接触悬挂自阻抗：

$$z'_{\mathrm{T}}=z_{\mathrm{T}}\quad(\Omega/\mathrm{km})$$

（2）等值钢轨自阻抗：

$$z_R' = z_R \quad (\Omega/\text{km})$$

（3）等值正馈线自阻抗：

$$z_F' = \frac{n_1^2 z_F + 2z_{TF} n_1 n_2 + n_2^2 z_T}{(n_1 + n_2)^2} \quad (\Omega/\text{km})$$

（4）等值接触悬挂与正馈线间互阻抗：

$$z_{TF}' = \frac{n_2 z_{TF} + n_1 z_T}{n_1 + n_2} \quad (\Omega/\text{km})$$

（5）等值钢轨和正馈线间互阻抗：

$$z_{RF}' = \frac{n_1 z_{RF} + n_2 z_{TR}}{n_1 + n_2} \quad (\Omega/\text{km})$$

（6）等值接触悬挂与等值钢轨间的互阻抗：

$$z_{TR}' = z_{TR} \quad (\Omega/\text{km})$$

式中，z_T、z_R、z_F、z_{TF}、z_{TR}、z_{RF}可按前述方法计算。n_1、n_2分别为自耦变压器 F－R 和 T－R间的匝数，通常 $n_1 = n_2$，故：

$$\begin{cases} z_F' = \dfrac{1}{4}(z_F + 2z_{TF} + z_T) \\ z_{TF}' = \dfrac{1}{2}(z_T + z_{TF}) \\ z_{RF}' = \dfrac{1}{2}(z_{TR} + z_{RF}) \end{cases} \tag{5-41}$$

为了进一步简化计算，将 AT 牵引网等值电路中的互阻抗消去，便得到 AT 网络等值电路，如图 5-14 所示。

图 5-14 中各等值导线的阻抗为：

$$\begin{cases} z_1 = z_T' - z_{TF}' - z_{TR}' + z_{RF}' \\ z_2 = z_R' - z_{TR}' - z_{RF}' + z_{TF}' \\ z_1 = z_F' - z_{TF}' - z_{RF}' + z_{TR}' \end{cases}$$

将式（5-41）各式代入上式，得：

$$\begin{cases} z_1 = \dfrac{1}{2}(z_T + z_{RF} - z_{TR} - z_{TF}) \\ z_2 = z_R + \dfrac{1}{2}(z_T - 3z_{TR} - z_{RF} + z_{TF}) \\ z_3 = \dfrac{1}{4}(z_F - z_T) + \dfrac{1}{2}(z_{TR} - z_{RF}) \end{cases} \tag{5-42}$$

在忽略钢轨对地的漏导和 AT 漏抗后，图 5-14 可进一步简化为图 5-15 的情形。

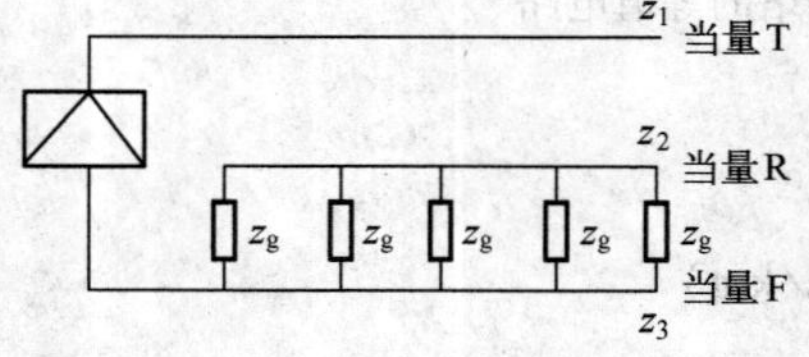

图 5-14　消去互感后的单线 AT 等值电路

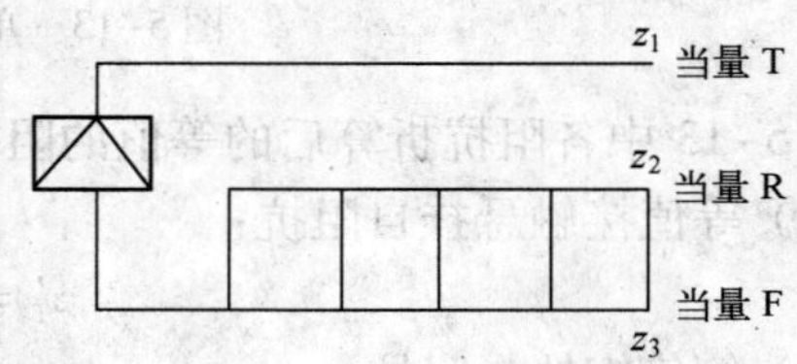

图 5-15　简化的单线 AT 等值电路

2. 单线区段 AT 牵引网的阻抗

根据图 5-14，假设欲计算距牵引变电所 l_n 公里处的牵引网总阻抗 Z_n，则可按 z_1、z_2、z_3 的等值网络的简化等值电路图阻抗经串并联后求得。即：

$$Z_n = z_L l_n + \frac{z_2 x_n [z_2(D_n - x_n) + z_3 D_n]}{(z_2 + z_3) D_n} + \frac{z_2 z_3}{z_2 + z_3}(l_n - x_n)$$

整理化简，得：

$$Z_n = z_L l_n + z'_L \left(1 - \frac{x_n}{D_n}\right) x_n \tag{5-43}$$

式中，z_L——长回路单位阻抗，$z_L = z_1 + \dfrac{z_2 z_3}{z_2 + z_3}$

z'_L——段中单位阻抗，$z'_L = \dfrac{z_2^2}{z_2 + z_3}$

x_n——列车在段中至 a 点的长度；

D_n——列车所在段长度。

单线区段 AT 网络的阻抗与长度的关系，如图 5-16 所示。图中直线为 T－F 间的长回路阻抗 z_{TF}，其斜率即为长回路单位阻抗。在每个 AT 段中都存在阻抗的增量的影响，形成了一系列鞍形曲线，这就是 T－R 间的牵引网阻抗 z_{TR}。

AT 各段的鞍形曲线中都有一个极大值，且各极点在段中的位置是固定的。通过将式（5-42）求导数并等于零，便得到极点的位置：

$$x_{max} = \frac{z_L + z'_L}{2z'_L} \times D \quad (\text{km})$$

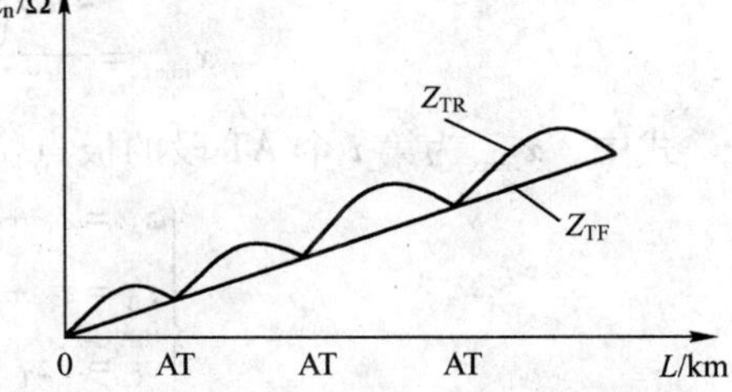

图 5-16　单线区段 AT 网络牵引网的阻抗

式中，D——AT 段长度，km。

3. 双线区段 AT 牵引网的阻抗

双线上下行并联供电 AT 网络等值电路如图 5-17 所示。

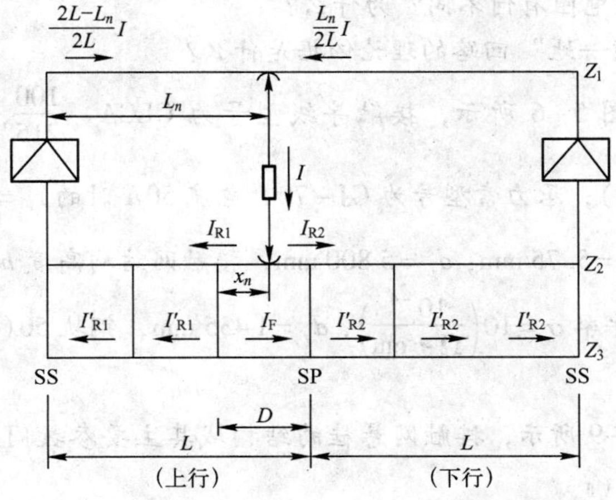

图 5-17　双线并联供电 AT 网络等值电路

双线上下行并联供电牵引网的阻抗为：

$$Z_n = z_{\mathrm{L}} \frac{2L - l_n}{2L} \times l_n + z'_{\mathrm{L}} \left(1 - \frac{x_n}{D_n}\right) x_n \tag{5-44}$$

式（5-44）中各阻抗均与单线区段 AT 网络牵引网阻抗的计算式相同。

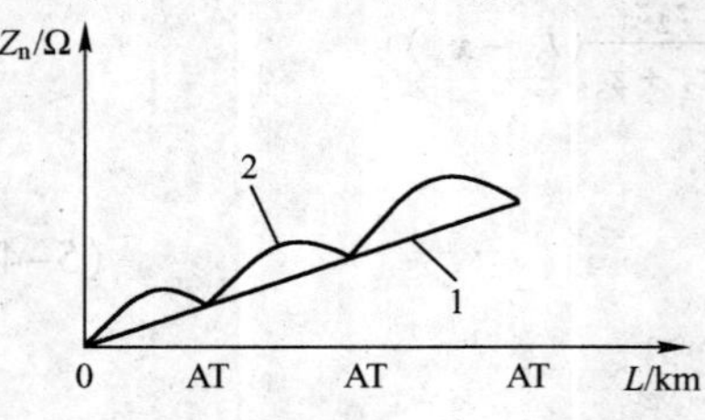

图 5-18　双线上、下行并联供电 AT 牵引网的阻抗曲线

双线上下行并联供电 AT 牵引网的阻抗曲线如图 5-18 所示。

由图 5-18 可见，与单线区段 AT 网络一样，双线上下行并联供电 AT 牵引网的长回路阻抗也不是一条直线，这说明此时长回路单位阻抗不再是一个常数，它随着负荷点距电源侧长度的增加而逐渐减小。当列车在各 AT 段内时，在段中发生阻抗增量并形成一系列递增的鞍形曲线。

各 AT 段的鞍形曲线中也有极大值。但由于长回路单位阻抗不是常数，因此与单线区段不同，即各 AT 段段中的极点位置是不同的，它随 AT 段序号增大逐渐向 AT 段的中点靠拢。

不同 AT 段的极点位置为：

$$x_{i\max} = \frac{4nD\left(\dfrac{z_{\mathrm{A}}}{4} + z_{\mathrm{B}} - \dfrac{z_{\mathrm{D}}}{2}\right) - (i-1) z_{\mathrm{A}} \mathrm{D}}{z_{\mathrm{A}} + 8nz_{\mathrm{C}}} \tag{5-45}$$

式中，$x_{i\max}$ 为第 i 个 AT 段的极点位置；z_{A}、z_{B}、z_{C}、z_{D} 分别为：

$$\begin{cases} z_{\mathrm{A}} = z_{\mathrm{T}} + z_{\mathrm{F}} + 2z_{\mathrm{TF}} \\ z_{\mathrm{B}} = z_{\mathrm{T}} + z_{\mathrm{R}} - 2z_{\mathrm{TR}} \\ z_{\mathrm{C}} = (z_{\mathrm{T}} + 2z_{\mathrm{R}} - 3z_{\mathrm{TR}} + z_{\mathrm{TF}} - z_{\mathrm{RF}})/2 \\ z_{\mathrm{D}} = z_{\mathrm{T}} - z_{\mathrm{TR}} - z_{\mathrm{TF}} + z_{\mathrm{RF}} \end{cases}$$

复习参考题

1. 交流电阻和直流电阻有何不同？为什么？

2. 构造等值“导线—地”回路的理论依据是什么？

3. 某单线区段如图 5-6 所示，接触导线型号为 GLCA $-\dfrac{100}{215}$，$r_1 = 0.184(\Omega/\mathrm{km})$，$R_{\mathrm{ef}} = \alpha\dfrac{A+B}{4} = 8.57(\mathrm{mm})$；承力索型号为 GJ－70，电流 50A 时的 $r_{\mathrm{c}} = 1.93(\Omega/\mathrm{km})$，内感抗 $x_{内\mathrm{c}} = 0.45(\Omega/\mathrm{km})$，$R_{\mathrm{c}} = 5.75\ \mathrm{mm}$，$d_{\mathrm{h}} = 5\,800\ \mathrm{mm}$，接触网结构高度 $h = 1\,500\ \mathrm{mm}$，承力索驰度 $f = 600\ \mathrm{mm}$，大地电导率 $\sigma = 10\left(\dfrac{10^{-4}}{\Omega \cdot \mathrm{cm}}\right)$，$d_{\mathrm{g}} = 1\,435\ \mathrm{mm}$，钢轨 50(kg/m)，求牵引网单位阻抗。

4. 复线区段如图 5-9 所示，接触网悬挂的结构域其主要参数同题 3，两线路中心距为 5 m，求牵引网的 z_{I} 和 $z_{\mathrm{I\,II}}$。

第6章

短路的计算

【本章内容概要】

概述短路的概念、类型、危害及防范措施。为进行短路计算，引进元件标幺值计算方法。介绍无限大容量系统三相对称短路的分析和计算，重点讲解不对称短路的分析和计算，并针对牵引供电系统中三相牵引变电所、单相变电所、三相－两相牵引变电所的不同短路类型进行了分析，最后给出结论。

【本章学习重点与难点】

学习重点：无限大容量系统的三相短路计算；不对称短路计算；牵引变电所不对称短路计算。

学习难点：牵引变电所不对称短路计算。

6.1 三相对称短路的分析计算

6.1.1 短路的基本概念

1. 短路的定义、类型及产生的一般原因

电气化铁道供电系统的主要任务是保证安全可靠地向电力机车供电。根据牵引供电系统的运行经验，影响供电系统正常供电的主要原因是短路。

短路就是不同电位导电部分之间的短接，如一切相与相之间、在大电流接地系统中相与地间的直接短接等。短路是供电系统中最常见，也是最严重的一种故障。

实际发生的短路点都存在一定的过渡阻抗，此种短路称为非金属性短路。过渡阻抗受多种因素影响，为简化分析，通常将过渡阻抗忽略，即按金属性短路考虑。在本书中所讨论的短路，凡无特殊申明者，均指金属性短路。

1）短路的类型

短路有三相短路、两相短路、单相接地短路、两相短路接地等多种类型。其中三相短路为对称性短路，其余皆为不对称短路。显然，单相接地短路和两相短路接地只会在大电流接地系统中发生。单相接地发生短路的概率最高，三相短路的概率最少。

2）短路的原因

（1）自然灾害引起。例如，带电部分遭受雷击，或因风雪引起的倒杆断线等均属于此类。

（2）因恶劣的工作环境而引起。例如，变电所位于污染严重地区，绝缘子因受污染而击穿。

（3）因设备维护不善而引起。例如，设备绝缘老化，而未及时更换造成击穿。

（4）由于工作人员违章误操作而引起。例如，接触网工带电挂接地线及未撤地线而送电等均属此类。

2. 短路的危害及防范措施

当供电系统发生短路时，由于系统的阻抗急剧减小，电流急剧增加、系统电压降低，短路时电流值达额定值的几倍至几十倍，有时电流达几万到十几万安培。如此大的短路电流对电力系统将产生极大的危害。主要的危害有以下几个方面。

（1）短路的热效应和电动效应。当很大的短路电流通过电气设备和导体时，将使发热增加，并在导体间产生很大的机械应力。如持续时间过长，将引起发热超过允许值，危害设备的绝缘或直接使绝缘损坏。电动力会使导体及其支持装置产生变形，遭受机械破坏。

（2）短路时，由于系统电压急剧下降，严重危及用户电气设备的正常运行，造成产品报废及设备损坏。当牵引系统短路时，电压下降到允许最低工作电压（19 kV）以下时，供电区内的电力机车就不能启动，而使运输中断。

（3）接地短路时，将引起不平衡电流。这一不平衡电流产生的不平衡磁通，将在邻近的平行通信线路上感应出附加电势，干扰通信系统。严重时将危及通信设备及人身安全。

（4）电力系统短路的最严重后果是引起系统解列。因为短路后，并列运行的各电厂电压下降程度和功率输出不同，如持续时间较长，则引起失去同步，破坏系统的稳定和正常运行，造成大片地区停电，使工农业生产和人民生活受到严重影响。

为了减少短路故障的危害，主要采取以下措施。

（1）减少短路发生的可能，根除短路危害。通常做法是正确设计、高质量地安装、精心维护、认真检修、定期进行绝缘预防性试验，及时消除设备缺陷、严格遵守操作规程操作。

（2）限制短路电流，减少危害程度。通常的做法是在线路上接电抗器等。

（3）限制短路电流的危害时间和范围。通常的做法是在供电系统中装设性能良好的继电保护装置，能在短路发生时，快速地将短路部分有选择地从系统中切除。将故障部分与正常部分隔离，使非故障部分正常工作，故障部分及时脱离电源。

（4）提高发电机的性能，增强系统稳定性。通常的做法是在发电机上装设自动调压装置。

3. 短路计算的目的及假设条件

在牵引变电所、整个供电系统的设计和运行工作中，除了考虑正常的最大长期工作电流与容许电压波动外，还必须以短路条件进行热稳定性和机械稳定性的校验。短路计算的目的就是为变电所等供电装置的电气主接线及电气设备选择、比较提供必要的数据；为供电系统继电保护与自动装置的设计、动作参数整定，提供必要的数据；为保护接地装置的设计及运行过程中的事故分析提供必要的数据。

在分析研究供电系统的短路过程中，通常在保证满足一定精度要求的前提下，采用一些基本假设，忽略一些次要因素，突出主要因素，使计算和分析大大简化。在一般情况下，对于各种类型的短路和系统中的电气元件，采用如下的基本假设。

（1）电力系统中所有发电机电势相角都相同，发电机间无交换电流。

（2）电力系统中元件的磁路不饱和，即系统中元件参数恒定不变，为线性电路。在计算中就可以应用迭加原理。

（3）一般电气元件的电阻略去不计。对高压网络来说，在整个短路回路中，元件总电阻 R_{Σ} 与总电抗 X_{Σ} 的值一般总能满足 $R_{\Sigma} \leqslant \frac{1}{3}X_{\Sigma}$，略去电阻后求得的短路电流仅增大 5% 左右，这在实际工程中是允许的。

当短路发生在电缆线路或低压网络时，由于总电阻与总电抗之比值大于 $\frac{1}{3}$，则应计及电阻。但为计算方便，不用复阻抗，而用阻抗的绝对值 $Z(Z=\sqrt{R^2+X^2})$ 进行计算。另外，当计算短路电流非周期分量的衰减时间常数时，应计及电阻的影响。

（4）电压等级为 330 kV 及以下输电线路的电容略去不计。

（5）变压器的激磁电流略去不计。

（6）电力系统是对称的三相系统。

（7）短路点没有任何阻抗，即发生“金属性短路”。

依照假设条件进行短路计算的一般程序是，首先按已知条件、要求和系统接线图，编制计算所必需的等效网络，并变换和化简等效网络至最简网络，然后根据选定的短路计算方法，进行分析和计算。

6.1.2　标幺值及其应用

在供电系统的短路故障分析计算中，由于故障点的电压等级和系统各元件所处地点的电压等级不同，使元件参数折算比较麻烦。为了简化计算，通常供电系统的各种参数和物理量均采用标幺值进行计算。

1. 标幺值

1）标幺值的定义

在标幺制中，任何物理量的标幺值是该物理量的实际有名值与一预先选定的同一类物理量的基准值的比值。即：

$$标幺值=\frac{实际有名值(任意单位)}{基准值(与实际有名值同单位)} \tag{6-1}$$

2）标幺值的表示符号及表示方法

标幺值的表示符号，通常是在表示该量文字符号的右下角加标注“ * ”号。例如，电抗的标幺值表示为 X_*，容量的标幺量表示为 S_*。

标幺值的数值通常采用两种方法表示。一种是用实际比值表示，这个数可以表示成小数，也可以表示成百分数。例如，某同步发电机的次暂态电抗标幺值为 0. 105 时，可将此种形式表示为 $X''_{K}=0.105$ 或 $X''_{K}=10.5\%$。另一种是采用百分值表示，即以比值百分数的分子数表示。如某变压器的短路电压标幺值为 0. 05 时，用百分值形式表示为 $U_{K}=5\%$。

显然，同一标幺值，分别表示成以上两种不同的形式，在数值上相差 100 倍，因而有以下换算关系：

$$F_* = \frac{F\%}{100} \tag{6-2a}$$

$$F\% = 100F_* \tag{6-2b}$$

式中，F_*——任意电气量（可以代表电压、电流、电抗）的标幺值；

$F\%$——任意电气量标幺值得百分值。

由于标幺值是两个同类量的比值，是一个无量纲的相对量，所以当一个电气量被表示为标幺值时，必须指出其对应的基准值，否则用标幺值表示将无任何意义。

3）基准量的选择原则及方法

选择基准量的基本原则，应使由其所得的标幺值符合电路基本定律。为此，要求所选择的4个电气量（电压、电流、容量、阻抗）的基准量满足电路基本定律。即：

对于三相系统，

$$U_d = \sqrt{3} I_d Z_d \tag{6-3}$$

$$S_d = \sqrt{3} U_d I_d \tag{6-4}$$

对于单相系统，

$$U_d = I_d Z_d \tag{6-5}$$

$$S_d = U_d I_d \tag{6-6}$$

式中，U_d——基准电压，V 或 kV；

I_d——基准电流，A 或 kA；

S_d——基准容量，kVA；

Z_d——基准阻抗，Ω。

由线性理论知，一组4个基准量由两个制约方程限制，故可任意选取两个，而另外两个则由方程导出。

通常总是习惯将电压 U_d 和容量 S_d 作为基准量，而 Z_d 和 I_d 由下式导出：

对于三相系统，

$$I_d = \frac{S_d}{\sqrt{3} U_d} \tag{6-7}$$

$$Z_d = \frac{U_d}{\sqrt{3} I_d} = \frac{U_d^2}{S_d} \tag{6-8}$$

对于单相系统，

$$I_d = \frac{S_d}{U_d} \tag{6-9}$$

$$Z_d = \frac{U_d}{I_d} = \frac{U_d^2}{S_d} \tag{6-10}$$

实用中，基准电压就取短路计算元件所在电路的电网平均电压（或称短路计算电压），即：

$$U_d = U_{av} \tag{6-11}$$

基准电压比所在电路的额定电压 U_N 高出5%，即 $U_d = 1.05U_N$。

例如，对于图6-1所示电网，三段电网的基准电压分别为：$U_{dI} = 10.5$ kV；$U_{dII} = 115$ kV；$U_{dIII} = 10.5$ kV。

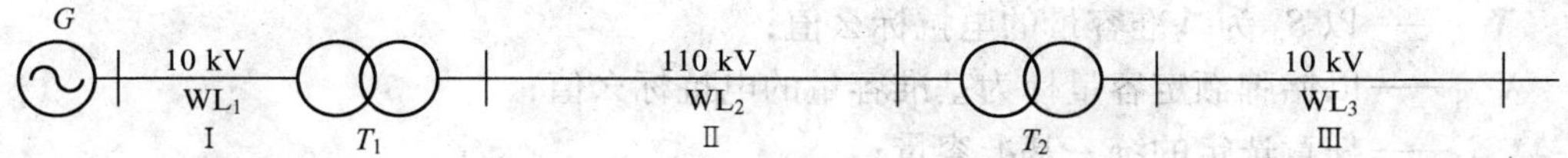

图 6-1 基准电压讨论举例

当基准电压为所在电网的平均电压时，自由选取的基准量就为基准容量。实际选取基准量时有两种选法。一种是选取发电机额定容量 S_N 为基准容量，即 $S_d = S_N$；另一种是选取 $S_d = 100\,\text{MVA}$。本书在分析计算中选用后者。

4）阻抗标幺值的换算

（1）实际值与标幺值的互换。

若已知实际电抗 X，选取基准电压 $U_d = U_{av}$，基准容量 S_d，则由标幺值定义式得：

$$X_* = \frac{X}{X_d} = X\frac{S_d}{U_d^2} = X\frac{S_d}{U_{av}^2} \tag{6-12}$$

同理，已知标幺电抗 X_* 及所对应的基准电压 $U_d = U_{av}$，基准容量 S_d，则实际电抗为：

$$X = X_* X_d = X_* \frac{U_d^2}{S_d} = X_* \frac{U_{av}^2}{S_d} \tag{6-13}$$

式（6-12）与式（6-13）为标幺电抗值与实际电抗值互换公式。

（2）选取不同基准值时，标幺值的换算。

在实际计算中，对于同一个实际电抗值，由于在不同场合选用了不同的基准值，因而得到了两个不等的标幺值。例如，同步发电机、变压器、电抗器在其铭牌数据中，往往都给出了以本身额定容量为基准的标幺值。而在电力系统分析计算申，选取的统一基准值不大可能为铭牌上的额定值。这就存在一个换算问题。假定两组基准量分别为 U_{d1}、S_{d1}、I_{d1}、X_{d1} 和 U_{d2}、S_{d2}、I_{d2}、X_{d2}，则两个对应的标幺电抗 X_{*1} 和 X_{*2} 为：

$$X_{*1} = \frac{X}{X_{d1}} = X\frac{S_{d1}}{U_{d1}^2} \tag{6-14}$$

$$X_{*2} = \frac{X}{X_{d2}} = X\frac{S_{d2}}{U_{d2}^2} \tag{6-15}$$

将式（6-14）与式（6-15）联立求解，得：

$$X_{*1} = X_{*2}\frac{S_{d1}}{S_{d2}}\frac{U_{d2}^2}{U_{d1}^2} \tag{6-16}$$

实用中，当取 $U_d = U_{av}$ 时，两组基准值中，$U_{d1} = U_{d2}$，此时式（6-16）可化简为：

$$X_{*1} = X_{*2}\frac{S_{d1}}{S_{d2}} \tag{6-17}$$

即电抗标幺值与其对应的基准容量成正比。

若其中一组基准容量选为设备铭牌额定容量 S_N，另一组选为统一基准容量 S_d，由式（6-17）可得到如下换算公式：

$$X_{*d} = X_{*N}\frac{S_d}{S_N} \tag{6-18}$$

式中，X_{*d}——以 S_d 为基准容量的电抗标幺值；

X_{*N}——以铭牌额定容量标为基准容量的电抗标幺值；

S_d——任意选定的统一基准容量；

S_N——铭牌额定容量。

2. 供电系统元件的阻抗及其标幺值

供电系统中有变压器、架空输电线、电抗器、同步发电机等元件。它们分别表现出不同的特性和阻抗。进行供电系统短路故障分析和计算时，必须计算各元件的阻抗及其标幺值。下面从各元件的已知数据出发，讨论架空输电线、变压器、同步发电机等元件的阻抗及其标幺值的计算方法。

1）输电线

为了分析方便，认为输电线的电抗是按长度均匀分布的。有关手册直接给出单位公里的电抗值（Ω/km）。输电线的标幺电抗计算的基本方法是，先按长度算出其总实际电抗，再应用式（6-12）将其换算成标幺值，即长度为 L 的输电线标幺电抗的计算公式归纳为：

$$X_{L*}=\frac{X_L}{X_d}=XL\frac{S_d}{U_{av}^2} \tag{6-19}$$

式中，X_L——长度为 L 的输电线实际电抗，Ω；

X_d——基准电抗，Ω；

X——单位公里输电线电抗，Ω/km；

L——输电线长度，km；

S_d——基准容量，MVA；

U_{av}——输电线所在电网平均电压，kV。

2）变压器

在供电系统分析中，变压器相当于一个电抗，其值为变压器的短路电抗。变压器通常给出的参数是额定容量 S_{TN}、额定电压 U_{TN} 及短路电压百分值 $U_k\%$，现以三相双绕组变压器为例，讨论电抗计算方法。由电机学知，三相变压器的 $U_k\%$ 由下式得到：

$$U_k\%\approx\frac{\sqrt{3}I_N X_T}{U_N}\times 100 \tag{6-20}$$

式中，I_N——变压器额定电流，A 或 kA；

U_N——变压器的额定电压，V 或 kV；

S_N——变压器额定容量，kVA 或 MVA；

X_T——变压器每相绕组的有名电抗，Ω。

由式（6-20），得：

$$X_T\approx\frac{U_N}{\sqrt{3}I_N}\times\frac{U_k\%}{100}=\frac{U_k\%\,U_N^2}{100S_N} \tag{6-21}$$

将式（6-21）代入式（6-1），取 $U_k=U_{av}$，则可得出相应于基准容量 S_d 的标幺电抗：

$$X_{T*}=\frac{X_T}{X_d}=\frac{U_k\%\,S_d U_N^2}{100S_N U_{av}^2}$$

当忽略 U_{av} 与 U_N 的差别时，上式简化为：

$$X_{T*} = \frac{X_T}{X_d} = \frac{U_k\% S_d}{100 S_N} \tag{6-22}$$

式中，X_{T*}——统一基准 S_d 对应的变压器标幺电抗；

S_d——统一基准容量，MVA。

式（6-22）是供电系统计算变压器电抗的常用公式。

3）同步发电机

同步发电机的电抗，在稳态时为同步电抗，在次暂态和暂态时，分别为次暂态电抗 X''_k 和暂态电抗 X'_k。由电机学可知，$X_k > X'_k > X''_k$。在供电系统短路计算中，常用到较大的短路电流值，所以总是用次暂态电抗作为同步发电机的电抗进行分析计算。

同步发电机已知参数为额定容量 S_{GN}、额定电压 U_{GN} 及次暂态电抗（或暂态电抗）以额定值为基准时的标幺值 $X''_{k(N)*}$ 或 $X'_{k(N)*}$。

由式（6-13）得到次暂态电抗有名值：

$$X''_k = X''_{k(N)*} X_N = X_* \frac{U_d^2}{S_d} = X''_{k(N)*} \frac{U_{GN}^2}{S_{GN}} \tag{6-23}$$

当取统一基准容量 S_d、基准电压 $U_d = U_{av}$，且忽略 U_{av} 与 U_{GN} 差别时，由式（6-18）得到统一基准值对应的电抗标幺值 $X''_{k(d)*}$。即：

$$X''_{k(d)*} = X''_{k(N)*} \frac{S_d}{S_{GN}} \tag{6-24}$$

由式（6-24）可看出，统一基准下电抗标幺值的大小与所选基准容量 S_d 成正比。值得注意的是，有的发电机已知参数是额定功率 P_{GN} 而不是 S_{GN}，此种情况下，一定要利用以下功率关系式将额定功率换算成额定容量：

$$S_{GN} = \frac{P_{GN}}{\cos\varphi_N} \tag{6-25}$$

式中，$\cos\varphi_N$——发电机额定功率因数。

4）电抗器

电抗器在供电系统申用来限制短路电流。电抗器通常给出的参数是额定线电压 U_{LN} 下的额定电流 I_{LN} 和电抗百分值 $X_L\%$。电抗百分值 $X_L\%$ 为：

$$X_L\% = \frac{\sqrt{3} I_{LN} X_L}{U_{LN}} \times 100 \tag{6-26}$$

式中，X_L——电抗器电抗有名值，Ω。

由式（6-26）不难得出电抗有名值表达式：

$$X_L = \frac{X_L\%}{100} \frac{U_{LN}}{\sqrt{3} I_{LN}} \tag{6-27}$$

将这一电抗利用定义式（6-1）可得统一基准下的标幺值：

$$X_{L(d)*} = \frac{X_L}{X_d} = \frac{X_L\%}{100} \frac{U_{LN}}{\sqrt{3} I_{LN}} \frac{S_d}{U_{av}^2} \tag{6-28}$$

值得注意的是，在式（6-28）中，$U_{LN} \neq U_{av}$，在这一点上电抗器与其他元件不同。若错将 U_{LN} 作 U_d 处理，将造成较大误差。

6.1.3 三相对称短路的分析的计算

供电系统的三相短路又称为对称性短路。对称短路的分析计算是其他不对称短路分析计算的基础。

牵引供电系统的电能是由电力系统供给的，是系统的负荷。一般系统电源的容量很大，而且距离牵引供电系统较远。为了简便分析，认为向牵引供电系统供电的电源容量是无限大的。

1. 无限大容量电源的特点及实际应用

无限大容量电力系统是指其容量相对于单个用户的容量大得多的电力系统。以致于馈电给用户的线路上无论负荷如何变动甚至发生短路时，系统变电站的馈电母线上的电压能始终维持基本不变，即无限大容量电源是理想的电势源。这种电势源输出电压不随供出的电流而变化，是一恒定电压。

实际上，无限大容量系统是不存在的。因为任何电力系统的总容量不可能为无限大，且总有一定的系统内阻抗。但在实际应用时，如果系统的容量大于用户容量的50倍，等效电源内阻抗（系统阻抗）不超过系统总阻抗5%～10%，则可将此系统当作无限大容量系统处理。一般来说，牵引供电系统的用电容量相对于现代大型电力系统来说是很小的。这样近似处理后，所得的短路电流较实际值偏大一些，不会影响电气设备选择结果。

2. 无限大容量系统三相短路的过渡过程

无限大容量系统三相短路的三相图如图6-2所示。图中 r_k、L_k 为系统至短路点的线路电阻和电感，r'、L'分别为负载电阻和电感。

由于这一系统在短路前后均为对称系统，所以只需分析其中一相即可。其单相图如图6-3所示。

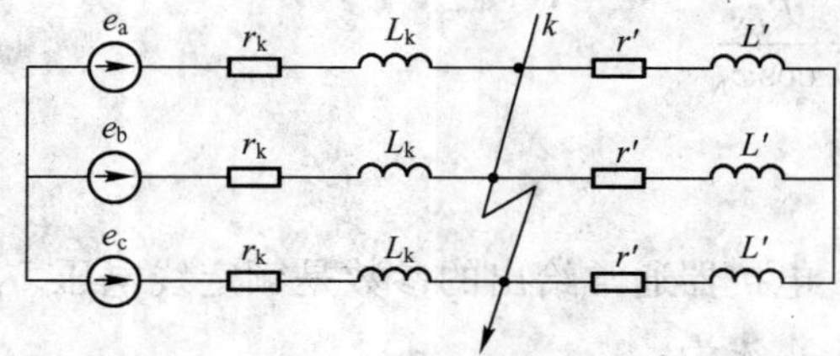

图6-2 无限大容量系统三相短路的三相图

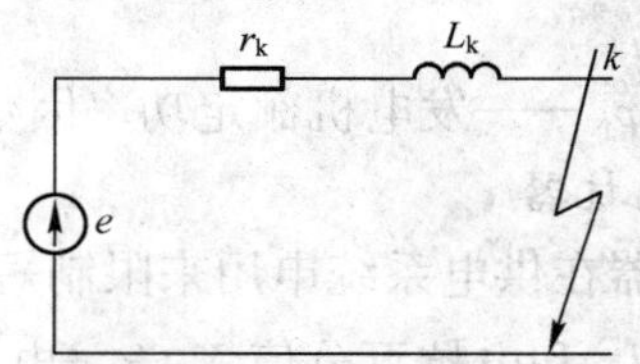

图6-3 系统三相短路的单相图

系统在发生短路前，是稳定运行于负载状态。短路以后，系统将要从稳态负载运行状态过渡到另一稳定短路状态。本节主要讨论这两个稳态之间的过渡过程。

设在 $t=0$ 时发生三相突然短路，此时相位角为 α，短路电流为 i_k，则正弦交流电源电动势为：

$$e=\sqrt{2}E\sin(\omega t+\alpha)$$

式中，E——电势有效值。

短路时，系统电势平衡方程式为：

$$i_k r_k + L_k \frac{di_k}{dt} = \sqrt{2}E\sin(\omega t+\alpha) \tag{6-29}$$

求解微分方程，得：

$$i_k = I_{pm}\sin(\omega t + \alpha - \varphi_k) + Ce^{-\frac{t}{\tau}} \tag{6-30}$$

式中，I_{pm}——周期分量电流最大值，$I_{pm} = \dfrac{\sqrt{2}E}{\sqrt{r_k^2 + (\omega L_k)^2}}$

φ_k——短路阻抗角，$\varphi_k = \arctan\dfrac{\omega L_k}{r_k}$

τ——短路电流非周期分量衰减时间常数，或称为短路时间常数。

一般的电网中，$r \leqslant \frac{1}{3}X$，电阻可以忽略不计，故取 $\varphi_k \approx 90°$，则有：

$$i_k = I_{pm}\sin(\omega t + \alpha - 90°) + Ce^{-\frac{t}{\tau}} \tag{6-31}$$

短路前，系统接有负载，负载电流为：

$$i_L = I_{Lm}\sin(\omega t + \alpha - \varphi) \tag{6-32}$$

式中，I_{Lm}——负载电流幅值，其值为：

$$I_{Lm} = \frac{\sqrt{2}E}{\sqrt{(r_k + r')^2 + (\omega L_k + \omega L')^2}}$$

φ——负载阻抗角，其值为：

$$\varphi = \arctan\frac{\omega(L_k + L')}{r_k + r'}$$

由电路换路定律知，对于含电感的支路，有：

$$i_{0+} = i_{0-} = I_{Lm}\sin(\alpha - \varphi)$$

将此条件代入式（6-31），得：

$$i_k = I_{pm}\sin(\omega t + \alpha - 90°) - [I_{Lm}\sin(\alpha - \varphi) - I_{pm}\sin(\alpha - \varphi_k)]e^{-\frac{t}{\tau}} \tag{6-33}$$

在实用中，由于负载电流和短路电流相比甚小，常将其忽略。故实用中短路电流为：

$$\begin{aligned} i_k &= I_{pm}\sin(\omega t + \alpha - 90°) - I_{pm}\sin(\alpha - 90°)e^{-\frac{t}{\tau}} \\ &= i_p + i_{np}e^{-\frac{t}{\tau}} \\ &= i_p + i_{np} \end{aligned} \tag{6-34}$$

式中，i_p——短路电流周期分量，其值为：

$$i_p = I_{pm}\sin(\omega t + \beta - 90°)$$

i_{np}——短路电流非周期分量，其值为：

$$i_{np} = i_{np0}e^{-\frac{t}{\tau}} = -I_{pm}\sin(\alpha - 90°)e^{-\frac{t}{\tau}}$$

i_{np0}——短路非周期分量电流初始值，其值为：

$$i_{np0} = -I_{pm}\sin(\alpha - 90°)$$

由以上分析可知，短路电流由周期分量和非周期分量两部分组成。短路电流周期分量完全由电网参数（E、r_k、L_k）决定，且三相幅值大小相等。非周期分量除与电网参数有关外，主要与短路发生时刻有关，即当发生短路时电源电压初相角有关。以下分析两种极端情况下的短路电流。

当 $t=0$ 时，$u = \pm U_m$，$\alpha = \pm 90°$，则：

$$i_{np0} = -I_{pm}\sin(\alpha - 90°) = 0$$

即在这种情况下，一开始非周期分量就为零，短路电流只有周期分量。从短路一开始系统就进入稳态运行。

当 $t=0$ 时，$u=0$，$\alpha=0$ 或 180°，则：

$$i_{p0}=\mp I_{pm},\ i_{np0}=\pm I_{pm}$$

即当周期分量为最大值时发生突然短路。此种情况非周期分量电流幅值为最大，情况最为严重。对应的短路电流波形如图 6-4 所示。

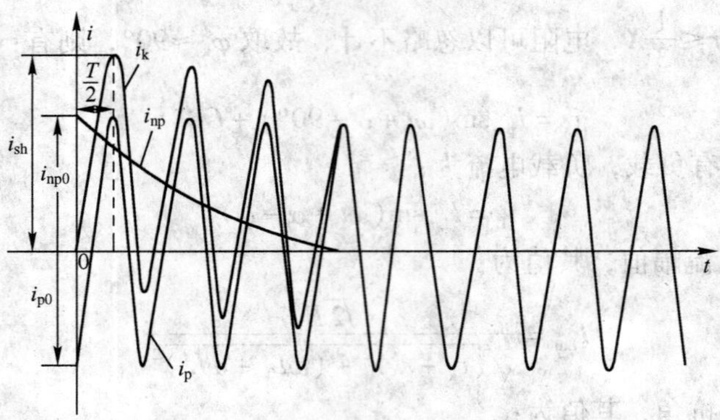

图 6-4 非周期分量为最大值时的短路电流波形

3. 三相短路时有关电气量的计算

1）短路电流周期分量有效值的计算

无限大容量电源供电下，三相短路后周期分量电流的幅值是不衰减的，即它在短路初始时和任意时刻均相等，都等于稳态时的值，即有：

$$I''_{p}=I_{pt}=I_{\infty} \tag{6-35}$$

式中，I''_{p}——短路电流次暂态电流（初始电流）有效值；

I_{pt}——t 时刻短路周期分量电流有效值；

I_{∞}——稳态时短路周期分量电流有效值（也是稳态时短路电流有效值）。

因无限大容量电源电压恒定，内阻抗为零，依据基本假设，取短路点处电网平均电压为 U_{av}，且 $E=\frac{U_{av}}{3}$（线相变换而得），则短路电流周期分量有效值为：

$$I_{p}=I''_{p}=\frac{U_{av}}{\sqrt{3}X_{\Sigma}}=I_{p*}I_{d}=\frac{1}{X_{\Sigma*}}I_{d} \tag{6-36}$$

式中，X_{Σ}、$X_{\Sigma*}$——短路回路综合电抗有名值、标幺值；

I_{d}——基准电流；

I_{p}、I_{p*}——短路电流周期分量有效值的有名值、标幺值。

2）冲击电流

短路电流可能出现的最大瞬时值称为短路冲击电流，以 i_{sh} 表示。

经分析可知，短路电流周期分量幅值恒定，非周期分量是按指数规律单调衰减的。所以非周期分量初值越大，过渡过程中短路电流可能的最大瞬时值也越大。显然，当 $t=0$ 时，$\alpha=0$或 180°的情况下，短路后经过约半个周期，即 $t=0.01$ s（$f=50$ Hz）时，短路电流 I_{k}

出现最大瞬时值即冲击电流 i_{sh}，其值为：

$$i_{sh}=I_{pm}+i_{np0}e^{-\frac{0.01}{\tau}}=(1+e^{-\frac{0.01}{\tau}})I_{pm}=K_{imp}I_{pm}=\sqrt{2}K_{sh}I''_{p} \tag{6-37}$$

式中，K_{sh}——冲击系数，表示冲击电流与周期分量电流幅值的比值，其值为：

$$K_{sh}=\frac{i_{sh}}{I_{pm}}=(1+e^{-\frac{0.01}{\tau}})$$

I''_{p}——短路电流次暂态电流有效值。

当 τ_{np} 取值为［0，∞）时，冲击系数变化范围为：$1\leqslant K_{sh}\leqslant 2$。

当短路发生在高压网络中时，取 $K_{sh}=1.8$，则：

$$i_{sh}=\sqrt{2}\times 1.8I''_{p}=2.55I''_{p} \tag{6-38}$$

当短路发生在单机容量为 12 MW 以上的发电机母线和发电厂高压母线上时，取 $K_{sh}=1.9$，则：

$$i_{sh}=\sqrt{2}\times 1.9I''_{p}=2.7I''_{p} \tag{6-39}$$

3）短路全电流最大有效值

在短路过程中，任一时刻 t 的短路电流有效值 I_{kt}，是指以时刻 t 为中心的一周期内，瞬时电流的均方根值。显然，在短路后第一周期内短路全电流有效值是短路电流的最大有效值。最大有效值常以 I_{sh} 表示。由于非周期分量电流是随时间逐步衰减的，精确计算以 $t=0.01$ s 为中心的一周期内瞬时电流均方根值比较复杂。实用计算中，一般都假定非周期分量在以 t 为中心的一个周期内恒定不变，并且恒等于时间为 t 的瞬时值。这样，第一周期内非周期分量有效值为 $i_{npt=0.01}$。则得：

$$I_{sh}=\sqrt{I''^{2}_{p}+i^{2}_{npt=0.01}} \tag{6-40}$$

式中，$i_{npt=0.01}$——$t=0.01$ s 时非周期分量电流瞬时值。

当 $t=0.01$ s 时，非周期分量电流为：

$$i_{npt=0.01}=I_{pm}e^{-\frac{0.01}{\tau}}=i_{sh}-I_{pm}=\sqrt{2}(K_{sh}-1)I''_{p}$$

将上式代入式（6-37），得到短路全电流最大有效值：

$$I_{sh}=\sqrt{I''^{2}_{p}+[\sqrt{2}(K_{sh}-1)I''_{p}]^{2}}=\sqrt{1+2(K_{sh}-1)^{2}}\times I''_{p} \tag{6-41}$$

当短路发生在高压电网时，$K_{sh}=1.8$，则：

$$I_{sh}=1.52I''_{p} \tag{6-42}$$

当短路点位于发电厂母线时，$K_{sh}=1.9$，则：

$$I_{sh}=1.62I''_{p} \tag{6-43}$$

4）三相短路功率

三相短路时，任意时刻 t 的短路功率定义为：

$$S_{kt}=\sqrt{3}U_{av}I_{kt} \tag{6-44}$$

式中，U_{av}——短路点所处电网平均额定电压，kV；

I_{kt}——短路后 F 时刻，短路全电流有效值，kV；

S_{kt}——短路后 E 时刻的短路功率，MVA。

若以标幺值表示，取 $U_{d}=U_{av}$，则得：

$$S_{kt*}=\frac{S_{kt}}{S_{d}}=\frac{\sqrt{3}U_{av}I_{kt}}{\sqrt{3}U_{d}I_{d}}=I_{kt*} \tag{6-45}$$

由式（6-45）也可得出：

$$S_{kt}=I_{kt}S_d \tag{6-46}$$

在选择电气设备的开断容量时，需要计算出短路功率与之比较。对于低速断开的断路器，往往需要计算 $t=0.2\,s$ 的短路功率，此时非周期分量已衰减到很小，可以忽略，短路电流中就只有周期分量电流。则：

$$S_{kt}=\sqrt{3}U_{av}I_{pt} \tag{6-47}$$

【例 6-1】 在如图 6-5（a）所示的系统中，当降压变电所 10.5 kV 母线上发生三相短路时，可将电源看作无限大容量电源，试求此时短路处的冲击电流 i_{sh}、短路电流最大有效值 I_{sh} 和短路功率 $S_{k0.2}$。

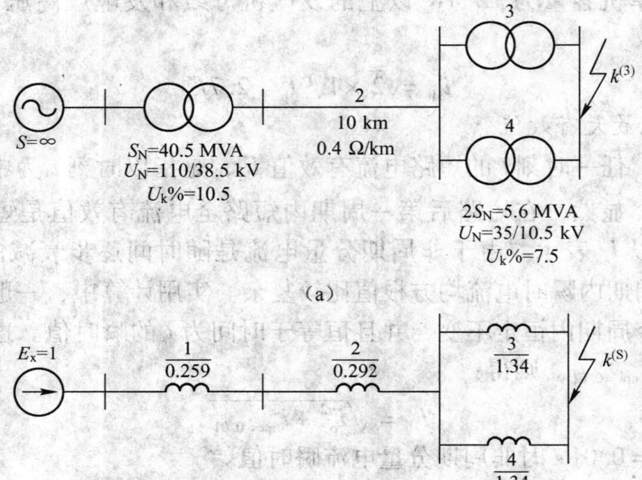

图 6-5 例 6-1 的系统图

【解】 取 $S_d=100\,MVA$，$U_d=U_{av}$，$E_*=1$，等效网络如图 6-5（b）所示。则：

$$X_1=\frac{10.5}{100}\times\frac{100}{40.5}=0.259$$

$$X_2=0.4\times10\times\frac{100}{37^2}=0.292$$

$$X_3=X_4=\frac{7.5}{100}\times\frac{100}{5.6}=1.34$$

$$X_{\sum *}=X_1+X_2+X_3/\!/X_4=0.259+0.292+\frac{1}{2}\times1.34=1.221$$

由式（6-36）得周期分量电流有效值：

$$I''_p=\frac{1}{X_{\sum *}}\times I_d=\frac{1}{1.221}\times\frac{100}{\sqrt{3}\times10.5}=4.5\ (kA)$$

因短路点处于高压电网，取 $K_{sh}=1.8$，应用式（6-38），得冲击电流：

$$I_{sh}=2.55I''_p=2.55\times4.5=11.475\ (kA)$$

由式（6-42）得全电流最大有效值：

$$I_{sh}=1.52I''_p=1.52\times4.5=6.84\ (kA)$$

由式（6-47）得短路功率：

$$S_{k0.2}=I_{k0.2*}S_d=\frac{1}{1.221}\times 100=81.9\ (\mathrm{MVA})$$

6.1.4 电气设备的发热计算

1. 概述

根据载流导体中流过电流大小和时间长短，电器和导体的发热可分为正常工作条件下的长期发热和由短路引起的短时发热。

电气设备中除了导电部分流过电流引起功率损耗外，绝缘材料内部的介质损耗、铁磁材料产生的涡流和磁滞损耗等，都会引起导体和设备的温度升高。严格地说，导体和电器的发热程度与电流、电压、频率和波形都有关系。温度的升高对电器和导体的正常运行都有不同程度的影响。

为了限制发热的有害影响，不同设备都规定了最高的允许运行温度，载流导体的长期发热与短时发热的最大允许温度见表6-1。

表 6-1 载流导体长期发热与短期发热的最高允许温度 单位:℃

导体种类和材料		长期发热	短路时发热
		允许温度	允许温度
铜（裸）母线		70	300
铝（裸）母线		70	200
橡皮绝缘导线和电缆	铜芯	65	150
	铝芯	65	150
聚氯乙烯绝缘导线和电缆	铜芯	65	130
	铝芯	65	130
交联聚乙烯绝缘电缆	铜芯	90（80）	250
	铝芯	90（80）	250
含有锡焊中间接头的电缆	铜芯	—	160
	铝芯	—	160

注：① 导体温度对周围环境温度的升高，我国所采用计算环境温度为：电力变压器和电器（周围空气温度）40℃；发电机（利用空气冷却时进入的空气温度）35 ～40℃；装在空气中的导线、母线和电力电缆25℃；埋入地下的电力电缆15℃。

② 导体温度较短路前的升高，通常取导体短路前的温度等于它长期工作时的最高允许温度。

③ 裸导体的长期允许工作温度一般不超过70℃。当其接触面处具有锡的可靠覆盖层时（如超声波搪锡等），允许提高到85℃；当有银的覆盖层时，允许提高到95℃。

④ 交联聚乙烯绝缘电缆中括号的数字是指10 kV 以上电压。

2. 均匀导体的长期发热

均匀导体是指全长材料和截面相同的导体，如母线、导线、电缆等。研究均匀导体的长期发热，是为了确定导体在正常工作时的最大允许载流量。

1）均匀导体的发热过程

工作电流流过导体时，在电阻上产生功率的损耗几乎全部转化成了热量。其中一部分热量使导体本身的温度升高，另一部分热量主要通过辐射、对流的方式散发到外界。当导体产生的热量等于散失热量时达到热平衡，导体温度不再上升。

热平衡微分方程式如下。

导体温度稳定前：

$$I^2R\mathrm{d}t = mC\mathrm{d}\theta + \alpha F(\theta - \theta_0)\mathrm{d}t$$

导体温度稳定后：

$$I^2R = \alpha F(\theta - \theta_0) \tag{6-48}$$

式中，m——导体的质量，kg；

C——导体的比热容，J/(kg · ℃)；

α——导体的总换热系数，W/(m^2 · ℃)；

F——导体的散热面积，m^3；

θ_0——周围环境的温度，℃。

2）导体的载流量

已知导体的长期发热时最高允许温度 θ_{al}，实际环境温度 θ_0，则导体的最大允许温升为：$\tau_{sl} = \theta_{al} - \theta_0$。

导体的最大允许载流量为：

$$I = \sqrt{\alpha F\tau_{al}/R} = \sqrt{\alpha F(\theta_{al} - \theta_0)/R} \tag{6-49}$$

由式（6-49）可以看到，为了提高导体的最大允许载流量，宜采用电阻率小材料和散热效果好的布置方式。

3. 导体的短时发热

计算均导体的短时发热的目的是为了确定导体在短路切除以前可能出现的最高温度是否小于短时发热允许温度，以验证导体短时发热的热稳定性。

当线路发生短路时，短路电流将使导体温度迅速升高。由于短路后线路的保护装置很快动作，切除短路故障，所以，短路电流流过导体的时间不长，通常不超过2 ~3 s。因此在短路过程中，可不考虑导体向周围介质散热，即近似地认为导体在短路时间内与周围介质是绝热的，短路电流产生的热量全部用来使导体的温度升高。

这样，写出以下热量平衡方程式，即：

$$I_{kt}^2R_0\mathrm{d}t = mC_0\mathrm{d}\theta \tag{6-50}$$

式中，I_{kt}——短路全电流，A；

m——导体质量；

R_0——温度为 θ℃时导体电阻；

C_0——温度为 θ℃时导体比热容。

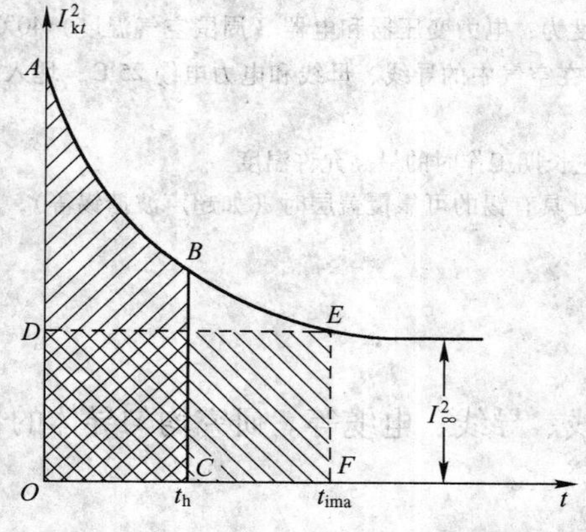

图6-6　短路发热假想时间

根据式（6-50）计算时，首先要计算等式左边的导体发热量。但是短路全电流 I_{kt} 在整个短路期间幅值是变动的，要精确计算短路产生的热量是极其困难的。因此，一般采用一个恒定的短路稳态电流 $I_\infty(I_k)$ 来等效实际短路电流，用短路假想时间 t_{ima} 来等效实际短路发生的时间 t_k，如图6-6所示。

在短路期间，实际短路全电流 I_{kt}^2 随时间 t 变化，设 t_k 是实际短路时间，则 t_k 时间内短路电流产生的热量为：

$$Q_k = \int_0^{t_k} I_{kt}^2 \mathrm{d}t$$

假设导体中流过的电流为短路稳态电流 $I_\infty(I_k)$，并假设经过 t_{ima} 时间后其所产生的热效应与实际短路电流所产生的热效应相同。即图 6-6 中 $S_{OABC}=S_{ODEF}$，即有：

$$\int_0^{t_k} I_{kt}^2 dt = I_\infty^2 t_{ima} \tag{6-51}$$

式中，t_{ima}——短路发热假想时间。由此可知短路时的热效应可用 $I_\infty^2 t_{ima}$ 来表征。

短路发热假想时间 t_{ima} 为：

$$t_{ima} = t_k + 0.05\mathrm{s} \tag{6-52}$$

短路时间 t_k 为：

$$t_k = t_{op} + t_{oc} \tag{6-53}$$

式中，t_{op}——短路保护装置实际最长动作时间，计算时可采用继电保护整定时间；

t_{oc}——断路器（开关）的断路时间（为固有分闸时间与灭弧时间之和）。对一般高压断路器可取 0.2 s；对于高速断路器（如真空断路器）可取 0.1 ～0.15 s。

联立式（6-50）和式（6-51）可解得短路发热的最终温度。

由于短路电流大，导体温度上升快，电阻和比热容不是常数，随温度升高而改变，所以上面的计算方法是比较麻烦而且不准确的。

工程计算中，常利用导体发热曲线来计算相关发热温度，如图 6-7 所示。

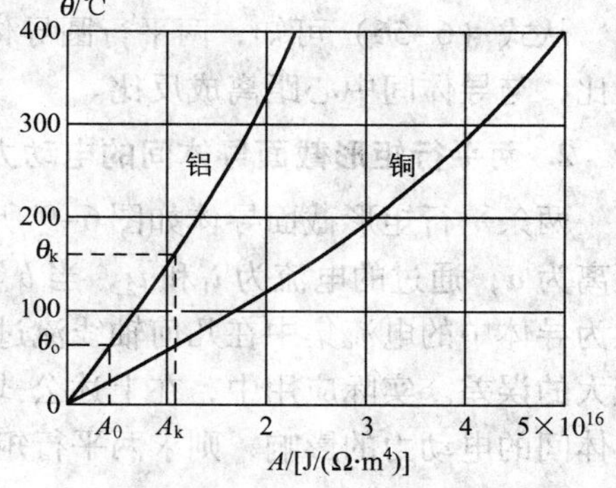

图 6-7 导体发热曲线

计算式为：

$$A_k = \frac{1}{S^2}Q_k + A_i \tag{6-54}$$

式中，Q_k——短路热效应热量；

S——导体截面积；

A_i、A_k 分别对应 θ_i 与 θ_k（图 6-7）。

根据式（6-54），计算短时发热最高温度的步骤是：由起始温度 θ_i，在曲线横坐标上查得 A_i，与计算得到的 $\frac{1}{S^2}Q_k$ 相加，得 A_k，再在纵坐标上查得导体的最高温度 θ_k。若 θ_k 小于短时发热最高温度，可认为导体短路时是热稳定的。短时发热最高允许温度对硬铝及铝锰合金可取 200℃，硬铜可取 300℃。

6.1.5 电气设备电动力的计算

众所周知，通过导体的电流产生磁场，因此，载流导体之间会受到电动力的作用。正常工作情况下，导体通过的工作电流不大，因而电动力也不大，不会影响电气设备的正常工作。短路时，导体通过很大的短路电流，产生的电动力可达很大的数值，导体和电器可能因此而产生变形或损坏。闸刀式隔离开关可能自动断开而产生误动作，造成严重事故。开关电器触头压力明显减少，可能造成触头熔化或熔焊，影响触头的正常工作或引起重大事故。因此，必须计算电动力，以便正确地选择和校验电气设备，保证有足够的电动力稳定性，使配电装置可靠地工作。

1. 两平行圆导体间的电动力

如图 6-8 所示，长度为 l 的两根平行圆导体，分别通过电流i_1 和i_2，并且$i_1 = i_2$，两导体的中心距离为 a，直径为 d，当导体的截面或直径 d 比 a 小得很多及 a 比导体长度 l 小得很多时，可以认为导体中的电流i_1 和i_2 集中在各自的几何轴线上流过。

根据比奥—沙瓦定律计算两导体间的电动力。计算导体 2 所受的电动力时，可以认为导体 2 处在导体 1 所产生的磁场里，其磁感应强度用 B_1 表示，B_1 的方向与导体 2 垂直，其大小为：

$$B_1 = \mu_0 H_1 = 4\pi \times 10^{-7} \frac{i_1}{2\pi a} = 2 \times 10^{-7} \frac{i_1}{a} \quad (\text{T}) \tag{6-55}$$

式中，H_1——导体 1 中的电流i_1 所产生的磁场在导体 2 处的磁场强度；

μ_0——空气的导磁系数。

则导体 2 全长 l 上所受的电动力为：

$$F_2 = \int_0^l 2 \times 10^{-7} \frac{i_1 i_2}{a} \mathrm{d}x = 2 \times 10^{-7} \frac{i_1 i_2}{a} l \quad (\text{N}) \tag{6-56}$$

同样，计算导体 1 所受的电动力时，可认为导体 1 处在导体 2 所产生的磁场里，显然，导体 1 所受到的电动力与导体 2 的相等。

从式（6-56）可知，两平行圆导体间的电动力大小与两导体通过的电流和导体长度成正比，与导体间中心距离成反比。

2. 两平行矩形截面导体间的电动力

两条平行矩形截面导体如图 6-9 所示，其宽度为 h，厚度为 b，长度为 l，两导体中心的距离为 a，通过的电流为 i_1和 i_2，当 b 与 a 相比不能忽略或两导体之间布置比较近时，不能认为导体中的电流集中在几何轴线流过，因此，应用前述公式求这种导体间的电动力将引起较大的误差。实际应用中，在上述公式（6-56）里引入一个截面形状系数，以计及截面对导体间的电动力的影响，则求两平行矩形截面导体间的电动力的计算公式为：

$$F = 2 \times 10^{-7} \frac{l}{a} i_1 i_2 K_x \quad (\text{N}) \tag{6-57}$$

式中，K_x——截面形状系数，截面形状系数的计算比较复杂，对于常用的矩形母线截面形状系数，可以查相关手册曲线获得。

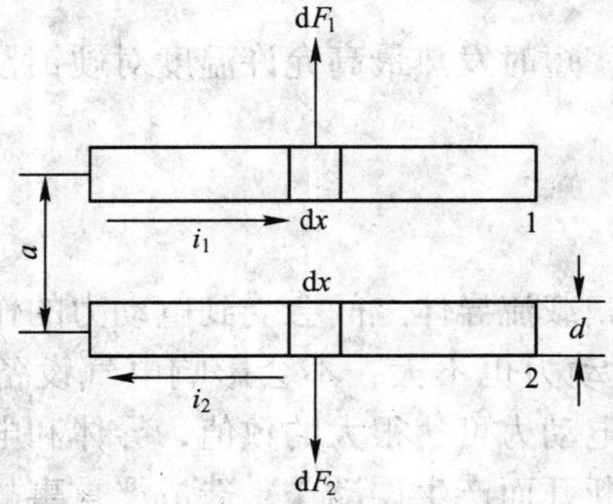

图 6-8 两平行圆导体间的电动力

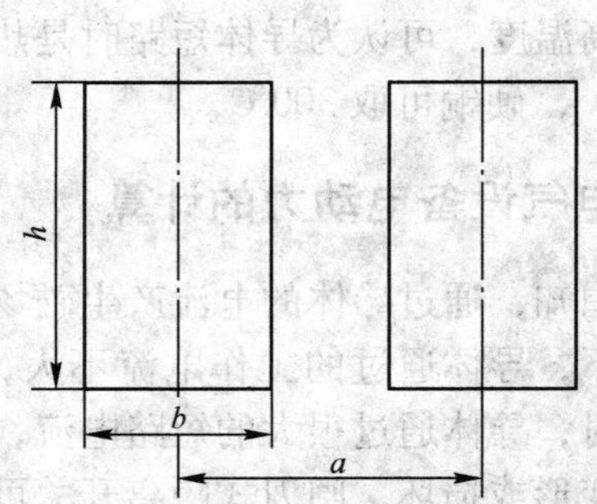

图 6-9 两条平行矩形截面导体

3. 三相母线短路时的电动力

三相母线布置在同一平面中，是实际中经常采用的一种布置型式。母线分别通过三相正弦交流电流 i_a、i_b 和 i_c，在同一时刻各相电流是不相同的。发生对称三相短路时，作用于每相母线上的电动力大小是由该相母线的电流与其他两相电流的相互作用力所决定的。在校验母线动力稳定时，可能用出现的最大电动力作为校验的依据。经过证明，B 相所受的电动力最大，比 A、C 相大 7%，由于电动力的最大瞬时值与短路冲击电流有关，故最大电动力用冲击电流i_{ch}表示，则 B 相所受到的电动力为：

$$F_{zd}=1.73\times10^{-7}\frac{L}{a}i_{ch}^{2}\quad(\mathrm{N})\tag{6-58}$$

式中，F_{zd}——三相短路时的最大电动力，N；

L——母线绝缘子跨距，m；

a——相间距离，m；

i_{ch}——三相短路冲击电流（一般高压回路内短路时，$i_{ch}=2.55I''$；由大容量发电机供电的母线短路时，$i_{ch}=2.7I''$）。

在无限大容量系统中，三相短路时中间相导体所受的电动力比两相短路时导体所受的电动力大，所以，校验电器设备动力稳定时，一般采用三相短路冲击电流i_{ch}或短路后第一个周期的三相短路全电流有效值I_{ch}。

6.2 三相不对称短路的分析计算

6.2.1 对称分量法及其应用

在电力系统产生的各种故障中，以发生不对称短路的几率最高。特别是在牵引供电系统的短路中，绝大部分都是不对称短路。因此，不对称短路的分析计算对牵引供电系统的运行尤为重要。

对于不对称短路的分析计算，主要采用对称分量法。

1. 对称分量法的基本概念

根据电工知识可知，对于三相系统，任意一组不对称的三相相量（电流、电压等）$\dot{F}_A$、$\dot{F}_B$、$\dot{F}_C$，都可以分解为具有下列特性的 3 组对称分量。

① 正序分量：3 个相量大小相等，相位差各为120°，其相序为逆时针，如图 6-10（b）所示。

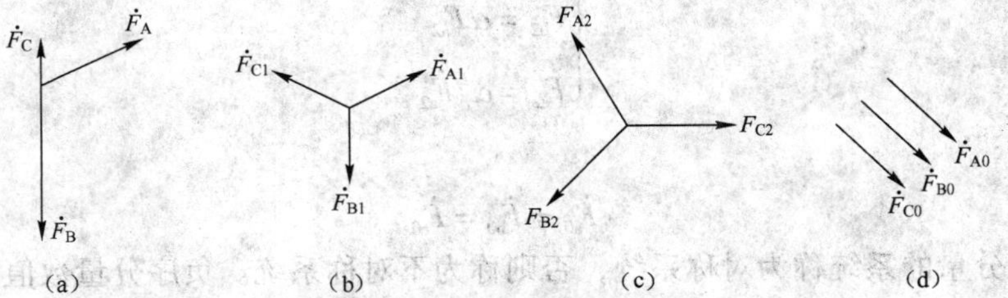

$\dot{F}_C$ $\dot{F}_A$ $\dot{F}_B$ (a)　$\dot{F}_{C1}$ $\dot{F}_{A1}$ $\dot{F}_{B1}$ (b)　$\dot{F}_{A2}$ $\dot{F}_{C2}$ $\dot{F}_{B2}$ (c)　$\dot{F}_{A0}$ $\dot{F}_{B0}$ $\dot{F}_{C0}$ (d)

图 6-10　对称分量法示意图

② 负序分量：3 个相量大小相等，相位差各为120°，其相序为顺时针，如图 6-10（c）所示。

③ 零序分量：3 个相量大小相等，相位相同，如图 6-10（d）所示。

各序分量的表达式为：

$$\begin{aligned}\dot{F}_{A1} &= \frac{1}{3}(\dot{F}_A + \alpha\dot{F}_B + \alpha^2\dot{F}_C) \\ \dot{F}_{A2} &= \frac{1}{3}(\dot{F}_A + \alpha^2\dot{F}_B + \alpha\dot{F}_C) \\ \dot{F}_{A0} &= \frac{1}{3}(\dot{F}_A + \dot{F}_B + \dot{F}_C)\end{aligned} \tag{6-59}$$

式中，α——单位相量算子，$\alpha = e^{j120°}$，$\alpha^2 = e^{j240°}$。

每相相量是由正序、负序、零序 3 个分量组成，其表达式为：

$$\begin{aligned}\dot{F}_A &= (\dot{F}_{A1} + \dot{F}_{A2} + \dot{F}_{A0}) \\ \dot{F}_B &= (\dot{F}_{B1} + \dot{F}_{B2} + \dot{F}_{B0}) \\ \dot{F}_C &= (\dot{F}_{C1} + \dot{F}_{C2} + \dot{F}_{C0})\end{aligned} \tag{6-60}$$

式（6-59）和式（6-60）分别是分解和合成三相不对称量的基本公式。

因为在各相序中，分量都是对称的，所以在分析的时候只需求解一相，其余的量可由其对称关系列出。通常以 A 相为基准，则：

$$\begin{aligned}\dot{F}_A &= (\dot{F}_{A1} + \dot{F}_{A2} + \dot{F}_{A0}) \\ \dot{F}_B &= (\alpha^2\dot{F}_{A1} + \alpha\dot{F}_{A2} + \dot{F}_{A0}) \\ \dot{F}_C &= (\alpha\dot{F}_{A1} + \alpha^2\dot{F}_{A2} + \dot{F}_{A0})\end{aligned} \tag{6-61}$$

三相对称分量的相量恒有以下关系。

正序分量：

$$\begin{cases}\dot{F}_{a1} \\ \dot{F}_{b1} = \alpha^2\dot{F}_{a1} \\ \dot{F}_{c1} = \alpha\dot{F}_{a1}\end{cases} \tag{6-62}$$

负序分量：

$$\begin{cases}\dot{F}_{a2} \\ \dot{F}_{b2} = \alpha\dot{F}_{a2} \\ \dot{F}_{c2} = \alpha^2\dot{F}_{a2}\end{cases} \tag{6-63}$$

零序分量：

$$\dot{F}_{a0} = \dot{F}_{b0} = \dot{F}_{c0} \tag{6-64}$$

只有正序分量的系统称为对称系统，否则称为不对称系统。负序分量数值的大小表示了不对称程度的强弱。不对称程度的强弱常用不对称系数表示。不对称系数 K_2 为：

$$K_2 = \frac{F_2}{F_1} \tag{6-65}$$

没有零序分量的系统称为平衡系统，否则称为不平衡系统。零序分量数值的大小，表示了不平衡程度的强弱。不平衡程度的强弱常用不平衡系数表示。不平衡系数 K_0 为：

$$K_0 = \frac{F_0}{F_1} \tag{6-66}$$

在三相参数相同的对称线性电路中，通以某一序的对称分量电流，只产生同一序分量的电压降。反过来，若施以三相某一序的对称分量电压，也只产生同一序的对称分量电流。这一特性称为三相对称电路的序分量独立性。根据对称电路的这一特性，就可以对正序、负序和零序分量进行计算，最后再作叠加。任一相序的对称分量电压和电流之间完全适合欧姆定律的关系，即：

$$\begin{cases} \dot{U}_1 = \dot{I}_1 Z_1 \\ \dot{U}_2 = \dot{I}_2 Z_2 \\ \dot{U}_0 = \dot{I}_0 Z_0 \end{cases} \tag{6-67}$$

式中，Z_1、Z_2、Z_0——正序、负序、零序阻抗；

$\dot{I}_1$、$\dot{I}_2$、$\dot{I}_0$——正序、负序、零序电流；

$\dot{U}_1$、$\dot{U}_2$、$\dot{U}_0$——正序、负序、零序电压。

在三相参数不同的不对称电路中，各序对称分量没有独立性，因而也不能按序进行独立的计算。

6.2.2　序网络的基本概念、构成及绘制方法

应用对称分量法求解不对称短路，需将不对称系统分解为三组对称系统，再分析求解。表示各序对称三相系统的网络，分别称为正序、负序和零序网络。各序网络是由各序的电势和阻抗根据供电系统的接线图而构成的等效电路，因为对称分量系统是三相对称的，因此序网络可用单相图表示。

由于各序分量本身特性不同，所以各序的等效网络也不一样。在绘制各序网络时，必须先了解系统的接线、接地中性点的分布情况，以及各元件的规格型号和各序参数。

在各序网络中，习惯上总认为短路点为首端，记以 k，地点为末端，记以 N。则短路点处各序电压总是由首端指向末端。下面分别说明不对称故障分析时，各序网络的绘制方法与步骤。

1. 正序网络

正序网络就是前面对称三相短路计算时的网络。因为在对称短路时，网络中只有正序分量。网络中各元件的阻抗均采用正序阻抗。正序电势就是发电机电势或综合电势。应该指出的是，不对称短路时短路点的正序电压 $\dot{U}_{ka1}$、$\dot{U}_{kb1}$、$\dot{U}_{kc1}$ 不一定等于零。所以短路点不能和零电位线短路。一般正序网络总是从电源电势零电位点作起，也就是正序网络通常从末端向首端作。

2. 负序网络

由于负序电流与正序电流同样满足关系 $\dot{I}_A + \dot{I}_B + \dot{I}_C = 0$，故负序网络的组成元件与正序

相同，但网络中各元件的阻抗为负序阻抗。其中旋转电机的负序电抗一般与正序电抗不同，而其他静止元件的正序、负序电抗是相等的。

因为发电机不产生负序电势，反映在网络中负序电势为零，故网络中负序阻抗端点不接电势而与零电位线连接作为负序网络的末端。

3. 零序网络

零序网络中的组成元件，只包含零序电流能流通的元件。各组成的元件阻抗应采用零序电抗，由于发电机零序电势为零，所以网络中不包括电源电势。

零序电流与正序、负序电流特性不同，因而零序网络与正序、负序网络差别很大。

制作零序网络，应以短路点为始点，在短路点处施加零序电压$\dot{U}_{k0}$，然后从短路点开始，按系统接线图查明零序电流可能流通的路径，按流通情况，找出通过零序电流的元件，构成零序网络。

显然，只有当和短路点直接相连的网络中至少具有一个接地的中性点时，才可以形成一个零序电流回路。如果与短路点直接相连的网络中有几个接地的中性点，那么便有几个零序电流的并联支路。

零序网络做出后，按一般网络化简的原理和方法进行化简，最后得到零序综合电抗$X_{0\varepsilon}$。

6.2.3 正序等效定则

1. 正序等效定则

三种不对称短路故障处的正序电流，都满足如下关系式：

$$\dot{I}_1^{(n)}=\frac{\dot{E}_{1\Sigma}}{j(X_{1\Sigma}+X_\Delta^{(n)})} \tag{6-68}$$

式中，(n) ——上脚注，代表短路类型；

$X_\Delta^{(n)}$——附加电抗，其值由短路类型而定。

式（6-68）表明，任何不对称短路的正序电流，与同网络中在短路点每相加入一个附加电抗$X_\Delta^{(n)}$而发生三相短路的电流相等。这个性质称为正序等效定则。各种短路的附加电抗和电流比例系数见表6-2。特别应指出的是，正序等效定则只适用于短路点，而不能适用于除短路点外的其他场合。

表6-2 各种短路的附加电抗和电流比例系数

短路类型	附加电抗$X_\Delta^{(n)}$	电流比例系数
单相接地	$X_{2\Sigma}+X_{0\Sigma}$	3
两相短路	$X_{2\Sigma}$	$\sqrt{3}$
两相短路接地	$\frac{X_{2\Sigma}X_{0\Sigma}}{X_{2\Sigma}+X_{0\Sigma}}$	$\sqrt{3}\sqrt{1-\frac{X_{2\Sigma}X_{0\Sigma}}{(X_{2\Sigma}+X_{0\Sigma})^2}}$
三相短路	0	1

2. 电流比例系数$m^{(n)}$

从对三种不对称短路的分析可知，任何不对称短路电流的绝对值$I_k^{(n)}$与其正序分量电流

$I_1^{(n)}$ 成正比，即：

$$I_k^{(n)} = m^{(n)} I_1^{(n)} \tag{6-69}$$

式中，$m^{(n)}$——电流比例系数，其值由短路类型决定。

3. 正序等效定则的应用

求解不对称短路电流时，应用正序等效定则，在每相中加入（串入）附加电抗 $X_\Delta^{(n)}$，可以将不对称短路简化为对称短路，按照对称短路计算方法求解对称短路电流 $I_1^{(n)}$。依据正序等效定则，用不对称短路的正序电流 $I_1^{(n)}$ 再乘以电流比例系数 $m^{(n)}$，即可求得不对称短路电流。

4. 复合序网法中基准相的选择

在应用复合序网法分析不对称短路时，基准相从原理上讲是可以任意选取的，但如果基准相选择不恰当，将无法构成复合序网，并给分析带来不便。实用中如何选择基准相才会使分析简便呢？这里选择三相中的特殊相作为基准相。例如，在单相接地短路中，发生接地短路的相是三相中特殊的一相，将其选为基准相分析就会简便；两相短路和两相短路接地时，非故障相是三相中特殊的一相，选其为基准相会使分析简便。

5. 不对称短路的实用计算法

当无限大容量系统供电的电网发生短路时，由于电源电势 E_x 等于系统平均电压 U_{av}，即 $E_x = U_{av}$。当采用标幺值时，电源电压 $E_{x*} = 1$。则正序电流为：

$$I_{1*}^{(n)} = \frac{E_{1\Sigma*}}{X_{1\Sigma} + X_\Delta^{(n)}} = \frac{1}{X_{1\Sigma} + X_\Delta^{(n)}} \tag{6-70}$$

式中，$X_{1\Sigma}$、$X_\Delta^{(n)}$——正序电抗、负序电抗标幺值。

短路电流为：

$$I_p^{(n)} = m^{(n)} I_{1*}^{(n)} I_d \tag{6-71}$$

式中，$I_p^{(n)}$——不对称短路电流周期分量；

I_d——基准电流。

无限大容量系统不对称短路电流与对称短路电流类似，周期分量是不衰减的，即在任何时刻下均相等，得：

$$I_p''^{(n)} = I_{p_t}^{(n)} = I_{p\infty}^{(n)}$$

6. 短路电流值的比较

在供电系统的设计和运行中，经常用到同一点发生不同类型短路时的最大短路电流值。因而有必要对各种类型短路电流进行比较。因为零序电流是和短路点接地与否有关，没有接地点就没有零序网络，也就没有零序参数。所以，单相接地短路和两相接地短路的短路电流均与零序参数有关，因而可以通过加入中性点接地电抗和适当安排中性点接地数目及地点而限制短路电流，所以只需比较三相短路和两相短路电流即可。

三相短路电流为：

$$I_k^{(3)} = \frac{E_{1\Sigma}}{X_{1\Sigma}}$$

两相短路电流为：

$$I_{\mathrm{k}}^{(2)}=\frac{\sqrt{3}E_{1\Sigma}}{X_{1\Sigma}+X_{2\Sigma}}$$

两种短路电流的比值为:

$$\frac{I_{\mathrm{k}}^{(2)}}{I_{\mathrm{k}}^{(3)}}=\frac{\dfrac{\sqrt{3}E_{1\Sigma}}{X_{1\Sigma}+X_{2\Sigma}}}{\dfrac{E_{1\Sigma}}{X_{1\Sigma}}}=\frac{\sqrt{3}X_{1\Sigma}}{X_{1\Sigma}+X_{2\Sigma}} \tag{6-72}$$

在 S = ∞ 系统，电源无内阻，$X_{1\Sigma}\approx X_{2\Sigma}$。由式（6-72），得:

$$\frac{I_{k\infty}^{(2)}}{I_{k\infty}^{(3)}}=\frac{\sqrt{3}}{2}=0.886$$

即两相短路电流约为三相短路电流的 0. 886 倍。

6. 3 牵引供电系统短路的分析计算

牵引供电系统是联系电力机车和电力供电系统的中间环节，它由牵引变电所和牵引网组成。对牵引供电系统的短路分析分为牵引变电所短路分析和牵引网的短路分析。

牵引变电所的电源侧（俗称高压侧）与三相电力系统相连，牵引负荷侧（俗称牵引侧）通常有一个公共的接地端，它联接着钢轨。另有两端连接两臂牵引网，供电给电力机车。因而正常的工作状态相当于不对称两相运行。

牵引网短路是指牵引变电所主变压器牵引侧出线端到接触网的任何地点发生的一切相与相间的不正常联接。常见的牵引网短路有一臂母线接地短路、异相牵引母线短路和异相牵引母线短路接地等型式。其中以一臂接地短路发生几率最高。

在输电线路阻抗中，电阻比较小，故而忽略，只计及电抗。但在牵引网阻抗中，电阻值大于电抗值的 1/3，故电阻一般不能忽略。实用中，为了方便计算，可以不用复阻抗，而用阻抗绝对值 Z（$Z=\sqrt{R^2+X^2}$）进行计算。

牵引变电所中，主变压器牵引侧有一个端子工作接地，由于牵引侧无接地中性线，故不存在牵引网向系统输送零序电流的通道。因此，无论采用何种类型的主变压器和接线型式，在正常运行状态或不对称短路故障状态下，牵引网都不可能向电力系统传输零序电流。

在 YN，d（Y_0/Δ）三相变电所中，主变压器原边中线上的零序电流保护装置，完全是电力系统的零序保护，与电气化铁路无关。如果中线上的隔离开关闭合，系统的零序网络就增加一条并联支路，系统中的零序电流就有一部分流过牵引变电所主变压器原边的星形绕组，且在次边三角形绕组中形成环流。如果中线上的隔离开关断开，系统零序网络的这条并联支路就不存在。因而这台隔离开关的合、分是由电力系统的调度部门根据电力系统的要求决定的，电气化铁路工作人员不必过问。

6. 3. 1 牵引变电所中牵引母线短路的分析计算

1. 三相牵引变电所

三相牵引变电所的主变压器为标准组 YN，d11（$Y_0/\Delta-11$）。在使用中，一般星形中性线的接地隔离开关是断开的，因而实际运行的是 YN,d11($Y_0/\Delta-11$)接线。主变压器的高压侧（Y 侧）与三相系统相连，牵引侧一端接地（c 相端子），另两端接至两供电臂牵引母线，如图 6-11（a）所示。由于从主变压器牵引侧出线端向前看，三相仍是对称的，因而其等效电路图如图 6-11（b）所示。

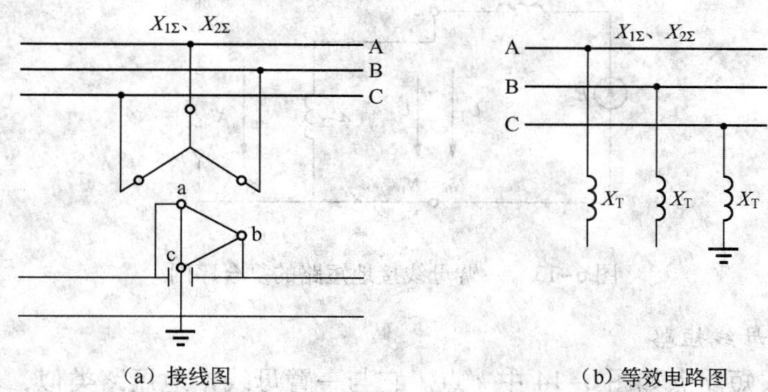

（a）接线图　（b）等效电路图

图 6-11　三相变电所接线原理图

按图 6-11 中 $X_{1\Sigma}$、$X_{2\Sigma}$ 为变压器原边火线端以前电力系统的综合正序、负序电抗（$X_{1\Sigma}$、$X_{2\Sigma}$ 由电力系统给出）；X_T 为主变压器的电抗。

由牵引侧出线端看，总的正序电抗 $X_{1\Sigma}$、负序电抗 $X_{2\Sigma}$ 应为：

$$\begin{cases} X'_{1\Sigma}=X_{1\Sigma}+X_T \\ X'_{2\Sigma}=X_{2\Sigma}+X_T \end{cases} \tag{6-73}$$

当牵引母线短路时，由于短路点以前的系统是三相对称的，因而完全可以应用第 6.3 节的方法求取短路电流。

1）*一臂母线接地短路*

一臂母线接地短路点如图 6-12 中 k 点。它属于三相系统的两相短路接地。但由于牵引侧为 Δ 联接，无零序电流通道，相当于 $X_{0\Sigma}=\infty$。一臂母线接地短路的复合序网如图 6-13 所示。显然，它与两相短路的复合序网就计算短路电流而言，是完全一致的。因此，常将一臂牵引母线接地短路按两相短路处理。这样做对短路电流计算结果不会带来影响。

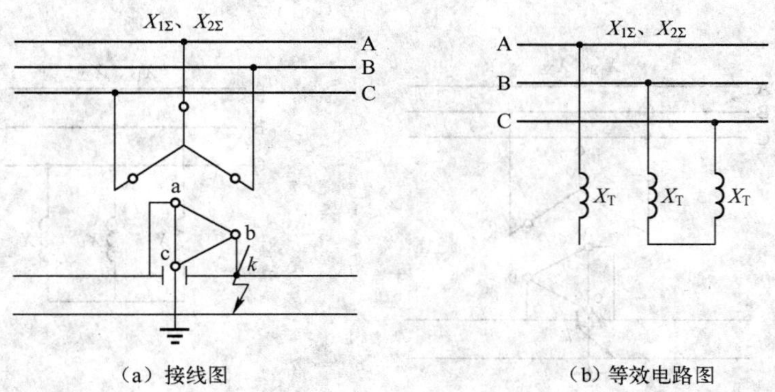

（a）接线图　（b）等效电路图

图 6-12　一臂母线接地短路

根据两相短路电流公式，得：

$$I_k = \frac{\sqrt{3}E}{X'_{1\Sigma} + X'_{2\Sigma}} = \frac{\sqrt{3}E}{X_{1\Sigma} + X_{2\Sigma} + 2X_{\mathrm{T}}} \tag{6-74}$$

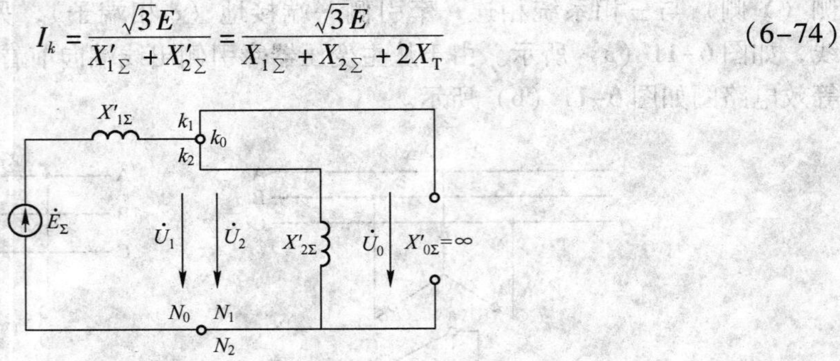

图 6-13　一臂母线接地短路的复合序网

2）异相牵引母线短路

异相牵引母线短路点如图 6-14 中 k 点。它与一臂母线接地短路类似，也属于三相系统的两相短路，短路电流计算式与式（6-74）完全相同。

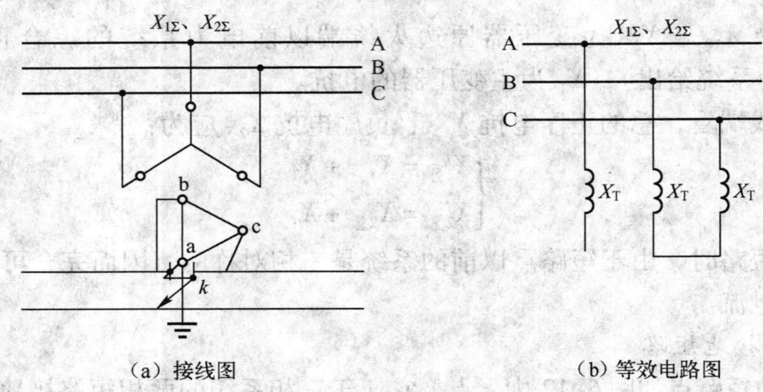

图 6-14　异相牵引母线短路

3）异相牵引母线接地短路

异性牵引母线接地短路点如图 6-15 中 k 点。显然，它属于三相系统的三相短路。因此，其短路电流值为：

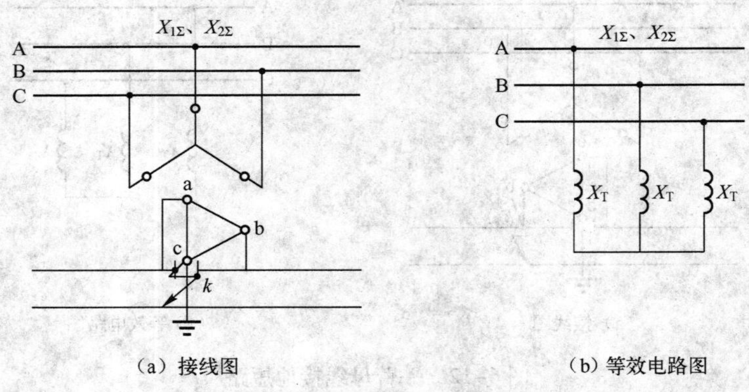

图 6-15　异相牵引母线接地短路

$$I_k = \frac{E}{X'_{1\Sigma}} = \frac{E}{X_{1\Sigma} + X_T} \tag{6-75}$$

2. 单相变电所

在使用时，由两台单相变压器组成 V/V 接线，变压器原边接于电力系统，牵引侧公共端接地，另外两端接至两供电臂牵引母线，如图 6-16（a）所示。其等效电路图如图 6-16（b）所示。图中 $X_{1\Sigma}$、$X_{2\Sigma}$ 为自变压器原边火线端以前电力系统的综合正序、负序电抗；X_T 为单相变压器的电抗。

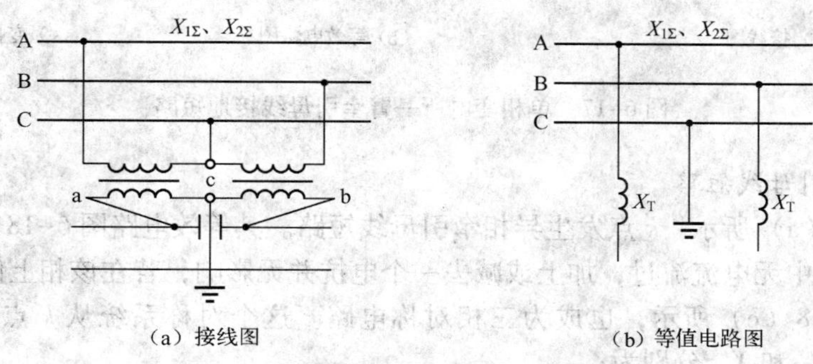

（a）接线图　（b）等值电路图

图 6-16　单相变电所接线图

1）一臂牵引母线接地短路

一臂牵引母线接地短路点如图 6-18（a）所示 k 点。

由于牵引侧无零序电流，因而牵引侧接地与否对短路电流数值无影响。当只求短路电流而不讨论电压时，为分析方便，可将其接地与否暂不考虑。在保证短路电流等效的前提下，可将发生短路臂的电抗 X_T 平分，分别串在短路臂和接地相，并将短路点由 k 点移 k'点。由于另一臂末短路，无电流通过，因此 X_T 加大或减小对其特性无任何影响，可将其减至$\frac{1}{2}X_T$。经过以上假设，就人为地构成了一个对短路电流而言等效的对称三相系统，如图 6-17（c）所示。

在图 6-17（c）中，由 k'点看，正序综合电抗 $X'_{1\Sigma}$、负序综合电抗 $X'_{2\Sigma}$ 分别为：

$$\begin{cases} X'_{1\Sigma} = X_{1\Sigma} + \dfrac{X_T}{2} \\ X'_{2\Sigma} = X_{2\Sigma} + \dfrac{X_T}{2} \end{cases} \tag{6-76}$$

显然，图 6-17（c）中 k'点短路完全属于三相对称系统的两相短路，而 k 点短路与 k'点短路电流又完全相等，故短路电流为：

$$I_k = \frac{\sqrt{3}E}{X'_{1\Sigma} + X'_{2\Sigma}} = \frac{\sqrt{3}E}{X_{1\Sigma} + X_{2\Sigma} + X_T} \tag{6-77}$$

式中，$\sqrt{3}E$——线电压；

$X_{1\Sigma}$、$X_{2\Sigma}$——电力系统综合正序，负序电抗；

X_T——变压器电抗。

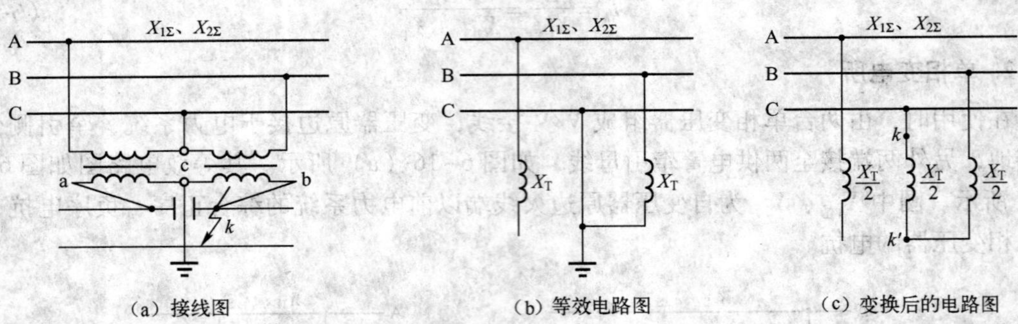

图 6-17 单相变电所一臂牵引母线接地短路

2) 异相牵引母线短路

如图 6-18(a)所示，k 点发生异相牵引母线短路。其等效电路图 6-18(b)所示。

由于接地相中无电流流过，加上或减去一个电抗并无影响，若在该相上假想接入一个电抗 X_T，如图 6-18(c)所示，也成为三相对称电路。这个对称系统从 k 点向前看，正序、负序综合电抗 $X'_{1\Sigma}$ 和 $X'_{2\Sigma}$ 分别为：

$$\begin{cases} X'_{1\Sigma} = X_{1\Sigma} + X_T \\ X'_{2\Sigma} = X_{2\Sigma} + X_T \end{cases}$$

短路电流为：

$$I_k = \frac{\sqrt{3}E}{X'_{1\Sigma} + X'_{2\Sigma}} = \frac{\sqrt{3}E}{X_{1\Sigma} + X_{2\Sigma} + X_T} \tag{6-78}$$

式中，$\sqrt{3}E$——线电压；

$X_{1\Sigma}$、$X_{2\Sigma}$——电力系统正序，负序综合电抗；

X_T——变压器电抗。

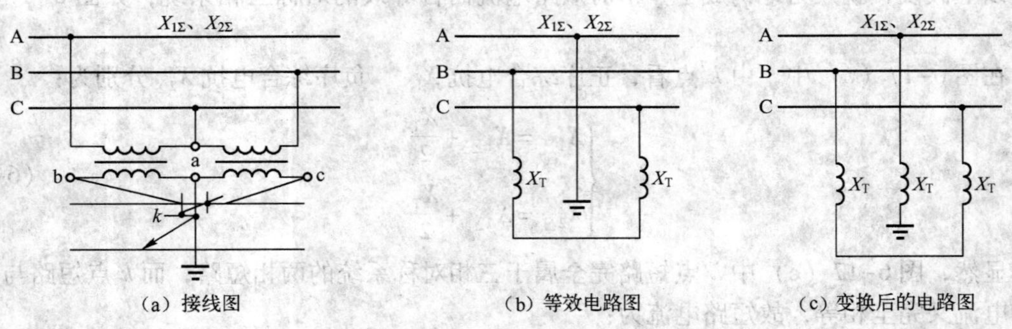

图 6-18 单相变电所异相牵引母线短路

3) 异相牵引母线接地短路

如图 6-19(a)所示，k 点发生异相牵引母线接地短路。其等效电路图如图 6-19(b)所示。这个短路无法简化成对称电路的简单短路，要将原短路点处的边界条件转换为变电所高压侧的边界条件，然后用对称分量法求解。

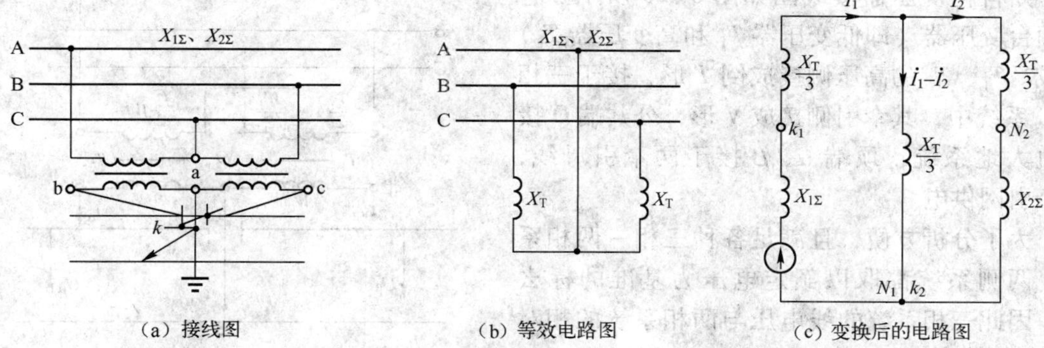

图 6-19　单相变电所异相牵引母线接地短路

由图 6-19（b）得，边界条件为：

$$\begin{cases}\dot{U}_{kb}-\dot{U}_{ka}=j\dot{I}_{kb}X_T\\ \dot{U}_{kc}-\dot{U}_{ka}=j\dot{I}_{kb}X_T\\ \dot{I}_0=0\end{cases}\tag{6-79}$$

应用对称分量法，得：

$$\begin{cases}\dot{U}_1-j\dot{I}_1\dfrac{X_T}{3}=j(\dot{I}_1-\dot{I}_2)\dfrac{X_T}{3}\\ \dot{U}_2-j\dot{I}_2\dfrac{X_T}{3}=j(\dot{I}_2-\dot{I}_1)\dfrac{X_T}{3}\end{cases}\tag{6-80}$$

依据式（6-80）可得其复合序网，如图 6-19（c）所示，则：

$$\begin{aligned}\dot{I}_1&=\frac{\dot{E}}{j\left\{X_{1\Sigma}+\dfrac{X_T}{3}+\left[\left(X_{2\Sigma}+\dfrac{X_T}{3}\right)//\dfrac{X_T}{3}\right]\right\}}\\&=\frac{\dot{E}(2X_T+3X_{2\Sigma})}{j[X_T^2+2X_T(X_{1\Sigma}+X_{2\Sigma})+3X_{1\Sigma}X_{2\Sigma}]}\end{aligned}\tag{6-81}$$

$$\dot{I}_2=\frac{\dot{E}X_T}{j[X_T^2+2X_T(X_{1\Sigma}+X_{2\Sigma})+3X_{1\Sigma}X_{2\Sigma}]}\tag{6-82}$$

最严重故障相的短路电流为：

$$\dot{I}_{ka}=\dot{I}_1+\dot{I}_2=\frac{3\dot{E}(X_{2\Sigma}+X_T)}{j[X_T^2+2X_T(X_{1\Sigma}+X_{2\Sigma})+3X_{1\Sigma}X_{2\Sigma}]}\tag{6-83}$$

3. 三相 - 两相牵引变电所

为降低牵引负荷在 110 kV 侧电力系统造成的不对称程度，往往采用三相 - 两相牵引变电所。三相 - 两相变压器是该类变电所实现三相 - 两相转换的关键部件。虽然三相 - 两相变压器的接线形式和结构具有多种类型，但作为两种系统的变换器件，它们的特性却是一致的。故以斯科特变压器为例进行分析，得到的各种结论可以用于其他类型的三相 - 两相变压器。

斯科特变压器接线图如图 6-20 所示。它由两台变压器（即低变压器 T_1 和高变压器 T_2）组成。T_1、T_2 的高压侧接成倒 T 形，接于三相 ABC 系统中，其牵引侧接成 V 形，公共端 O 接钢轨大地系统，顶端 α、β 接于两牵引母线，向牵引网供电。

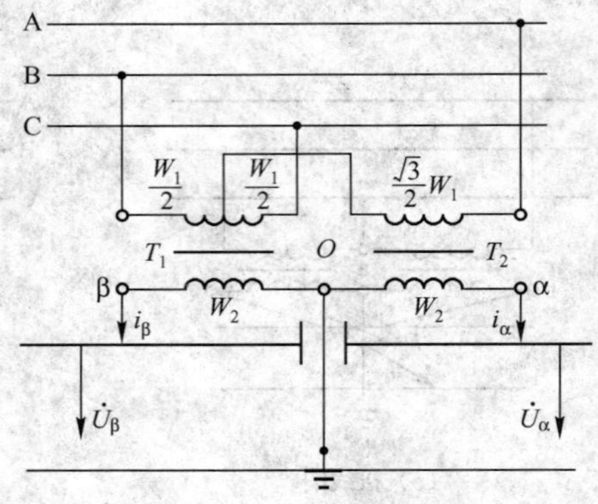

图 6-20 斯科特变压器接线图

为了分析方便，且满足各种三相－两相系统，两侧系统都取以额定电压为基准的标幺值。因此三相系统的线电压与两相系统的相对地电压相等，即匝数满足 $W_1 = W_2$。

由图 6-20 可见，若三相电源电势对称，即$\dot{E}_A = \alpha\dot{E}_B = \alpha^2\dot{E}_C$，则有：

$$\begin{cases}\dot{E}_\alpha = \dfrac{2}{\sqrt{3}}\left(\dot{E}_A - \dfrac{\dot{E}_B + \dot{E}_C}{2}\right) = \sqrt{3}\,\dot{E}_A \\ \dot{E}_\beta = \dot{E}_B - \dot{E}_C = -\mathrm{j}\sqrt{3}\,\dot{E}_A = -\mathrm{j}\dot{E}_\alpha\end{cases} \tag{6-84}$$

在计算短路电流时不计较相别，而关注的是短路电流的数值，因而将$\sqrt{3}\,\dot{E}_A$ 改写为$\sqrt{3}\,\dot{E}$，它在数值上等于三相系统的额定线电压，至于$\dot{E}$表示哪一相的电压，是随意的。这样，式（6-84）可化简为：

$$\begin{cases}\dot{E}_\alpha = \sqrt{3}\,\dot{E} \\ \dot{E}_\beta = -\mathrm{j}\sqrt{3}\,\dot{E}\end{cases} \tag{6-85}$$

可以证明，斯科特变压器高压侧 ABC 系统变换为两相 αβ 系统后，αβ 系统有以下基本方程式：

$$\begin{cases}\dot{U}_\alpha = \dot{E}_\alpha - \dot{I}_\alpha(Z_{1\Sigma} + Z_{2\Sigma} + Z'_\alpha) - \mathrm{j}\dot{I}_\beta(Z_{1\Sigma} - Z_{2\Sigma}) \\ \dot{U}_\beta = \dot{E}_\beta + \mathrm{j}\dot{I}_\alpha(Z_{1\Sigma} - Z_{2\Sigma}) - \dot{I}_\beta(Z_{1\Sigma} + Z_{2\Sigma} + Z'_\beta)\end{cases} \tag{6-86}$$

式中，$Z_{1\Sigma}$、$Z_{2\Sigma}$——三相 ABC 系统正序、负序阻抗；

Z'_α、Z'_β——两相系统 α 相、β 相阻抗。

斯科特变压器等效网络如图 6-21 所示。

当只考虑系统电抗并只讨论牵引母线短路时，式（6-86）可写成：

$$\begin{cases}\dot{U}_\alpha = \dot{E}_\alpha - \dot{I}_\alpha(X_{1\Sigma} + X_{2\Sigma} + X_T) - \mathrm{j}\dot{I}_\beta(X_{1\Sigma} - X_{2\Sigma}) \\ \dot{U}_\beta = \dot{E}_\beta + \mathrm{j}\dot{I}_\alpha(X_{1\Sigma} - X_{2\Sigma}) - \dot{I}_\beta(X_{1\Sigma} + X_{2\Sigma} + X_T)\end{cases} \tag{6-87}$$

式中，$X_{1\Sigma}$、$X_{2\Sigma}$——三相 ABC 系统中的正序、负序电抗；

X_T——斯科特变压器的单相电抗。

1）一臂牵引母线接地短路

设 α 相母线接地短路，其比边界条件为：

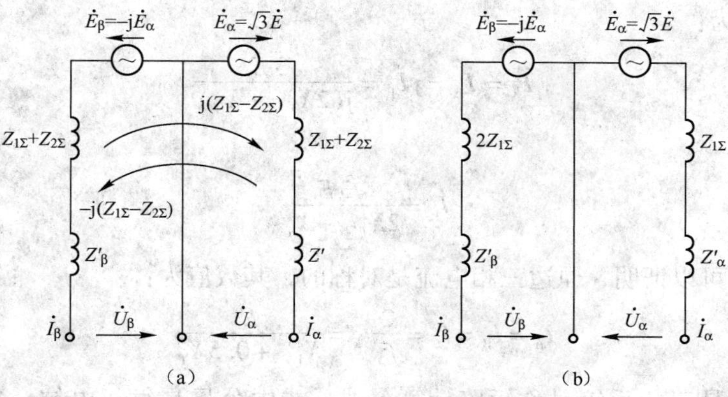

图 6-21　斯科特变压器等效网络

$$\begin{cases}\dot{U}_\alpha=0\\ \dot{I}_\beta=0\end{cases} \tag{6-88}$$

解之，得：

$$\dot{I}_k=\dot{I}_\alpha=\frac{\dot{E}_\alpha}{j(X_{1\Sigma}+X_{2\Sigma}+X_T)}=\frac{\sqrt{3}\dot{E}}{j(X_{1\Sigma}+X_{2\Sigma}+X_T)} \tag{6-89}$$

其绝对值为：

$$I_k=\frac{\sqrt{3}E}{X_{1\Sigma}+X_{2\Sigma}+X_T} \tag{6-90}$$

2）异相牵引母线短路

异相牵引母线短路时，有边界条件：

$$\begin{cases}\dot{U}_\alpha=\dot{U}_\beta\\ \dot{I}_\alpha+\dot{I}_\beta=0\end{cases} \tag{6-91}$$

则短路电流为：

$$\begin{aligned}\dot{I}_k=\dot{I}_\alpha=-\dot{I}_\beta&=\frac{\dot{E}_\alpha-\dot{E}_\beta}{j2(X_{1\Sigma}+X_{2\Sigma}+X_T)}\\&=\frac{\sqrt{3}\dot{E}(1+j)}{j2(X_{1\Sigma}+X_{2\Sigma}+X_T)}\end{aligned} \tag{6-92}$$

其绝对值为：

$$I_k=\frac{\sqrt{2}\times\sqrt{3}E}{2(X_{1\Sigma}+X_{2\Sigma}+X_T)} \tag{6-93}$$

3）异相牵引母线接地短路

异相牵引母线接地短路时的边界条件为：

$$\begin{cases}\dot{U}_\alpha=0\\ \dot{U}_\beta=0\end{cases} \tag{6-94}$$

则短路电流为：

$$\dot{I}_{k}=\dot{I}_{\alpha}=j\dot{I}_{\beta}=\frac{\sqrt{3}\dot{E}}{j(2X_{1\Sigma}+X_{T})} \tag{6-95}$$

其绝对值为：

$$I_{k}=\frac{\sqrt{3}E}{2X_{1\Sigma}+X_{T}} \tag{6-96}$$

因为 $\dot{I}_0=0$，可以证明，原边三相电流是对称的，其数值为：

$$I_{A}=I_{B}=I_{C}=\frac{2}{\sqrt{3}}I_{k}=\frac{E}{X_{1\Sigma}+0.5X_{T}} \tag{6-97}$$

式（6-97）是三相系统对称短路计算公式，式中分母是每相电抗，$X_{1\Sigma}$ 是系统电抗，$0.5X_T$ 是斯科特变压器在 ABC 系统中的电抗。因为斯科特变压器等效三相星形电抗是单相电抗的一半。换言之，斯科特变压器无论从哪一侧看，其短路电压百分值都相等。为了避免混淆，这里使用其单相电抗 X_T，单相电抗在牵引侧的有名值为：

$$X_{T}=\frac{U_{k}}{100}\times\frac{27.5^{2}}{0.5S_{T}} \tag{6-98}$$

式中，$U_k\%$——短路电压百分值；

S_T——斯科特变压器总容量，MVA。

各类牵引变电所牵引侧短路电流的计算公式见表 6-3，以供比较和参考。

表 6-3 牵引变电所牵引侧短路电流的计算公式

牵引变电所类型	一相母线短路	异相母线短路	异相母线短路接地
单相变电所，Vv 接线	$I_k=\frac{\sqrt{3}E}{X_{1\Sigma}+X_{2\Sigma}+X_T}$	$I_k=\frac{\sqrt{3}E}{X_{1\Sigma}+X_{2\Sigma}+2X_T}$	$I_{kmax}=\frac{E}{X_{1\Sigma}+\frac{1}{3}X_T}$
三相变电所，YN，d	$I_k=\frac{\sqrt{3}E}{X_{1\Sigma}+X_{2\Sigma}+2X_T}$	$I_k=\frac{\sqrt{3}E}{X_{1\Sigma}+X_{2\Sigma}+2X_T}$	$I_k=\frac{E}{X_{1\Sigma}+X_T}$
三相－两相变电所	$I_k=\frac{\sqrt{3}E}{X_{1\Sigma}+X_{2\Sigma}+X_T}$	$I_k=\frac{\sqrt{2}\sqrt{3}E}{2(X_{1\Sigma}+X_{2\Sigma}+X_T)}$	$I_k=\frac{\sqrt{3}E}{2X_{1\Sigma}+X_T}$

【例 6-2】 某牵引变电所采用 Vv 接线，电力系统的电抗 $X_{1\Sigma}=0.689$（$S_d=100$ MVA），两台单相变压器的容量 S_v 均为 15 MVA，$U_k\%=10.5$。试求牵引母线接地短路和异相牵引母线短路时的电流值。

【解】 因为单相变压器电抗标幺值为：

$$X_{T}=\frac{U_{k}}{100}\frac{S_{d}}{S_{v}}=\frac{10.5}{100}\times\frac{100}{15}=0.7$$

当发生牵引母线接地短路时，

$$I_{k*}=\frac{\sqrt{3}E}{X_{1\Sigma}+X_{2\Sigma}+X_{T}}=\frac{\sqrt{3}}{0.689+0.689+0.7}=0.834$$

$$I_{k}=I_{k*}I_{d}=0.834\times\frac{100}{\sqrt{3}\times27.5}=1.751\ (\text{kA})$$

当发生异相牵引母线短路时，

$$I_{k*}=\frac{\sqrt{3}E}{X_{1\Sigma}+X_{2\Sigma}+2X_T}=\frac{\sqrt{3}}{0.689+0.689+2\times 0.7}=0.623$$

$$I_k=I_{k*}I_d=0.623\times\frac{100}{\sqrt{3}\times 27.5}=1.308\ \text{(kA)}$$

【例 6-3】 某三相牵引变电所，电力系统的电抗 $X_{1\Sigma}=0.083(S_d=100\,\text{MVA})$。两台主变压器并联工作，每台容量 S_v 均为 15 MVA，$U_k\%=10.5$。试求牵引母线接地时的短路电流值。

【解】 变压器电抗标幺值为：

$$X_T=\frac{U_k\%}{100}\times\frac{S_d}{S_v}=\frac{10.5}{100}\times\frac{100}{30}=0.7$$

$$I_{k*}=\frac{\sqrt{3}E}{X_{1\Sigma}+X_{2\Sigma}+2X_T}=\frac{\sqrt{3}}{0.083+0.083+2\times 0.35}=2$$

$$I_k=I_{k*}I_d=2\times\frac{100}{\sqrt{3}\times 27.5}=4.199(\text{kA})$$

6.3.2 牵引网短路类型及计算方法

牵引网由于其恶劣的工作环境，发生短路的几率比其他输电线要大得多。常见的牵引网短路以一臂牵引网接地短路为最多，其次还有双线牵引网接地短路等。随着电气化铁路的发展，牵引网的结构也越来越复杂和多样化。但无论其结构和型式如何，在牵引网短路时，每相牵引网的阻抗可以化为一个等效短路阻抗 Z_q。它与单相变压器阻抗一样，都可以看成单端口元件。对于单相变电所和三相－两相牵引变电所供电的牵引网，若以牵引供电系统的总阻抗（Z_T+Z_q）代替短路电流计算公式中的变压器电抗 jX_T，就得到了牵引网短路计算公式。对于三相牵引变电所供电的牵引网，把变压器电抗看成电力系统的附加部分，以牵引网阻抗 Z_q 代替单相变压器阻抗 Z_T，应用单相变电所的短路电流计算公式，就可得到三相变电所的牵引网短路电流计算公式。

各种变电所的牵引网短路电流计算公式见表 6-4。表中 Z_q 是每条线路牵引网的阻抗。不同形式的短路，不同结构的牵引网，牵引网的阻抗值是不同的，其计算公式见表 6-5 所示。具体的推导及分析方法详见第 4 章。

表 6-4 牵引网短路电流计算公式

牵引变电所类型	一臂牵引网短路	双线异相牵引网短路	双线异相短路接地
单相变电所，Vv 接线	$\dot{I}_k=\frac{\sqrt{3}\dot{E}}{Z_{1\Sigma}+Z_{2\Sigma}+Z_T+Z_q}$	$\dot{I}_k=\frac{\sqrt{3}\dot{E}}{Z_{1\Sigma}+Z_{2\Sigma}+2Z_T+2Z_q}$	$\dot{I}_k\approx\frac{\dot{E}}{Z_{1\Sigma}+\frac{1}{3}(Z_T+Z_q)}$
三相变电所，YNd	$\dot{I}_k=\frac{\sqrt{3}\dot{E}}{Z_{1\Sigma}+Z_{2\Sigma}+2Z_T+Z_q}$	$\dot{I}_k=\frac{\sqrt{3}\dot{E}}{Z_{1\Sigma}+Z_{2\Sigma}+2Z_T+2Z_q}$	$\dot{I}_k\approx\frac{\dot{E}}{Z_{1\Sigma}+Z_T+\frac{1}{3}Z_q}$
三相－两相变电所	$\dot{I}_k=\frac{\sqrt{3}\dot{E}}{Z_{1\Sigma}+Z_{2\Sigma}+Z_T+Z_q}$	$\dot{I}_k=\frac{\sqrt{3}\dot{E}}{\sqrt{2}\,(Z_{1\Sigma}+Z_{2\Sigma}+Z_T+Z_q)}$	$\dot{I}_k=\frac{\sqrt{3}\dot{E}}{2Z_{1\Sigma}+Z_T+Z_q}$

表 6-5　牵引网阻抗计算公式

供电方式		接触网形式	牵引网总阻抗
简单		单线	$Z_q = Z_0 l$
		双线	$Z_q = \left[Z - \frac{1}{2}(Z - Z_m)\frac{1}{L}\right] l$
BT		单线	$Z_q = Z_0 l$
		双线	$Z_q = Z_0\left(l - \frac{l^2}{2L}\right)$
AT	接触网对地短路	单线	$Z_q = \frac{1}{2}(Z - Z_m) l + \frac{1}{2}(Z + Z_m)\frac{(L' - l')}{L} l'$
		双线	$Z_q = \frac{1}{4}(Z - Z_{m1} + Z_{m2} - Z_{m3}) + \frac{1}{2}(Z + Z_{m1})\frac{(L' - l')}{L} l' + \frac{1}{4}(Z - Z_{m1} - Z_{m2} + Z_{m3})\frac{(D - l)}{D} l$
	接触网对正馈线短路	单线	$Z_q = \frac{1}{2}(Z - Z_m) l$
		双线	$Z_q = \frac{1}{4}(Z - Z_{m1} + Z_{m2} - Z_{m3}) + \frac{1}{4}(Z - Z_{m1} - Z_{m2} + Z_{m3})\frac{(D - l)}{D} l$

注：表中，Z——接触网或馈电线自阻抗；
Z_{m1}——上行或下行线路的接触网或馈电线间的互阻抗；
Z_{m2}——不同线路接触网间或馈电线间的互阻抗；
Z_{m3}——不同线路接触网或馈电线间的互阻抗；
l——短路点到牵引网首端的距离，km；
l'——短路点到相邻所侧相邻 AT 的距离，km；
L'——与短路点相邻的两个 AT 间的距离，km；
L——供电臂长度，km；
D——横连线间隔，km。

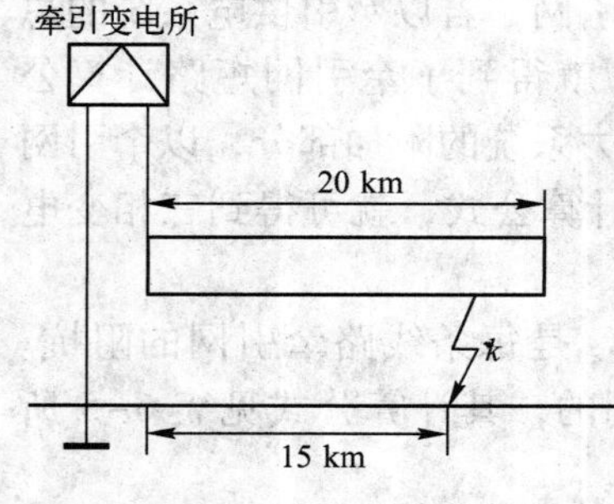

图 6-22　例 6-4 系统图

【例 6-4】　某牵引变电所两台主变压器并联向双线牵引网供电。每台变压器：$S_N = 15$ MVA，$U_k\% = 10.5$，电力系统的短路容量为 1 200 MVA；牵引网采用简单牵引网，供电臂末端有横连线将上、下行牵引网并联起来，上、下行牵引网间自阻抗和互阻抗分别为：$Z = (0.217 + j0.476)\ \Omega/\text{km}$，$Z_m = (0.0319 + j0.118)\ \Omega/\text{km}$。求如图 6-22 所示 k 点发生接地短路时的短路电流。

【解】 求出折算至牵引侧各阻抗值。

系统阻抗为：

$$X_{1\Sigma} = \frac{U_d^2}{S_k} = \frac{26.3^2}{1200} = 0.576\ (\Omega)$$

变压器阻抗为：

$$X_T = \frac{U_k}{100} \times \frac{U_d^2}{S_N} = \frac{10.5}{100} \times \frac{26.3^2}{30} = 2.421\ (\Omega)$$

牵引网阻抗为：

$$\begin{aligned} Z_q &= \left[Z - \frac{1}{2}(Z - Z_m)\frac{1}{L}\right] l \\ &= \left[0.217 + j0.476 - \frac{1}{2}(0.217 + j0.476 - 0.0319 - j0.118) \times \frac{15}{20}\right] \times 15 \\ &= 2.214 + j5.13\quad (\Omega) \end{aligned}$$

将 $X_{1\Sigma}$、X_{T}、Z_{q} 带入表 6-4 中相应的短路电流计算公式，得：

$$\dot{I}_{\mathrm{k}}=\frac{\sqrt{3}\dot{E}}{Z_{1\Sigma}+Z_{2\Sigma}+2Z_{\mathrm{T}}+Z_{\mathrm{q}}}$$

$$=\frac{\sqrt{3}\dot{E}}{\mathrm{j}0.576+\mathrm{j}0.576+2\times\mathrm{j}2.421+2.214+\mathrm{j}5.13}$$

$$=\frac{\sqrt{3}\dot{E}}{2.214+\mathrm{j}11.124}$$

$$I_{\mathrm{k}}=\frac{26.3}{\sqrt{2.214^2+11.124^2}}=2.319(\mathrm{kA})$$

因为分母的总阻抗中电阻小于电抗的$\frac{1}{3}$，所以通常在简单计算时予以忽略，认为总阻抗 $2.214+\mathrm{j}11.124\approx\mathrm{j}11.124$，则短路电流的计算可化简为：

$$I_{\mathrm{k}}\approx\frac{26.3}{11.124}=2.364\ (\mathrm{kA})$$

简化计算误差为：

$$\frac{2.364-2.319}{2.319}\times100\%=1.94\%$$

可见，误差很小。一般情况下，均可采用短路电流的简化计算法。

复习参考题

1. 什么叫短路？短路故障产生的原因有哪些？
2. 短路的危害有哪些？
3. 短路的形式有哪些？牵引供电系统中哪种短路形式的概率最大？哪些短路的危害最为严重？
4. 什么叫无限大容量系统？它有什么特点？
5. 什么是短路冲击电流？
6. 什么叫短路电流的电动效应？应该采用哪一个短路电流来计算？
7. 什么叫正序等效定则？
8. 某牵引变电所采用 Vv 接线，电力系统的电抗 $X_{1\Sigma}=0.689$（$S_{\mathrm{d}}=100$ MVA），两台单相变压器容量均为 20 MVA，$U_{\mathrm{k}}\%=10.5$。试求牵引母线接地短路和异相牵引母线短路时的电流值。
9. 在如题 9 图所示的系统中，当降压变电所 10.5 kV 母线上发生三相短路时，可将电源看作无限大容量电源，试求此时短路处的冲击电流 i_{sh}、短路电流最大有效值 I_{sh}和短路功率 $S_{\mathrm{k0.2}}$。

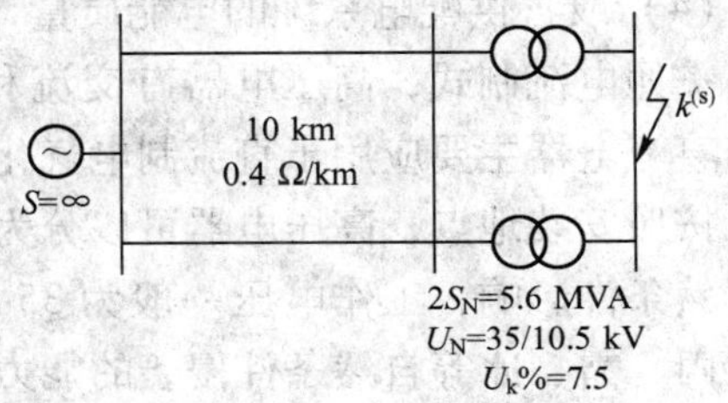

题 9 图　三相短路示意图

第7章 牵引供电系统一次系统

【本章内容概要】

简述牵引供电常用的高压开关设备和测量设备的性能特点；介绍牵引供电电气设备选择与校验的一般方法；阐述牵引供电系统电气主接线和高低压配电装置布置的常见形式和设计方法；介绍牵引变电所运行维护和检修试验的基本情况。

【本章学习重点与难点】

学习重点：电气设备选择与校验；电气主接线；配电装置布置。

学习难点：电气主接线。

7.1 高压电器设备

7.1.1 高压电器的用途及分类

在高压系统中，用来对电路进行开、合操作，切除和隔离事故区域，以及对电路状态进行监视、保护及数值测量的电气设备，统称为高压电器。

高压电器能够实现的功能主要有以下几种。

（1）控制电路的通断，如断路器、隔离开关等。

（2）改变电能或信号的形式，如电压互感器、电流互感器等。

（3）对供配电系统进行过电流和过电压保护，如高低压熔断器、电抗器和避雷器。

（4）改善供配电系统的电能质量，如并联电容器无功补偿设备、谐波抑制器等。

按照电流制式，高压电器有交流和直流之分，交流电器大量应用在交流制电气化铁路中，直流电器主要应用于直流制电气化铁路、城市地铁及轻轨交通供电系统。

按照安装地点，高压电器可以分为户内式和户外式。户内式安装在建筑物内，基本上不受自然条件影响，工作电压一般为 35 kV 及以下的电压等级；户外式安装在露天，具有抗风、雨、雪、冰等自然条件侵袭的能力，工作电压一般都在 35 kV 及以上电压等级。

高压电器应能在额定电压及电流下可靠工作，具有足够的绝缘和载流能力，同时还必须适当考虑经济条件。不同目的的高压电器分别应满足相应的功能要求：用于控制电路通断的开关设备，应具有足够的熄灭电弧的能力；对电路状态进行监视、测试的器件应能满足测量精度的要求；对保护用的电压、电流互感器除了应能满足测量精度的要求外，还要求在高压或大电流作用下不至于饱和。

7.1.2　开关电器的灭弧原理

1. 电弧的形成和危害

任何电路的投入和切除都要使用开关电器，当用开关电器断开电流时，如果电路电压不低于 10 ～20 V，电流不小于 80 ～100 mA，动触头和静触头之间就会产生火花，这个火花就是电弧。此时电流通过电弧继续流动，一直到动触头拉开足够长距离时，火花熄灭，电流才被真正切断。电弧的存在，不仅未达到切断电路的目的，且可能造成严重故障。因此对于开关电器，其触头间电弧的产生和熄灭问题很值得关注，这直接影响到开关电器的结构性能。

电弧是高温高导电率的游离气体，是一种具有强光和高温的电游离现象，研究电弧的目的是：迅速熄灭电弧，以保证电器设备运行安全。

电弧的存在会对电力系统和设备造成危害，主要有以下几个方面。

（1）延长了开关电器开断故障电路的时间。

（2）电弧产生的高温，不仅将触头表面的金属熔化或蒸发，而且引起电弧附近电气绝缘材料烧坏，引起事故。

（3）电弧在电动力、热力作用下能移动，易造成飞弧短路和伤人，使事故扩大。

（4）使油开关的内部温度和压力剧增引起爆炸。

电弧的形成是触头间中性质点（分子和原子）被游离的过程，即介质（如空气）由绝缘状态转变为导电状态的过程。电弧的长时间维持，主要依赖高温作用下的热游离。

2. 电弧熄灭的条件

电弧能否熄灭，取决于在触头间介质的游离速度与去游离速度二者的强弱，因而使触头间隙介质去游离的速度大于游离速度，是熄灭电弧的必要条件。所谓去游离，是指触头间自由电子和正离子不断消失的现象。在电弧产生及存在的过程中，它与介质质点不断游离的现象同时存在。

游离和去游离这对矛盾共存于电弧这个统一体，贯穿电弧产生、持续和熄灭的始终，影响游离和去游离的主要因素有电弧温度、触头材料、触头间介质的特性等。

3. 电弧的伏安特性

稳定燃烧的直流电弧伏安特性如图 7-1（a）所示，由 $U-I$ 曲线可知，电弧电阻 $R_h=\frac{U}{I}$ 相当于一个非线性电阻。相关实验表明，在其他条件不变的情况下，弧电阻与弧长 L 成正比。考虑到弧电阻的非线性伏安特性，L 越长，维持电弧燃烧所需的外加电源电压亦越高，电弧易于熄灭。

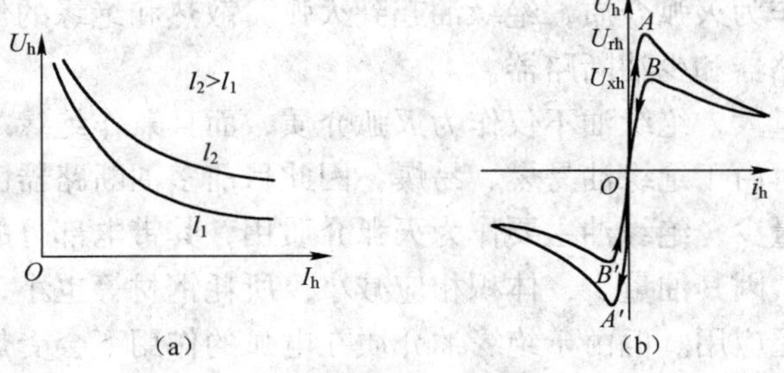

图 7-1　电弧伏安特性

交流电弧电流每半周经过零点一次，这就给熄灭电弧创造了有利的条件，这时，电弧间隙中将发生两个相互影响而作用相反的过程，即电压恢复过程和介质强度恢复过程。若设法加强去游离，使弧隙的介质强度的恢复速度永远大于加在弧隙上的电压恢复速度，弧隙就不再被击穿，电弧不能重燃并最终熄灭。

如果电流反向时电弧重燃，则可得到交流电弧的伏安特性曲线，如图 7-1（b）所示。通常把电弧刚出现瞬间（A 点）的电压称为燃弧电压 U_{rh}，把电弧刚熄灭瞬间（B 点）的电压称为熄弧电压 U_{xh}。工业交流电源中电流变化速度很快，由于弧隙介质的热惯性作用，因而燃弧电压高于熄弧电压。

4. 熄灭电弧的基本方法

在现代高压开关电器中广泛采用的基本灭弧方法，可归纳为下列几种。

（1）提高开关的分断速度。快速分断可以迅速拉长电弧，使弧隙的电场强度骤降，增加电弧与周围介质的接触面积以加强冷却和扩散，从而快速灭弧。

（2）采用多断口。在熄弧时，多断口把电弧分割成多个相互串联的小电弧段，使电弧的总长度加长，加于每个断口上的电压降低，提高了介质强度的恢复速度，缩短了灭弧时间。

（3）吹弧或吸弧灭弧。利用外力（如气流、油流或电磁力）来吹动或吸动电弧，使电弧拉长和冷却，从而加强去游离，增大弧隙的介质强度，加速灭弧。

（4）采用灭弧性能优越的介质。广泛采用压缩空气、六氟化硫（SF_6）气体、真空等作为灭弧介质。其中，真空具有相当高的绝缘强度，装在真空容器内的触头分断时，在交流电流过零时即能熄灭电弧而不致复燃；而 SF_6 气体具有优良的绝缘性能和灭弧性能，其绝缘强度约为空气的 3 倍，其绝缘恢复的速度约为空气的 100 倍，二者作为灭弧介质得到了广泛的应用。

7.1.3 高压断路器

高压断路器具有相当完善的灭弧结构，在电力系统中用以正常情况下通断负荷电流，以及故障时在保护装置作用下切除故障电流。

1. 高压断路器的种类

高压断路器按其采用的灭弧介质及作用原理，有油断路器、压缩空气断路器、六氟化硫（SF_6）断路器、真空断路器等几种。

1）油断路器

以密封的绝缘油作为灭弧介质，绝缘油起到灭弧、散热和绝缘的作用。按断路器油量和油的作用又分多油断路器和少油断路器。

多油断路器用油量大，绝缘油不仅作为灭弧介质，而且兼作绝缘之用，导致断路器体积较大，维护不便，同时由于绝缘油易燃、易爆，因此目前多油断路器已经很少采用。

少油断路器用油量少，绝缘油主要作为灭弧介质用，其带电部分的绝缘靠空气、套管及其他绝缘材料来完成。因其油量少，体积相应减小，所耗钢材等也小，价格便宜，在各种供配电系统中得到了广泛应用。但由于绝缘油介质在电弧的作用下会受热分解导致绝缘强度下降，而且仍然存在爆炸或火灾的危险，所以少油断路器不能用于防火防爆要求较高的场合，也不能用于频繁分合操作的场合。

2）六氟化硫（SF_6）断路器

SF_6气体是目前所知的最理想的绝缘和灭弧介质，优于其他介质乃至真空。六氟化硫断路器是利用SF_6气体为绝缘介质和灭弧介质的无油化开关设备，其绝缘性能和灭弧特性都大大高于油断路器。SF_6气体具有良好灭弧和绝缘性能，在电弧作用下分解为低氟化合物，大量吸收电弧能量，使电弧迅速冷却而熄灭。

SF_6断路器断流能力强，灭弧速度快，绝缘水平高，体积小、电气寿命长，检修周期长，密封性能好，维护少，而且没有燃烧爆炸危险。由于氢氟酸对金属及瓷件都有严重的腐蚀作用，因而既要严格保证SF_6气体的纯度，又要使断路器具有良好的密封以防水汽进入，其基于密封性的严格要求，需要较高的加工精度，因此价格较贵。

这些特点使得断路器适合于需频繁操作及有易燃易爆危险的场所，尤其是在全封闭组合开关电器中得到了广泛的应用。在电气化铁路牵引变电所中目前已广泛采用 LNI－27.5 型SF_6断路器。

3）真空断路器

利用真空作为绝缘及灭弧手段的断路器称为真空断路器。高真空中几乎不存在气体游离的问题，触头带载断开时，仅仅因高电场发射和热电发射而产生较小的真空电弧，且不易稳定燃烧，在电弧电流第一次过零时完全熄灭。但由于灭弧速度过快，几乎瞬间切断电流使得电流变化率过大，对于感性负载，易使电路产生过电压，从而对电力系统运行和设备安全有很大危害，需要配置阻容吸收装置以限制过电压。

真空断路器的灭弧室结构如图 7-2 所示。所有的灭弧元件都被密封在一个绝缘的玻璃外壳内，金属波纹管 2 能在允许的弹性变形范围内伸缩，从而实现对动导电杆和动触头的密封。在玻璃外壳的腰部，动触头的外面装有金属屏蔽罩 4，其主要作用是冷凝和吸附燃弧时产生的金属蒸气和带电质点，增大开断能力，同时保护外壳的内表面，使其不受污染，确保必要的内部绝缘强度，同时使灭弧室内的电场和电容分布尽可能均匀对称，以获得良好的绝缘特性。

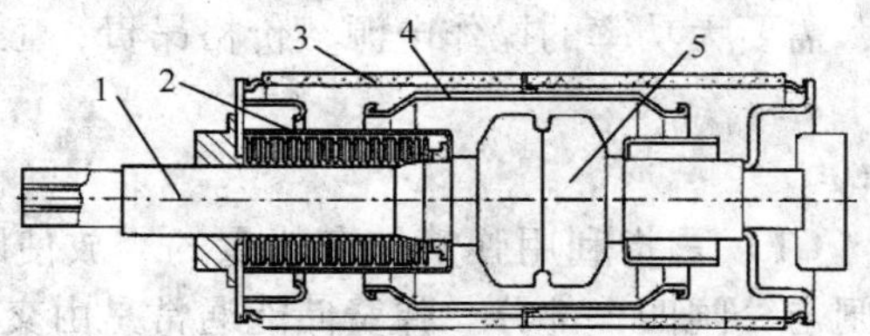

1－动导电杆及动触头　2－波纹管　3－玻壳　4－屏蔽罩　5－静触头

图 7-2　真空灭弧室的内部结构

真空断路器燃弧时间短，灭弧速度快，体积小、重量轻，灭弧室不用检修，寿命长，适于有频繁操作任务的场所，在 35 kV 及以下供配电系统中得到了广泛应用。其主要缺点是熄弧能力过强，容易发生截流现象，并且真空度的保持和量测、触头材料等方面还有待于改进。同时真空中散热效果差，使额定开断电流不易提高。

电气化铁路牵引变电所馈线侧断路器由于频繁动作，所以广泛采用真空断路器，一般做成手车式，主要产品有 ZN－27.5、ZW－27.5 及 ZW－55 型真空断路器，前二者主要用于直供及 BT 供电系统，后者主要用于 AT 供电系统。ZN－27.5 型真空断路器的结构如图 7-3 所示。

2. 断路器的操动机构

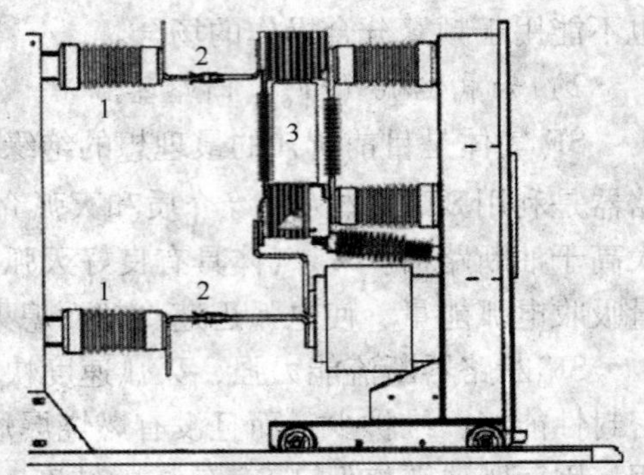

1－母线支柱瓷瓶 2－隔离插头 3－真空灭弧室

图 7-3 ZN－27.5 型真空断路器的结构

通过操作机构的传动部件，断路器才能够实现分闸和合闸操作。操动机构接受变电所中央控制室或遥控调度站的命令信息，使断路器进行分、合闸操作；操动机构接受继电保护系统的命令信息，使断路器进行保护性分闸，机构操作时能耗小，结构简单，动作过程迅速且不得有卡死现象，并应动作稳、震动及噪声小等。为了保证操动机构的动作可靠，要求操动机构具有一定的连锁装置，如断路器在合闸位置时不能进行合闸操作、断路器在分闸位置不能进行分闸操作、弹簧储能达不到规定要求就不能进行分、合闸操作及气体或液体压力低于或高于额定值就不能进行分、合闸操作。

操动机构一般做成独立产品，一种型号的操动机构可以操动几种型号的断路器，而一种型号的断路器也可装配不同型号的操动机构。操作机构的能量来源一般有手动和电力两种，除手动机构外，如电磁机构、气动机构、弹簧机构和液压机构均为依靠电力所做的功，依靠瞬间的能量释放来实现断路器的动作。

1）手动操动机构

手动操动机构（CS）是指靠手动直接合闸，结构简单，主要用来操动电压等级低、额定开断电流很小的断路器。缺点是：操作力小，动作不够迅速；不能自动重合闸，只能就地操作；系统故障时，由于电动力过大或者由于操作速度太慢会发生断路器触头熔焊甚至爆炸，很不安全。

2）电磁操动机构

电磁操动机构（CD）靠电磁力合闸，在合闸线圈通入大的合闸电流，产生大的电磁力，把断路器由分闸位置推向合闸位置。优点是：结构简单、工作可靠、制造成本低，缺点是：合闸线圈消耗的功率太大，需要大功率的操作电源，价格昂贵；工作电流大，易烧坏合闸线圈；结构较为笨重。

3）弹簧储能式操动机构

弹簧储能式操动机构（CT）是指利用弹簧储存能量的释放使断路器动作，大致可分为弹簧储能、维持储能、合闸与分闸四个部分。弹簧储能通常是由交直流两用串励电动机通过减速装置来实现。

弹簧操动机构大大减少了合闸电流，不需要大功率的直流电源，能够手动或自动操作，并可实现一次自动重合闸，而且由于可交流操作，使保护和控制装置简化。但其零件数量多，结构复杂，运动部件多，故障率较高，且要求制造加工精度高。因此适用于操作各种中压断路器，特别适用于小容量供配电系统。

4）液压操动机构

液压操动机构（CY）是指以压缩空气作为能源，以液压油为传递介质，推动活塞运动来实现分合闸，在 110 kV 以上断路器中被广泛采用。优点是：体积小、操作力大、操作平稳无噪声、负荷特性配合较好、本身液压具有润滑保护作用；分合闸缓冲简单、操作时间短。缺点是：加工工艺要求较高、速度特性易受环境影响。

5）气动操动机构

气动操动机构（CQ）是指利用压缩空气作为力的传递介质，通过阀门控制气缸内活塞的运动来实现断路器的动作。具有结构简单、动作迅速、操作平稳、直流电源功率小、机械寿命高、机械缓冲性能和防跳措施好、短时失去电源仍能完成一定次数的操作等优点。但需要空气压缩系统，检修、维护、运行均较麻烦，噪声大，价格较高，工艺要求较严。

6）永磁操动机构

永磁操动机构是指将电磁机构与永久磁铁有机地结合在一起，具有永久磁铁和分合闸控制线圈，合闸（分闸）线圈受电励磁，产生的电磁吸力驱动动铁心运动，实现合闸（分闸）动作，利用永久磁铁产生的磁力将断路器保持在相应的合闸位置或分闸位置。

永磁操动机构是最近新研制的操动机构，机械结构大为简化，活动部件少，操作电流小，具有很高的可靠性和机械寿命，对操作电源的要求进一步降低，其噪音也低。目前主要用于真空断路器的操作。

3. 高压断路器的主要技术参数

通常用下列参数表征高压断路器的基本工作性能。

1）额定电压

额定电压 U_e 又称标称电压，用来表征断路器的绝缘强度，是断路器长期工作的标准电压。为了适应电力系统工作的要求，断路器又规定了与各级额定电压相应的最高工作电压，对 220 kV 及以下电压等级，允许其最高工作电压较额定电压约高 15% 左右；对 330 kV 及以上电压等级，允许其最高工作电压较额定电压约高 10%。断路器在最高工作电压下，应能长期可靠地工作。

2）额定电流

额定电流 I_e 是断路器在规定的温升下允许连续长期通过的电流，表征断路器通过长期电流能力。

3）额定开断电流

额定开断电流 I_{ek} 是指在额定电压下，断路器能保证可靠开断的最大电流，用断路器触头分离瞬间短路电流周期分量有效值表示，用来表征断路器开断能力。当断路器在低于其额定电压的电网中工作时，其开断电流可以增大，不过受灭弧室机械强度的限制，开断电流有一最大值，称为极限开断电流。

有时用到额定开断容量 S_{ek}，又称额定断流容量，对于三相断路器，有：

$$S_{ek}=\sqrt{3}U_e I_{ek} \tag{7-1}$$

4）动稳定电流

动稳定电流 i_{dw} 是指断路器在合闸状态下或关合瞬间，允许通过的电流最大峰值，又称为极限通过电流，用于表征断路器通过短时电流能力的参数，反映断路器承受短路电流电动力效应的能力。断路器通过动稳定电流时，不能因电动力作用而损坏。

5）额定短路关合电流

额定短路关合电流 i_{eg} 是指断路器能够可靠关合的短路电流最大峰值。断路器在接通电路时，电路中可能预伏有绝缘故障，甚至处于短路状态，此时断路器将关合很大的短路电流。一方面由于短路电流的电动力减弱了合闸的操作力，另一方面由于触头尚未接触前发生击穿而产生电弧，可能使触头熔焊，从而使断路器造成损伤。

额定短路关合电流和动稳定电流在数值上是相等的，等于额定开断电流的 2.55 倍，即：

$$i_{eg} = i_{dw} = 1.8 \times \sqrt{2} I_{ek} = 2.55 I_{ek} \tag{7-2}$$

6）额定热稳定电流 I_{re} 和热稳定电流的持续时间 t_{re}

额定热稳定电流 I_{re} 是指断路器处于合闸状态下，在一定的持续时间内，所允许通过电流的最大周期分量有效值，此时断路器不应因短时发热而损坏。热稳定电流也表征断路器通过短时电流能力，但反映的是断路器承受短路电流热效应的能力。

国家标准规定：断路器的额定热稳定电流等于额定开断电流。即：

$$I_{re} = I_{ek} \tag{7-3}$$

额定热稳定电流的持续时间 t_{re} 一般为 2 s，需要大于 2 s 时，推荐选用 4 s。

7）合闸时间

合闸时间是指从断路器操动机构合闸线圈接通到主触头接触这段时间，要求动作迅速。

8）分闸时间

分闸时间又称开断时间，是指从断路器操动机构分闸线圈接通到电流终止（电弧熄灭）这段时间，包括固有分闸时间和熄弧时间两部分。固有分闸时间是指从操动机构分闸线圈接通到触头分离这段时间；熄弧时间是指从触头分离到各相电弧熄灭为止这段时间。

9）自动重合闸性能

在电力系统输电线路中 80% ～ 90% 的短路故障都是临时性的，如雷击闪络、鸟害等，短路故障切除后，故障原因可能就此消除，因而广泛采用自动重合闸技术，即断路器在故障分闸后自动进行重合操作，可以显著提高供电的可靠性系统运行的稳定性。然而重合后若短路故障未消除，则断路器应该立即再次跳闸，这种情况称为自动重合闸不成功。无论从灭弧还是从机械特性来看，自动重合闸不成功都加重了对断路器的要求。

采用自动重合闸的断路器，其重合间隔时间一般为 1 s 左右。这就要求断路器的绝缘和灭弧能力满足在很短的时间内可靠地分合几次短路故障电流。

10）允许分合次数

允许分合次数用以衡量断路器的使用寿命，一般分有机械寿命和电气寿命。断路器允许空载分合次数即机械寿命，根据标准，普通断路器一般为 2 000 次，控制电容器组、电动机等经常操作的断路器其机械寿命应当更长。断路器电气寿命是指其允许分合短路电流或负荷电流的次数，为了加长断路器的检修周期，应当尽可能延长其分合短路电流的电气寿命，而对于保护、控制用的经常操作的断路器，更应有连续分合几千次以上负荷电流的电寿命。电寿命也可用累计开断电流值来表示。

11）应用自然环境

应考虑海拔、温度、湿度、风、雨、污秽等多方面因素对断路器工作的影响。

（1）海拔高度。海拔高的地区，空气稀薄，由于气压低，设备绝缘耐压水平随之降低；由于散热差，载流能力较差。我国有关标准规定，一般电器设备的使用环境按海拔低于 1 000 m 及 2 500 m 两档考虑。

（2）环境温度。有关标准规定，断路器使用的环境温度一般为 −40℃ ～ +40℃。温度过低会使操作机构传动困难；也可能导致密闭不良，造成漏气漏油；SF_6 气体在低温下液化将

使 SF_6 断路器无法正常工作。温度过高，可能造成导电部分过热及电容套管的密封胶渗出等，需要降低设备的额定电流。

7.1.4　高压隔离开关

高压隔离开关没有专门灭弧装置，不能用于接通和切断负荷电流及故障短路电流，其主要用途是：

① 隔离高压电源，形成明显断开点；

② 分、合线路中的电压互感器等小容量设备；

③ 根据运行需要进行倒闸操作。

高压隔离开关与断路器配合使用，一般位于断路器的前后侧，此时，应在断路器处于完全开断的状态下操作隔离开关，防止隔离开关切断电流时产生的电弧造成人身和设备的损伤。

高压隔离开关类型很多，按装设地点可分为户内式和户外式两大类；按绝缘支柱数目可分为单柱式、双柱式和三柱式；按运动方式可分为水平旋转式、垂直旋转式、摆动式和插入式等；按极数可分为单极式和三极式；按操动机构可分为手动、电动等。其结构原理大致相同，均由动触头、静触头、支柱绝缘子和传动机构等组成。

隔离开关除了要求在任何气候条件下触头接触都能满足工作电路负荷的载流要求而不发生过热外，还应满足故障情况下动稳定性和热稳定性的要求，同时还要求在任何气候条件下都能可靠灵活地进行操作，例如，对于工作在潮湿而寒冷的易于结冰地区的隔离开关，就应考虑在结构上具有破冰的能力。

户外式隔离开关工作条件恶劣，应保证在各种环境气象条件下能够可靠工作，且具有较高的机械强度，能承受母线或线路的拉力。GW4 – 110/1000 型户外式三极双柱式隔离开关如图 7–4 所示，图中所示为合闸位置。其为水平开启式结构，绝缘支柱 1、2 分别安装在底座 13 两端的滚珠轴承上，通过连杆 3 连接，可以水平转动；触头 8 的接触位于两个瓷柱的中间，一端为触指，另一端为圆柱形触头，其上装有防护罩，用以防雨水、冰雪及尘土。分闸时，操动机构带动，绝缘支柱 1 逆时针转动 90°，绝缘支柱 2 在连杆 3 的作用下同时顺时针转动 90°，于是闸刀 6、7 便向同一侧方向分闸。合闸操作与之相反。为了使引出线不因瓷柱的转动而扭曲，在闸刀与出线座之间装有滚珠轴承和挠性连接导体。

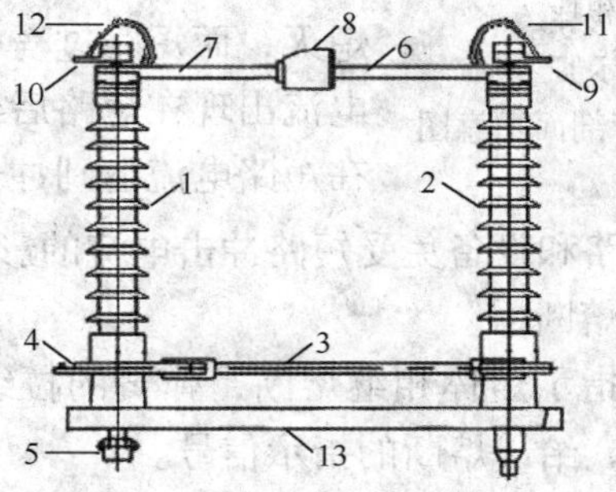

1、2 – 绝缘支柱　3 – 连杆　4 – 操动机构牵引杆　5 – 绝缘支柱的轴　6、7 – 闸刀
8 – 触头　9、10 – 接线端子　11、12 – 挠性连接导体　13 – 底座

图 7–4　GW4 – 110/1000 型户外式高压隔离开关

电气化铁路的供电系统中，高压隔离开关往往是分散安装于一个面积较大的范围内，而且要求开合操作的频繁程度远比普通电力系统高。在这种情况下，为了改善操作人员的劳动条件，提高操作速度，要求实现隔离开关的远距离控制操作。

7.1.5 高压熔断器

高压熔断器是最简单和最早采用的一种保护电路，常和被保护的电气设备串接于电路中。高压熔断器的主要功能是为供配电系统提供短路保护，当所在电路的电流超过规定值并经一定时间后，电流产生的热量就能自动地将熔断器内的熔体熔断，从而切断电路。缺点是熔体熔断后必须更换，而更换熔体就必须停电。牵引供电中一般常用于电压互感器等设备的保护。

由于高压下电弧一般无法自行熄灭，熔丝熔断后并不表明电路被切断，因此高压熔断器需要采取专门的灭弧措施，常用的高压熔断器按其熔体管动作特性分为限流式和跌开式两种。

1. 限流式高压熔断器

RN 系列高压熔断器即限流式高压熔断器，瓷质熔管密闭，内充石英砂填料，其剖面示意图如图 7-5 所示。熔管内部有多根熔丝并联，熔丝由镀锡铜丝或焊有小锡球的铜丝构成。这样的结构有两个作用：一是并联的熔丝并联熔断时将产生多根并行的电弧，能够加速电弧的熄灭；二是利用“冶金效应”，受热时锡球首先熔化，与铜材料相互渗透而形成铜锡合金，由于其熔点较铜的熔点低，所以整个熔体能在较低的温度下熔断，提高了保护灵敏度。

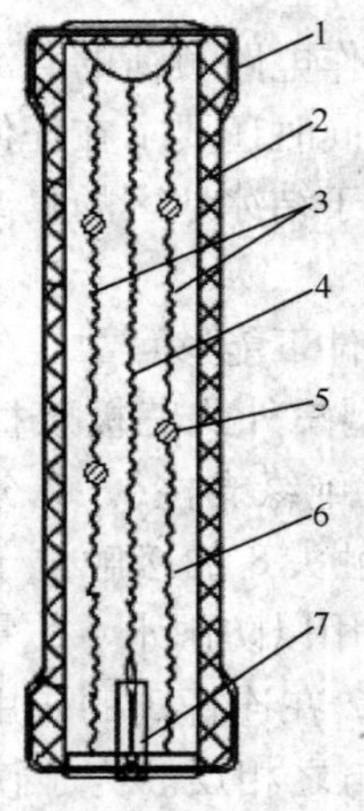

1－管帽　2－瓷管　3－工作熔体（铜丝，上焊锡球）
4－指示熔体（铜丝）　5－锡球
6－石英砂填料　7－熔断指示器

图 7-5　RN 系列高压熔断器熔管剖面示意图

当短路电流或过负荷电流通过熔体时，熔体熔断，其金属蒸气及燃弧后的游离气体在高温高压的作用下喷射入石英砂之间的空隙，与石英砂表面接触冷却凝结，减少游离，因此其灭弧弧速度很快，通常能在电弧电流过零之前将电弧完全熄灭，而短路过程中最大的瞬时电流即短路冲击电流出现在短路后半个周期，因此这种熔断器能在短路电流达到冲击值之前熔断，切除短路，从而使熔断器本身及其保护的电路和设备免受短路冲击电流的影响。因此，这种能躲过短路冲击电流的熔断器，称为“限流熔断器”。

另外，在熔体熔断时，其指示熔体相继熔断，弹簧的拉线也同时拉断并从弹簧管内弹出，其红色的熔断指示器弹出，给出熔断的指示信号。

2. 跌开式高压熔断器

跌开式高压熔断器又称跌落式熔断器，工作于户外的 10 ～ 110 kV 熔断器大多做成由纤维管产气熄弧的跌落式熔断器。

RW11－10 型跌开式熔断器的基本结构如图 7-6 所示，其熔管为复合材料，不但具有较好的开断能力，而且具有较高的机械强度，能够利用高压绝缘钩棒（即俗称“令克棒”）操作熔管部分的分合。

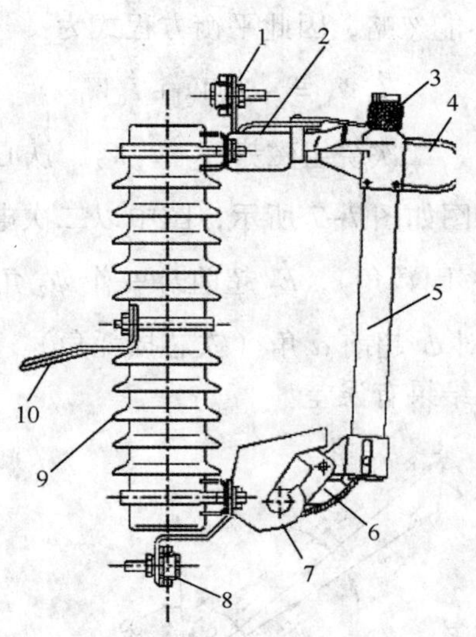

1－上接线板　2－上静触头　3－释压帽　4－操作环　5－消弧管　6－下触头
7－下支座　8－下接线板　9－绝缘瓷瓶　10－安装板

图 7-6　RW11－10 型跌开式熔断器的基本结构

运行时，熔断器串联在线路中，在正常工作时，熔管上端的动触头借熔丝张力拉紧后，使用绝缘钩棒将熔管的上端动触头推入上部静触头内锁紧，同时下动触头与下静触头也相互压紧，电路便被接通，由于上静触头向下和弹片的向外推力，使整个熔断器的接触更为可靠。当系统发生故障时，熔丝迅速熔断，强烈的电弧燃烧使消弧管分解出大量气体，熔管内压力剧增，即产生沿管道形成的纵向吹弧，使电弧迅速熄灭。熔丝熔断后，活动关节释放，熔丝管在上静触头、下弹片的压力及熔管自重的作用下，熔管回转向下跌开，将电路切断，形成明显的断开间隙。

7.1.6　电流互感器

1. 电磁式电流互感器

电流互感器专门用于变换电流，常见的电流互感器多为电磁式电流互感器，其工作原理与普通变压器相似。工作时，一次绕组串接在一次回路中，而二次绕组则与电流测量仪表、继电器等的电流线圈串联，形成闭合回路。

电流互感器一、二次绕组额定电流的比值定义为额定变比，用 K_e 表示，则：

$$K_e = \frac{I_{e1}}{I_{e2}} \approx \frac{W_2}{W_1} \tag{7-4}$$

式中，W_1、W_2——电流互感器一、二次绕组匝数；

I_{e1}、I_{e2}——电流互感器一、二次绕组额定电流，I_{e2} 一般为 5 A，个别情况下也有 1 A 的。

1) 电流互感器的误差和准确度

(1) 电流互感器的误差。

电流互感器工作时，由于铁芯励磁、铁芯发热和磁滞损耗等原因消耗一定能量，空载电流 I_0 及其所产生的总磁化力不能忽略，因此平衡方程式为：

$$\dot{I}_1 W_1 = -\dot{I}_2 W_2 + \dot{I}_0 W_1$$

令一次绕组磁势 $\dot{F}_1 = \dot{I}_1 W_1$，二次绕组磁势 $\dot{F}_2 = \dot{I}_2 W_2$，铁心磁势 $\dot{F}_0 = \dot{I}_0 W_1$。

电流互感器工作时的相量图如图 7-7 所示，图中以二次电流 $\dot{I}_2$ 为基准，二次电压 $\dot{U}_2$ 对 $\dot{I}_2$ 超前 φ_2 角（即二次负荷功率因数角），$\dot{E}_2$ 超前 $\dot{I}_2$ 一个 ψ_2 角（即二次总阻抗角），铁芯磁通 $\dot{\phi}$ 超前 $\dot{E}_2$ 90°，励磁磁势 $\dot{F}_0$ 对 $\dot{\phi}$ 超前 α 角（铁芯损耗角）。可见，$\dot{I}_1$ 和 $K_e\ \dot{I}_2$ 在数值上和相位上都存在差异，即测量的结果有误差。

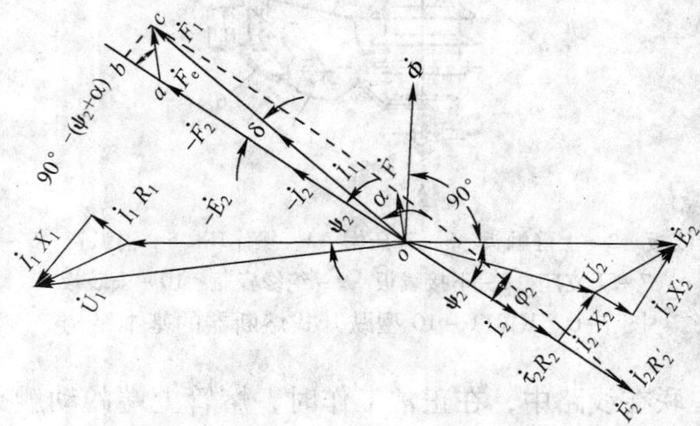

图 7-7 电流互感器工作时的相量图

电流互感器的误差可分为电流误差（比差）和相角误差（角差）。

电流误差 ΔI 为：

$$\Delta I = \frac{K_e I_2 - I_1}{I_1} \times 100\% \tag{7-5}$$

式中，I_1——一次被测电流的实际值；

$K_e I_2$——通过测量二次电流间接求得的一次电流近似值。

相角误差 δ 定义为旋转 180°的二次电流 $-\dot{I}_2$ 与一次电流 $\dot{I}_1$ 之间的夹角。规定 $-\dot{I}_2$ 超前于 $\dot{I}_1$ 时，δ 为正，反之为负。

电流互感器的电流误差，能引起所有仪表和继电器产生误差，而角度误差过大，会对反映相位的测量仪表和保护装置产生不良影响。

由于电流互感器传变短路电流过程中较大的非线性特性，使激磁电流和二次电流出现了高次谐波分量，因为仅用相量图表示误差已不合理，故保护级的准确级是以额定准确限值一次电流下的最大复合误差 $\varepsilon_c\%$ 来标称的。且有：

$$\varepsilon_c\% = \frac{1}{I_1}\sqrt{\frac{1}{T}\int_0^T (K_e i_2 - i_1)^2 \mathrm{d}t} \times 100 \tag{7-6}$$

所谓额定准确限值一次电流，是指一次电流为额定一次电流的倍数，也称为额定准确限值系数。例如，10P20 表示准确级为 10P，准确限值系数为 20。这一准确级电流互感器在 20 倍额定电流下，电流互感器负荷误差不大于 ±10%。

（2）影响电流互感器误差的主要因素。

由图 7-7 可知，电流误差 ΔI 为 ab 段长度；而相角误差 $\delta \approx \mathrm{tg}\delta$，可用 bc 与 bo 长度之比来确定。即：

$$\Delta I = -\frac{I_0 W_1}{I_1 W_1}\sin(\psi_2 + \alpha) \times 100\% \tag{7-7}$$

$$\delta \approx \frac{I_0 W_1}{I_1 W_1}\cos(\psi_2 + \alpha) \qquad (\mathrm{rad})$$

$$\approx 3\,440\,\frac{I_0 W_1}{I_1 W_1}\cos(\psi_2 + \alpha)(') \tag{7-8}$$

可见，电流互感器误差与一次磁势 I_1W_1、励磁磁势 I_0W_1、二次阻抗角 ψ_2 及铁芯损耗角 α 有关。

① 激磁电流 I_0 是影响误差的主要因素，其大小取决于铁芯材料的品质、铁芯尺寸、绕组的匝数等。减少磁路的磁阻可使 I_0 降低，误差减小。

② 一次电流 I_1 增加时误差将减少，但当 I_1 数倍于额定电流（即发生短路）时，由于铁芯饱和，误差随 I_1 增加而加大。故互感器应工作在额定电流附近。

③ 二次侧负载及其功率因数对误差也产生影响。当二次负载功率因数角 φ_2 增加时，二次阻抗角 ψ_2 也增加，电流误差 ΔI 增加而相角误差 δ 减少。而二次侧负载 Z_2 增大会使 E_2 增大，进而 I_0 增大，最终导致 ΔI、δ 均增大。极限情况，若互感器二次线圈开路，$Z_2=\infty$，$I_2=0$，励磁磁势由正常情况下为数甚小的 $\dot{I}_0W_1$ 骤增为 $\dot{I}_1W_1$，二次侧感应出很高的电势，对人身和设备产生危害。同时由于磁感应强度骤增，铁芯损耗大增，会引起铁芯和绕组过热。此外，在铁芯中还会产生剩磁使互感器误差增大。

（3）电流互感器的准确度级和额定容量。

按电流互感器用途划分，有测量用和保护用两大类，区别在于测量用互感器的精度要相对较高，另外也更容易饱和，以防止发生系统短路故障电流造成所接计量表计的损坏。

电流互感器的测量误差，可以用其准确度级来表示。准确度是指在规定的二次负载范围内，一次电流为额定值时最大电流误差的百分数。我国《电流互感器》（GB 1208—2006）规定测量用的电流互感器的测量精度有 0.1、0.2、0.5、1、3、5 六个准确度级，对特殊要求，还有 0.2S 级和 0.5S 级；保护用电流互感器按用途可分为稳态保护用（P）和暂态保护用（TP）两类，常用的稳态保护用电流互感器准确级有 5P 和 10P，见表 7-1。一般 0.1、0.2 级主要用于实验室精密测量、当作标准电流互感器和供电容量超过一定值的场合；0.5 级常用于计费用的电能表；0.5 ～ 1 级用于发电厂、变电所的盘式仪表和技术上用的电能表；3 级、5 级用于一般的测量和某些继电保护上；5P 和 10P 级用于继电保护应用。

电流互感器在某一准确度级下，有额定的二次负载，超过二次额定负载，电流互感器的准确度等级将降低。

电流互感器一次绕组可为数个铁心所共用，每个铁心上都有一个二次绕组以组成不同的准确度等级，且互不影响，以适应不同的需要。

表 7–1 电流互感器的准确级和误差限值

准确级	一次电流占额定电流的百分数/%	正负误差限值			二次负载条件
		电流误差/%	角度误差/（′）	复合误差 ε_c/%	
0.1	5 20 100 120	0.4 0.2 0.1 0.1	15 8 5 5	—	二次负载在额定值的25%～100%的范围内，二次负载功率因数为0.8
0.2	5 20 100 120	0.75 0.35 0.2 0.2	30 15 10 10	—	
0.5	5 20 100 120	1.5 0.75 0.5 0.5	90 45 30 30	—	
1	5 20 100 120	3.0 1.5 1.0 1.0	180 90 60 60	—	
3	50 120	3.0 3.0	无规定	—	
5	50 120	5.0 5.0	无规定	—	
5P	50 120	1.0 1.0	60 60	5 5	负载功率因数为0.8。为确定复合误差，负载功率因数可在0.8～1之间
10P	50 120	3.0 3.0	— —	10 10	

电流互感器的额定容量 S_{e2} 是指电流互感器在额定情况下运行时，即在额定二次电流 I_{e2} 和额定二次阻抗 Z_{e2} 下，二次绕组输出的容量。即：

$$S_{e2}=I_{e2}^2 Z_{e2} \tag{7-9}$$

由于电流互感器的额定二次电流为标准值，为了便于计算，有的厂家提供电流互感器的 Z_{e2} 值。

（4）保护级电流互感器的10%误差曲线。

保护用的电流互感器，在正常负荷范围内的准确度要求不如测量级的高，一般只相当于3～10级，但对可能出现的短路电流范围内，要求互感器最大误差不超过10%。当电流误差达到10%时，定义此时一次电流 I_1 为一次额定电流 I_{e1} 的倍数为10%倍数 n，即：

$$n=\frac{I_1}{I_{e1}} \tag{7-10}$$

10%倍数与互感器二次最大允许负载阻抗的关系曲线，称作电流互感器的10%误差曲线，如图7–8所示。10%误差曲线反映了电流互感器铁心的抗饱和能力，电流互感器的类型不同时，其 10% 误差曲线不同，各电流互感器生产厂均提供保护级电流互感器产品的 10% 误差曲线，以满足继电保护整定需要。

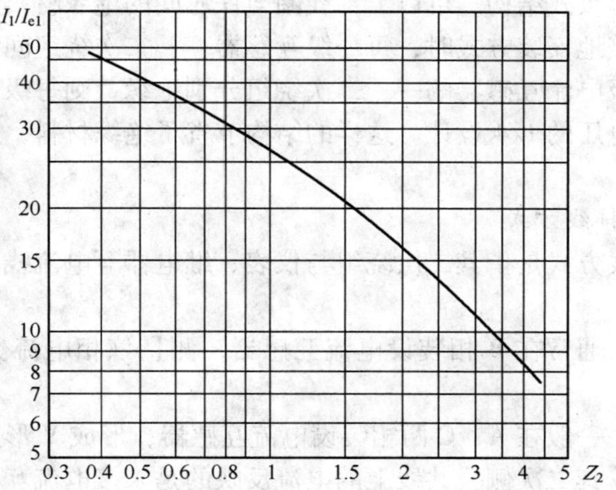

图 7-8　电流互感器的 10% 误差曲线

根据厂家提供的 10% 误差曲线，只要互感器二次负载阻抗小于按一次电流倍数从曲线上查出的对应最大允许负载阻抗，均能保证其误差不超过 10%。

2）电流互感器的分类和结构

电流互感器的类型很多。根据一次绕组的匝数可分为单匝式和多匝式；根据铁芯的数目可分为单铁芯式和多铁芯式；根据安装方式可分为穿墙式、支柱式和套管式；根据其绝缘和冷却方式可分为油浸式和干式；根据使用场所可分为户外式和户内式。

当电压等级在 110 kV 及以上时，常采用串级式结构。如国产 L－110 型电流互感器，其外形及原理图如图 7-9 所示，由两个独立变换的单元组成，第Ⅰ级电流互感器在充满变压器油的瓷外壳中，铁心为迭片矩形（即口字形），一次绕组在铁芯上柱，二次绕组在铁芯下柱，与第Ⅱ级电流互感器一次绕组相连；第Ⅱ级电流互感器属于低压部分，装在无油的底座内，变流比为 20/5，有 3 个带有二次绕组的环形铁芯，以供不同用途需要。

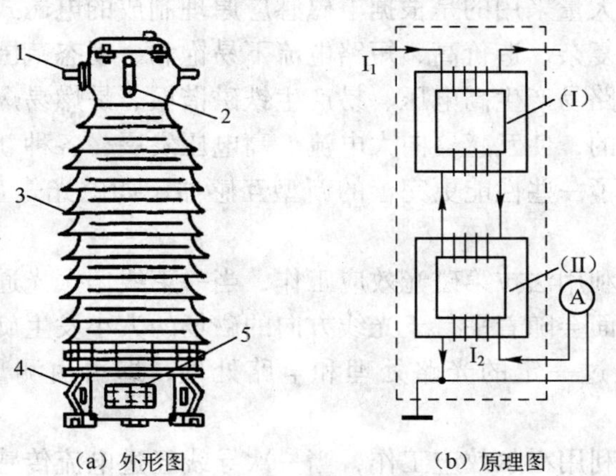

（a）外形图　（b）原理图

1－Ⅰ级互感器一次绕组出线头　2－油标　3－瓷套　4－底架　5－Ⅱ级互感器二次绕组出线头

图 7-9　L－110 型串级式电流互感器

串级式电流互感器由于经过数次变流，误差源增多，导致总的误差增大，因此串联级数不宜过多，一般为两级。

电流互感器采用串级式结构，可以节约线圈与铁芯间的绝缘材料。若采用两级串联，当两级铁芯采用悬空不接地安装方式时，每一级互感器一、二次绕组间绝缘只需按相电压的一半设计。如果进而每级电流互感器的一、二次绕组分别绝缘，则每级电流互感器的一次绕组或二次绕组仅需按相电压的1/4设计。这样的结构节省了绝缘材料，进一步减小了互感器的重量和尺寸。

3）电流互感器的接线方式

电流互感器的接线方式是指其二次绕组与仪表、继电器等电流线圈的连接方式。应用较广泛的有4种。

（1）一相式接线。通常在B相装设电流互感器，测量该相电流。通常用于负荷平衡的三相电路。

（2）两相式接线。一般在A、C两相装设电流互感器，形成V形连接，这种接线也称为两相不完全星形接线，其二次侧公共线上的电流反映的是未接电流互感器那一相（即B相）的相电流。这种接线适用于中性点不接地的三相三线制电路（如6～10 kV高压电路）。

（3）三相星形接线。每相均装设电流互感器，也称为完全星形接线。这种接线适用于各种三相负荷不平衡的三相三线制和四线制供配电系统。

（4）两相电流差接线。A、C两相装设电流互感器，极性交叉相连，流过电流继电器KA的电流为A、C两相电流之差，也称为两相交叉接线或两相一继电器接线。这种接线适用于中性点不接地的三相三线制电路中，起到过电流保护的作用。

4）电流互感器使用注意事项

（1）电流互感器工作时二次侧不得开路，二次侧不允许串接熔断器和开关。

（2）电流互感器二次侧有一端必须接地，防止一次、二次绕组绝缘被击穿，一次侧的高电压窜入二次侧。

（3）在安装和使用电流互感器时，必须保证其接线特别是极性连接正确。

2. 电流互感器发展趋势

目前，电力系统中大量采用的是根据电磁感应原理制成的电磁式互感器，使用中暴露出许多缺点，如绝缘结构复杂、造价高、短路电流下易饱和、动态范围小、使用频带窄、易遭受电磁干扰、二次侧开路易产生高电压、易产生铁磁谐振、易燃易爆、占地面积大等。随着电力系统的发展，相应的，使互感器向大电流、高电压发展，各种新材料、新工艺和新技术得到了广泛应用，出现了一些性能更完善的新型互感器，如磁光式互感器、霍尔式互感器、电子式互感器等。

磁光式电流互感器利用法拉第磁光效应工作，当一束线偏振光通过置于磁场中的磁光材料时，线偏振光的偏振面会随着平行于光线方向的磁场的大小发生旋转，旋转角与待测电流成一定比例关系，再通过一定的光路处理和电路处理，即可由测量输出电压而测得待测电流。

霍尔式电流互感器利用霍尔效应工作，当一次导线经过电流传感器时，一次电流产生磁力线，集中在磁芯周围，内置在磁芯气隙中的霍尔电极可产生和磁力线成正比的大小仅几毫伏的电压，经过信号处理后可测得一次电流。

电子式电流互感器利用 Rogowski 空芯线圈构成一次电流传感器，工作原理仍基于电磁感应原理，但与常规电磁互感器不同，该线圈骨架采用非磁性材料，二次绕组缠绕其上。该传感器线性度极好，会饱和亦无磁滞现象，具有良好的稳定性能和暂态响应。空芯线圈的输出电压与一次电流的微分成正比，通常需再经过一次积分使输出电压正比于一次电流。应用于中低压系统时，该测量信号可直接引接至测量及控制保护等二次设备；应用于高压系统时，低电压信号需经积分、A/D、光电 LED 变换成光纤数字信号后再通过光纤传送至二次设备。其中 Rogowski 线圈、A/D 和 LED 等变换单元均集成布置在高电压区，高电压端有源器件的供电问题较难解决。

7.1.7　电压互感器

电压互感器专门用于变换电压，按原理分为电磁感应式和电容分压式两类。电磁感应式多用于 220 kV 及以下各种电压等级。电容分压式一般用于 110 kV 以上的电力系统。

1. 电磁感应式电压互感器

电磁感应式电压互感器工作原理与变压器相同，工作时，一次绕组与高压电源并联，而二次绕组则并联测量电压仪表、继电器的电压线圈，正常运行时其二次侧接近于空载状态。

电压互感器一、二次绕组额定电压的比值定义为额定变比，用 K_e 表示，则：

$$K_e=\frac{U_{e1}}{U_{e2}}\approx\frac{W_1}{W_2} \tag{7-11}$$

式中，W_1、W_2——电压互感器一、二次绕组匝数；

U_{e1}、U_{e2}——电压互感器一、二次绕组额定电压，U_{e2}一般为 100 V。

1）电压互感器的误差和准确度

（1）电压互感器的误差。

电压互感器的误差可分为电压误差（比差）和相角误差（角差）。

电压误差 ΔU 为：

$$\Delta U=\frac{K_eU_2-U_1}{U_1}\times 100\% \tag{7-12}$$

式中，U_1——一次被测电压的实际值；

K_eU_2——通过测量二次电压间接求得的一次电压近似值。

相角误差 δ 定义为旋转 180°的二次电压 $-\dot{U}_2$ 与一次电压$\dot{U}_1$ 之间的夹角。规定 $-\dot{U}_2$ 超前于$\dot{U}_1$ 时，δ 为正，反之为负。

电压互感器的电压误差，能引起所有仪表和继电器产生误差，而角度误差过大，会对反映相位的测量仪表和保护装置产生不良影响。

（2）影响电压互感器误差的主要因素。

电压互感器工作时的等值电路和相量图如图 7-10 所示。

可见，影响电压互感器的误差主要因素如下。

① 电压互感器本身的构造及材料。电压互感器在工作中有激磁损耗，即激磁电流 I_0 增大时，误差也相应增大。另外，一、二次绕组的内阻抗显然会影响误差的大小。

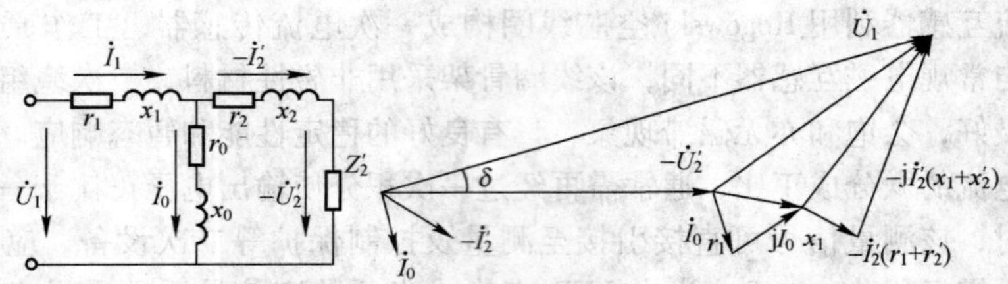

r_0、x_0－激磁绕组阻抗　r_1、x_1－一次绕组阻抗　r_2'、x_2'－二次绕组阻抗（已归算）　Z_2'－负载阻抗

图 7-10　电压互感器的等值电路和相量图

② 一次绕组电压 U_1。一次绕组并接于电力网络中，U_1 即电网电压。当 U_1 过高时，将造成 I_1 增大，使原边漏抗增大，即激磁电流增大，从而引起误差增大；当 U_1 过小时，I_1 减小，铁心失磁，铁心中主磁通不随 I_1 成正比减小，U_2 近似不变，也会引起误差增大。因此应使一次额定电压与电网的额定电压相适应。

③ 二次负载及其功率因数。当电压互感器副边所接负载增加时，即 Z_2' 减小，将造成 I_2' 增大，从而使误差增大。电压互感器副边负荷功率因数的改变也将引起电压互感器误差的变化。电压互感器的误差受负载及其功率因素的影响如图 7-11 所示。

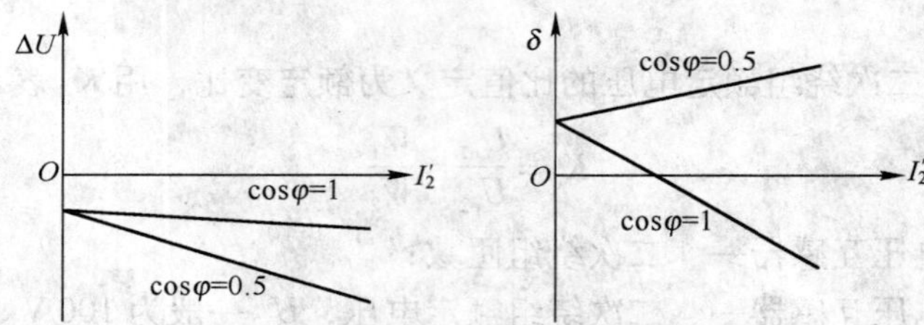

图 7-11　电压互感器误差受负载及其功率因数的影响

(3) 电压互感器的准确度级和额定容量。

电压互感器的准确度级，是指在规定的一次电压和二次负载变化范围内，负载功率因数为额定值时电压误差的最大值。

电压互感器的测量精度有 0.1、0.2、0.5、1、3、3P、6P 等准确度级。0.1、0.2 级用于实验室精密测量，0.5 用于普通电能计量，1、3 级用于一般测量仪表，3 级还用于某些继电保护装置。保护用电压互感器用 P 表示，常用的有 3P 和 6P，见表 7-2。

表 7-2　电压互感器的准确级和误差限值

准确级	正负误差限值		一次电压变化范围	二次负载条件
	电压误差/%	角误差/（′）		
0.1	0.1	5	$0.8U_{e1}$～$1.2U_{e1}$	二次负载在额定负载的 25%～100% 范围内，负载的功率因数为：$0.8f=f(N)$
0.2	0.2	10		
0.5	0.5	20		
1	1.0	40		
3	3.0	无规定		
3P	3.0	120	$0.05U_{e1}$～U_{e1}	
6P	6.0	240		

电压互感器可以有多个不同准确度级的二次绕组以满足不同的需要，因为其误差与二次负载有关，因此对应于每个准确度级，都对应着一个容量。

一般定义电压互感器的额定容量是指最高准确度级下的额定容量。另外，电压互感器按最高电压下长期工作允许的发热条件出发，还可以规定其最大容量，但一般都不应使互感器的负载达到这一容量。

例如，对于 JDJ2－27.5 型电压互感器，0.5 级的容量为 150 VA，1 级的容量为 250 VA，3 级的容量 600 VA，则该型电压互感器额定容量为 150 VA。

与电流互感器一样，要求在某些准确度级下测量时，二次负载不应超过该准确级规定的容量，否则准确度级下降，测量误差满足不了要求。也就是说，对应某一准确度等级，电压互感器副边可并接一定数量的电压线圈，超过规定的数量时，互感器的准确等级下降，即误差增大。

2）电压互感器的类型和结构

电压互感器按相数可分成单相和三相两类。由于电压互感器容量小、体积较小，三相高压套管间的内外绝缘难以满足要求，因此一般 3 ～ 15 kV 等级才采用三相结构。

电压互感器按绝缘介质和冷却方式可分成干式、浇注式和油浸式三类。低电压互感器多采用干式，高压或超高压密封式气体绝缘互感器也是干式；浇注式适用于 35 kV 及以下的电压等级；油浸式多用于 35 kV 以上电压等级。

电压互感器按绕组数可分成两绕组与多绕组两类。专供测量用的电压互感器除一次绕组外，只有一个二次绕组供测量用。应用于电力系统中的电压互感器，一般要求有一个或两个输出信号，这就要求互感器做成三绕组或四绕组互感器。

110 kV 及以上的电压互感器普遍制成串级式结构，其主要特点是：绕组和铁心采用分级绝缘，可简化绝缘结构；铁心和绕组装在瓷箱中，瓷箱兼作高压出线套管和油箱。因此，瓷箱串级式结构可节省绝缘材料，可以使体积减小、重量减轻，并降低造价。

串级式电压互感器的外形结构图和原理图如图 7-12 所示。这种互感器的铁芯为条形硅

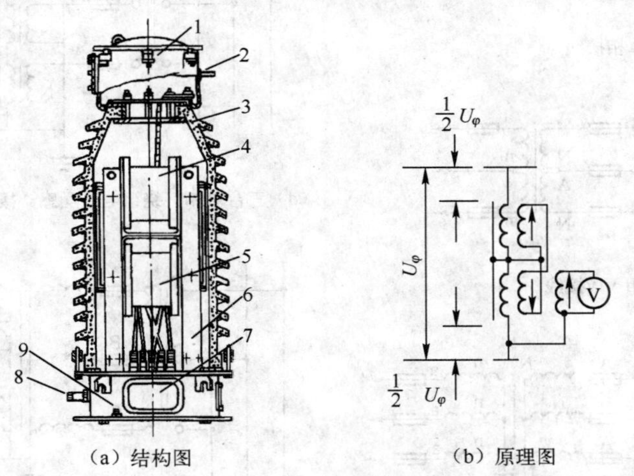

（a）结构图　　（b）原理图

1－储油柜　2－高压出线端　3－瓷箱　4－上柱一次绕组　5－下柱一次绕组

6－支撑绝缘板　7－低压出线盒　8－放油阀　9－接地螺栓

图 7-12　串级式电压互感器

钢片叠成的“口”字型，一次绕组分成匝数相等的两段，分别套在铁芯的上、下边柱上，按磁通相加方向顺序串联，接在相与地之间，每段为一绝缘分级；铁芯下边柱还套有二次绕组与辅助绕组以供量测和保护等用。空载时，两段绕组空载电流相同，每段绕组承受电网相电压的一半，由于铁芯接于绕组的两个分段之间，故使每段绕组对铁芯间只需承受网压之半，因而降低了绝缘水平。当互感器带负荷运行时，由于负荷电流的去磁作用，使末级铁芯内的磁通小于其他铁芯内磁通，因此一次绕组两段承受的电压不再相等，下段一次绕组承受电压较低些，引起互感器误差增加。为避免这种现象，在铁芯的上、下边柱上安装有匝数相同的平衡绕组彼此对接。负荷时平衡绕组将有平衡电流产生，使上段铁芯磁通减小而下段铁芯磁通增加，从而使电压分布均匀、误差减小。

3）电压互感器的接线

电压互感器在三相系统中为了测量的线电压、相电压、相对地电压和单相接地时的零序电压，有各种不同的接线方式，最常见的有以下几种接线。

（1）单相接线，如图 7–13（a）所示，主要用于测量 35 kV 及以下系统的线电压（若一次绕组一端接相线，一端接地，则可测量 110 kV 及以上中性点直接接地系统的相对地电压）。

（2）两相 Vv 形接线，如图 7–13（b）所示，又称不完全星形接线，采用两台单相电压互感器接成 Vv 形。该方式简单经济，广泛应用于 3 ～ 35 kV 中性点不接地或经消弧线圈接地系统，用来测量三个线电压，但不能测量相对地电压。

（3）三相星形接线，如图 7–13（c）所示，采用 3 个单相电压互感器或一台三相三柱式电压互感器 Y/Y0 接线。该方式主要用于测量线电压，也能够提供各相电压的绝缘监视，但必须按照线电压选择测量仪表，防止其在故障时损坏。

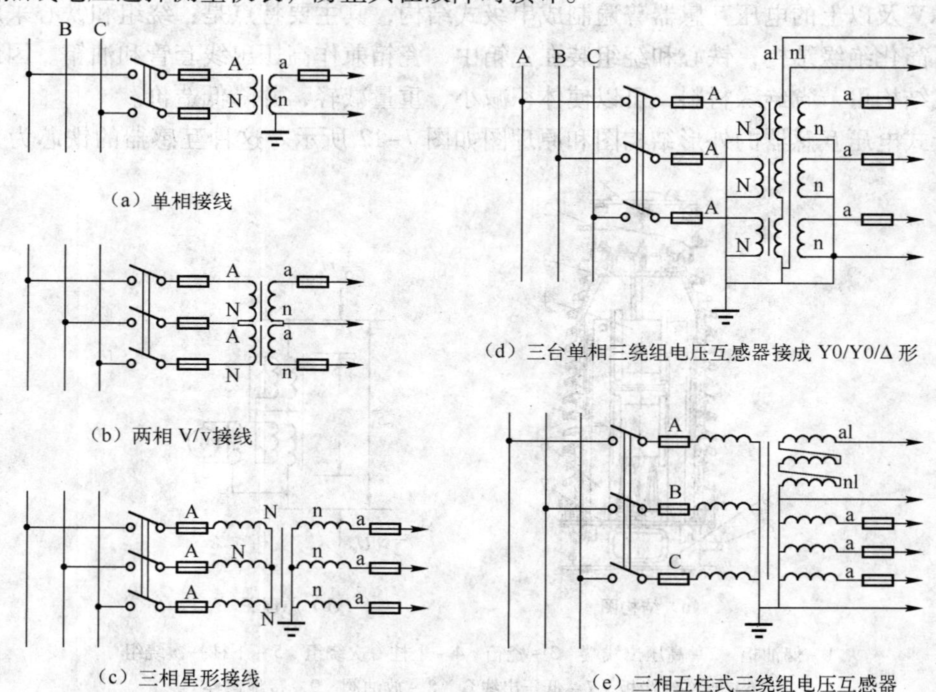

图 7–13 电压互感器的接线方式

（4）三台单相三绕组电压互感器接成 Y0/Y0/Δ 形，如图 7–13（d）所示，这种接线广泛应用在 35 ～ 330 kV 各级电力系统中，用于测量线电压、相电压和零序电压。三个辅助二次绕组接成开口三角形，构成零序电压滤过器，供接地保护装置和绝缘监察装置使用。

（5）三相五柱式三绕组电压互感器，如图 7–13（e）所示，作用原理与三台单相三绕组电压互感器接成 Y0/Y0/Δ 形相同，只是由自身的结构来实现。互感器的铁芯有 5 个芯柱，三相的一次绕组、基本二次绕组和辅助二次绕组装在中间 3 个芯柱上；两旁为辅助芯柱，在小接地电流电网发生单相接地时，能构成零序磁通的通路，因此既能测量线电压和相电压，又可以用作绝缘监察装置。三相五柱式三绕组电压互感器广泛应用于 6 ～ 10 kV 小接地电流电网。

4）电压互感器使用注意事项

（1）电压互感器工作时二次侧不得短路，防止产生短路电流烧毁电压互感器，互感器的一、二次侧都必须装设熔断器以进行短路保护和过负荷保护。

（2）基于和电流互感器同样的考虑，电压互感器的二次侧也必须有一端接地。

（3）在安装和使用电压互感器时，必须保证其接线正确，以免出现错误的测量结果或造成损伤。

（4）电压互感器接线中，还必须配置相应的控制电器，以便能可靠地接入或退出所在电路。通常低压电网中，电压互感器可直接经熔断器与电路相连；而高压电网中，一般经隔离开关和熔断器接入电路。

2. 电容式电压互感器发展趋势

电容式电压互感器实质上是一个电容分压器，其分压原理如图 7–14 所示，由若干个相同的串联电容器组成，接于电网相电压 U_1 上，电网电压均匀分布在每个电容上，在最后一个电容器上抽取电压引入静电电压表，可推算出待测电网相电压：$U_1=nU_c$。

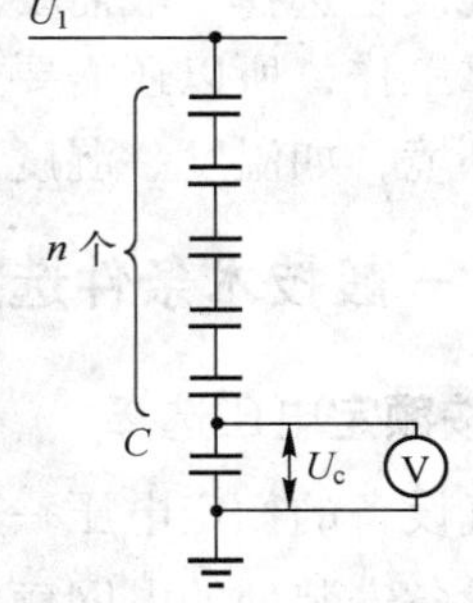

图 7–14　电容式电压互感器分压原理

电容式电压互感器在技术和经济方面具有优势，以其体积小、重量轻、制造简单、造价低，绝缘性能强和可兼做高频载波通信的耦合电容等优点，在 110 kV 及以上中性点直接接地系统中得到广泛应用。

电容式电压互感器的主要缺点是易受频率、温度、电压分布均匀程度、二次负荷电流大小等因素的影响，测量时误差较大，输出容量较小。

3. 电压互感器发展趋势

随着输电电压等级的提高，采用电容式电压互感器有更为显著的优越性，国外 66 ～ 765 kV电力系统中绝大多数采用这种类型的电压互感器，我国 220 kV 以上变电所大都采用电容式电压互感器。目前，110 ～ 220 kV 变电所设备更新或新建工程中优先采用电容式电压互感器已成为明显趋势。

另一方面，随着电子技术和光电子技术的发展，各种新型的电子式和光电式电压互感器相继出现。这些互感器一般采用电阻分压、阻容分压或电容分压，二次部分采用新型的电子元器件，并采用先进的电磁兼容设计，可直接与数字化仪表和智能综合测量保护装置及计算机相连，较好地解决了计算机技术对电流电压完整信息进行全过程数字化处理的要求，进而完成对电网电气设备进行在线状态监测、控制和保护。

目前各国研制的电子式电压互感器大体上可以分成有源式电压互感器和无源式电压互感器。

有源式电压互感器一般利用电容分压器从高压抽取出一较低电压，由信号电子电路处理后将其变为数字信号，利用光纤将此数字信号送至控制室进行处理。这种互感器高压侧的传感头部分电子电路需要电源，发光元件还存在耐冲击性能差及发光强度随器件老化而变化等问题需要解决。无源式电压互感器利用某些晶体的效应，如 Pockels 电光效应、逆压电效应、电致伸缩效应，感应被测电压，现在的研究大多是基于 Pockels 效应。Pockels 电光效应是指外加电场引起介质折射率改变的现象，该种互感器产生偏振光通过电光效应晶体时方向与外加电压产生的电场方向垂直，在该电场的作用下，其折射率随电场强度线性变化，利用光电变换电路及信号处理电路将由 Pockels 效应引起的双折射两光束的相位差进行测量，得到与外加电压成正比的输出信号，从而求出被测电压信号。无源电子式互感器传感头部分不需要复杂的供电装置，结构较简单，线性度较好；完全消除了电磁元件，所以没有磁饱和问题；其高压侧无电子器件、无温度稳定性问题，运行寿命也较长，具有较高的研究应用价值。但其传感头部分是较复杂的光学系统，容易受到多种环境因素的影响，如温度、震动等，影响其实用化的进程。

7.2 电气设备选择与校验

电气设备选择一般需要考虑额定电压、额定电流的问题，还需要考虑线路在故障情况下能否可靠工作，所以还需要进行短路的动稳定校验和热稳定校验。当然，设备的工作要考虑其工作环境，如温度、湿度、海拔、污染、防水、防尘等级等。

7.2.1 一般技术条件选择与校验

1. 按额定电压选择

电气设备的额定电压一般在铭牌上标出。选择时，必须使电气设备的额定电压 U_e 等于或大于设备安装处的电网额定电压 U_w，即：

$$U_e \geqslant U_w \tag{7-13}$$

海拔对电气设备的绝缘有一定的影响。当设备安装地点的海拔超过基准海拔（110 kV 及以下的设备为 1 000 m，154 kV 以上的设备为 500 m）时，由于随着海拔的增加，空气密度和湿度相对减少，使空气间隙和绝缘的放电特性下降，设备外绝缘强度将随着海拔的升高而降低，导致设备最大工作电压下降。对此，必须修正最大工作电压。修正的方法是：海拔在 1 000 ～ 4 000 m 时，按海拔每增 100 米，电压应降低 1% 考虑。对于现有 110 kV 及以下的设备，因为多数的外绝缘留有一定裕度，故可用于海拔 2 000 m 以下的地区。我国除高原地区以外，大部分地区的海拔高度在 2 000 m 以下。

2. 按额定电流选择

电气设备的额定电流是指在额定环境条件下，长时间内电气设备长期连续工作时所能允许通过的电流。因此，选择电气设备时应满足条件：

$$I_{gmax} \leqslant I_N \tag{7-14}$$

式中，I_N——电气设备的额定电流，由制造厂提供；

I_{gmax}——电路中最大长期工作电流。

电气设备在不同的环境中，其最大长期工作电流不同，可按相关公式计算。当周围环境温度 θ 和电气设备额定环境温度 θ_o 不等时，其长期允许电流可按下式修正：

$$I_{gmax\theta} = I_{gmax}\sqrt{\frac{\theta_y - \theta}{\theta_y - \theta_0}} = K_\theta I_e \tag{7-15}$$

式中，K_θ——修正系数；

θ_y——电气设备正常发热允许最高温度。

我国目前生产的电气设备的额定环境温度 $\theta_0 = 40$℃，当周围环境温度高于 +40℃时，其允许电流一般可按每增高 1℃，额定电流减少 1.8% 进行修正；当周围环境温度低于 40℃时，环境温度每降低 1℃，额定电流可增加 0.5%，但增加值最多不得超过额定电流的 20%。

我国生产的裸导体的额定环境温度 $\theta_0 = +25$℃，如装置地点环境温度为 −5℃～50℃，导体允许通过的电流可按相应标准修正。此外，当海拔上升时，日照强度相应增加，故屋外载流导体如计及日照影响时，应按海拔和温度综合修正系数对载流量修正。

7.2.2　电气设备热稳定、动稳定校验

选定电气设备后应按最大可能通过的短路电流进行热稳定和动稳定校验，校验的短路电流一般取最大三相短路电流进行校验。用熔断器保护的电气设备可不进行热稳定校验。

1. 热稳定校验

热稳定条件为：

$$Q_{al} \geqslant Q_k \tag{7-16}$$

式中，Q_{al}——电器短路时允许的发热量，制造厂常以 t_s 内允许通过电流 I_t 所产生的热量 $I_t^2 R t_s$ 来表示，时间 t_s 通常定为 5 s 或 10 s，断路器为 4 s。

Q_k——短路电流所产生的热量。

2. 动稳定校验

电气设备的动稳定度由制造厂规定的极限通过电流峰值 i_{es} 表示，也称为动稳定电流，可能通过设备的最大电流是回路中可能发生的三相短路电流最大冲击值 i_{sh}，因此校验电器的动稳定时需满足：

$$i_{es} \geqslant i_{sh} \quad 或 \quad I_{es} \geqslant I_{sh} \tag{7-17}$$

高压电气设备选择的校验项目与条件见表 7–3。

表 7–3　高低压电气设备选择的校验项目和条件

电气设备名称	正常工作条件选择			短路电流校验	
	电压/kV	电流/A	断流能力/kA	动稳定度	热稳定度
高压熔断器	√	√	√	×	×
高压隔离开关	√	√	×	√	√
低压刀开关	√	√	√	—	—

续表

电气设备名称	正常工作条件选择			短路电流校验	
	电压/kV	电流/A	断流能力/kA	动稳定度	热稳定度
高压负荷开关	√	√	√	√	√
低压负荷开关	√	√	√	×	×
高压断路器	√	√	√	√	√
低压断路器	√	√	√	-	-
电流互感器	√	√	×	√	√
电压互感器	√	×	×	×	×
电容器	√	×	×	×	×
母线	×	√	×	√	√
电缆、绝缘导线	√	√	×	×	√
支柱绝缘子	√	×	×	√	×
套管绝缘子	√	√	×	√	√
选择校验条件	设备额定电压应不小于安装地点的额定电压	设备额定电流应不小于通过设备的额定电流	设备最大开断电流应不小于它可能开断的最大电流	按三相短路冲击电流校验	按三相短路稳态电流和短路发热假想时间校验

7.2.3 高压断路器的选择

高压断路器是高压电气设备中最重要、最复杂的开关电器。它既要能切除正常负载，又要能排除短路故障。其性能的好坏对电力系统的安全、稳定运行意义重大。

在选择断路器时，要考虑产品的系列化，即尽可能采用同一型号断路器，以便减少备用件的种类，方便设备的运行和检修。其 U_N、I_N 的一般选择条件可参见表 7-3 所示，让我们来看其特殊条件。

1. 开断电流

高压断路器的额定开断电流 I_{Nbr}，不应小于实际触头开断瞬间的短路电流的有效值 I_{k1}，即：

$$I_{Nbr} \geqslant I_{k1} \tag{7-18}$$

I_{k1} 大小与发生短路后开断的时间有关，我国生产的高压断路器在做型式试验时允许 20% 的非周期分量，对一般中慢速断路器，由于开断时间（$t_{br} \geqslant 0.1$ s）较长，短路电流的非周期分量衰减较快，选择时可采用：

$$I_{Nbr} \geqslant I'' \tag{7-19}$$

使用快速保护和高速断路器时，其开断时间小于 0.1 s，当电源附近短路时，短路电流中的非周期分量可能超过 20%，因此需采用短路全电流校验。

2. 短路关合电流

断路器合闸于有潜伏性故障的线路时，经历一个先合后分的操作循环，此时断路器应能可靠地开断。在电压额定时，能可靠关合、开断的最大短路电流称为额定关合电流，它是表征断路器灭弧能力、触头和操动机构性能的重要参数之一，用以下公式校验：

$$i_{Ncl} \geqslant i_{sh} \tag{7-20}$$

式中，i_{Ncl}——断路器的额定关合电流；

i_{sh}——短路电流的冲击值。

3. 分合闸时间的选择

对于 10 kV 以上系统，要求快速切除故障时，断路器的固有分闸时间不宜大于 0.04 s。用于电气制动回路的断路器，其合闸时间不宜大于 0.04 ～ 0.06 s。

7.2.4　隔离开关的选择

隔离开关没有特殊的灭弧装置，不能用来接通或切断负荷电流。隔离开关的作用是使线路在分闸状态时有明显可见的断口。

选择隔离开关时应注意其必须具有足够的热稳定性、动稳定性、机械强度和绝缘强度。在跳、合闸时的同期性要好，要有最佳的跳、合闸速度，以尽可能降低操作时的过电压。带有接地刀闸的隔离开关，必须装设连锁机构，以保证隔离开关的正确操作。

隔离开关没有开断短路电流的要求，故不必校验开断电流。其他选择项目与断路器相同。

7.2.5　高压熔断器的选择

熔断器是最简单的保护电器，常用于电力电容器、35 kV 及以下线路、小型变压器和电压互感器等的过载及短路保护。

1. 额定电压选择

高压熔断器可分为有限流作用的快速熔断器和不具限流作用的普通熔断器。具有限流作用的熔断器（纤维管或内充石英砂）灭弧能力强，在电弧电流达峰值以前快速熄灭，熔断时会产生过电压，所以只能用于额定电压的电力网中，不能高于或低于额定电压。若电力网电压高于熔断器额定电压，则电弧重燃无法再度熄灭；若电力网电压低于熔断器额定电压，则熔断器熔断时产生过电压可达 3.5 ～ 4 倍，有损于电力网中设备的安全。若电力网电压等于熔断器额定电压，则产生 2 ～ 2.5 倍的过电压，不会超过电力网中电气设备的绝缘水平。因此熔断器的额定电压按下式选择：

对于不具限流作用的熔断器，　$U_N \geqslant U_{NS}$　(7-21)

对于具限流作用的熔断器，　$U_N = U_{NS}$　(7-22)

2. 熔管的额定电流选择

$$I_{Nf1} \geqslant I_{Nf2} \geqslant I_C \tag{7-23}$$

式中，I_{Nf1}——熔管的额定电流；

I_{Nf2}——熔体的额定电流；

I_C——回路中最大持续工作电流。

3. 熔体的额定电流

为了防止变压器励磁涌流及电动机自启动电流引起熔体的误熔断，保护变压器或电动机的熔断器熔体额定电流，可按下式选择：

$$I_{Nf2} = KI_C \tag{7-24}$$

式中，K——可靠系数，不计电动机自启动时 $K=1.5\sim1.3$，计电动机自启动时 $K=1.5\sim2.0$。

熔断器用于电容器回路时：

$$I_{\mathrm{Nf2}}=KI_{\mathrm{NC}} \tag{7-25}$$

式中，K——可靠系数，对具有限流作用的熔断器，保护单台电容器时，$K=1.5\sim2.0$，保护一组电容器时，$K=1.3\sim1.8$；

I_{NC}——电力电容器的额定电流。

4. 熔断器的开断电流校验

$$I_{\mathrm{Nbr}}\geqslant I_{\mathrm{sh}}\quad 或\quad I_{\mathrm{Nbr}}\geqslant I'' \tag{7-26}$$

对于无限流作用的熔断器，选择时采用冲击电流有效值 I_{sh}，对有限流作用的熔断器，由于按瞬时值截断，且电弧具有高电阻，可不计非周期分量的影响，采用 I'' 校验。此外，熔断器的选择，要按制造厂家提供的安秒特性曲线（又称保护特性曲线）校验。保护电压互感器用的熔断器只按额定电压和开断电流校验。

7.2.6　限流电抗器的作用和选择

1. 限流电抗器的作用

当数台发电机或主变压器并列运行于 6～10 kV 母线上时，母线短路电流可达几万甚至十几万安培，超过了配电网馈线上轻型断路器的开断能力，为节省投资，需采取限制短路电流的措施。

线路上安装电抗器后，除限制短路电流外，还维持母线上的残压，残压大于 65%～70% U_{NS} 对非故障用户，特别是电动机用户是有利的。

2. 限流电抗器的选择

限流电抗器的选择见表 7-3，特殊项目的选择方式如下。

（1）电抗百分值为：

$$X_{\mathrm{L}}\%=\left(\frac{I_{\mathrm{d}}}{I_{\mathrm{Nbr}}}-X'_{\Sigma *}\right)\frac{I_{\mathrm{N}}}{U_{\mathrm{N}}}\times\frac{U_{\mathrm{d}}}{I_{\mathrm{d}}}\times100\% \tag{7-27}$$

式中，$X'_{\Sigma *}$——已知电源到电抗器之间的电抗标幺值；

U_{d}、I_{d}——基准电流及基准电压。

（2）电压损失的校验。正常运行时，负荷电流流过电抗器将产生电压损失。因此，正常工作时，要求电抗器上的电压损失不应大于电网额定电压的 5%，则有：

$$\Delta U\%=\frac{I_{\max}}{I_{\mathrm{N}}}X_{\mathrm{L}}\%\times\sin\varphi\leqslant5\% \tag{7-28}$$

式中，φ——负荷的功率因数角，一般取 $\cos\varphi=0.8$，$\sin\varphi=0.6$。

3. 母线残压的校验

电抗器后发生短路，短路电流在电抗器上的压降，使母线维持一定残压，残压大于（60%～70%）U_{N} 时，有利于母线上非故障线路的运行。残压的百分值为：

$$\Delta U_{\mathrm{re}}\%=X_{\mathrm{L}}\%\times\frac{I''}{I_{\mathrm{N}}}\geqslant(60\%\sim70\%)U_{\mathrm{N}} \tag{7-29}$$

如不满足残压要求，可增大电抗值或采用瞬时速断保护，切除故障线路。

7.2.7　电流互感器的选择

1. 电流互感器的型式选择

一般对于 35 kV 以下屋内配电装置，可采用瓷绝缘或树脂绕注，35 kV 及以上配电装置可采用油浸瓷箱式，有条件时可采用套管式。电流按安装方式可分为穿墙式、支持式、装入式；按绝缘方式可分为干式、浇注式、油浸式。

2. 额定电流及额定电压的选择

互感器一次额定电压和电流的选择见表 7-3，二次额定电流可选 5 A 或 1 A。

3. 电流互感器的准确级选择

不应低于所供测量仪表的最高准确级，用于重要回路和计费电度表的电流互感器一般采用 0.2 级或 0.5 级。

为了保证互感器的准确级，二次侧负荷不应大于相应准确级所规定的额定容量。即：

$$S_{N2} \geqslant S_2 = I_{N2}^2 Z_{2L} \text{ 或 } Z_{N2} \geqslant Z_{2L} \tag{7-30}$$

式中，S_{N2}、S_2——流互、负荷的功率，VA；

Z_{N2}、Z_2——流互、负荷的阻抗，Ω。

互感器的二次负荷 Z_{2L}，包含测量仪表和继电器的电流线圈电阻 r_2，连接导线的电阻 r_w 和接触电阻 r_{jc}，其计算式为：

$$Z_{2L} = r_2 + r_w + r_{jc} \tag{7-31}$$

为满足机械强度要求，连接导线的截面不得小于 1.5 mm²。应该说测量仪表、继电器和自动装置，一般应分开接在不同的二次绕组。当它们共用同一组二次绕组时，应采取措施避免互相影响。

4. 动稳定性校验

互感器内部动稳定，常以允许通过的动稳定电流 i_{es} 或一次额定电流幅值的动稳定倍数 K_{es} 表示，可按下式校验：

$$i_{es} \geqslant i_{sh} \quad \text{或} \quad \sqrt{2} I_{N1} K_{es} \geqslant i_{sh} \tag{7-32}$$

瓷绝缘的电流互感器还应校验瓷绝缘帽上受力的外部动稳定。

5. 热稳定性校验

电流互感器的热稳定校验只对本身带有一次回路导体的电流互感器进行。热稳定能力常以 1 s 允许通过的热稳定电流 I_t 或一次额定电流 I_{N1} 的倍数 K_t 来表示，可按下式校验：

$$I_t \times 1 \geqslant Q_k \text{ 或 } (K_t I_{N1})^2 \geqslant Q_k \tag{7-33}$$

7.2.8　电压互感器的选择

1. 按额定电压选择

电压互感器一次绕组有接于相间和接于相对地两种方式，绕组的额定电压 U_{N1} 与接入电网的方式和电压相符，为确保互感器的准确级，要求电网电压的波动范围满足下列条件：

$$0.8U_{N1} < U_{NS} < 1.2U_{N1} \tag{7-34}$$

电压互感器二次绕组电压可按表 7-3 选择，附加二次绕组通常接成开口三角形以供测量零序电压，在电压正常且三相对称时，开口输出电压为零。当电网发生单相接地时，为使开口电压输出 100 V，在不同的中性点接地系统，绕组的额定电压值应分别为 100 V 或 100/3 V。

2. 容量和准确级选择

根据测量仪表和继电器的接线及准确级要求，电压互感器的额定容量应大于二次负载，即：

$$S_{N2} \geqslant S_2 \tag{7-35}$$

其二次负载按下式计算：

$$S_2 = \sqrt{(\sum P)^2 + (\sum Q)^2} \tag{7-36}$$

式中，S_2——电压互感器最大一相的负荷。计算电压互感器的各相负荷时，必须注意互感器接线及与负荷的连接方式。

7.3 牵引供电系统电气主接线

7.3.1 电气主接线概述

牵引供电系统（包括牵引变电所、分区亭、开闭所、AT 所等）的电气主接线是用以表明供电系统中高压电气设备之间相互连接关系的接受和分配电能的电路。这里的高压电气设备包括变压器、母线、断路器、隔离开关，互感器、避雷器、线路等，用上述高压电气设备按主接线连接起来，以实现接受与分配电能的装置称为配电装置。

电气主接线又称一次接线图，反映了牵引供电系统的基本结构和功能，对供电可靠性、运行灵活性及经济合理性等起着决定性作用，也能反映出正常和事故情况下的供送电情况和运行操作。在设计中，主接线的确定对变电所的电气设备选择、配电装置布置及变电所的技术经济指标都具有重大的影响，是设计过程的重要环节。

一般在研究主接线方案和运行方式时，为了清晰、方便，通常将三相电路图描绘成单线图。如互感器等部分，由于三相不完全相同，在局部图面可用三线图表示。在绘制主接线全图时，将互感器、避雷器、电容器、中性点设备及载波通信用的通道加工元件等也表示出来。

主接线图所用的一次电气设备的图形、文字符号见表 7-4 所示，在电气主接线中用相应符号代表上述电气设备、导线，并根据各自的作用和运行操作次序，按一定要求连接而成，绘出主接线图，还应在主要电气设备图形旁标明其规格型号。

另外，变电所中普遍在控制屏盘面上布置主接线模拟板，模拟出牵引变电所中一次电气设备的实际运行状态。值班人员可以通过该模拟板获得电气设备的实际运行状态并对进行一次设备进行控制。

表 7-4　一次电气设备的图形、文字符号

文字符号	图　形	电气元件名称	文字符号	图　形	电气元件名称
G		发电机 电力系统	FV F		放电间隙 避雷器
W		三相母线（母排）	WL		三相线路
T		单相变压器 三相变压器	QF		断路器 手车式断路器
TV		电压互感器 （双绕组） （三绕组）	QS		隔离开关 电动隔离开关 带接地闸刀的隔离开关
TA		电流互感器 （两个铁芯、两个二次绕组） （一个铁芯、两个二次绕组）			
L		电抗器			终端电缆头
FU		熔断器	LF		抗雷线圈

7.3.2　电气主接线的基本要求

1. 保证供电可靠性和电能质量

牵引负荷是国家电力系统的一级负荷，必须保证供电的安全可靠性。为此，要保证牵引变电所电源引入可靠，一般采用独立的双回路电源供电，即其两路电源来自不同的电源点或来自同一电源点的不同分段母线上。选择主接线时还要考虑在电路的转换、设备的检修和事故处理时供电的可靠性和连续性。另外，为了满足电能质量的要求，主接线应在变压器接线方式、谐波补偿和调压方面注意改善电能质量。

部分牵引供电系统带有地区用电负荷，应根据用户的重要程度、安装容量与馈电回路数量来考虑相应的接线型式。

2. 结构简单、清晰，操作简便

由于接触网事故较多，检修频繁，牵引变电所倒闸作业较多，主接线结构简单清晰，可减少操作程序，避免误操作，保障系统运行的安全可靠。

3. 运行灵活，检修维护安全方便

主接线应该能够适应多种方式运行的需要。主接线中的任一设备检修、试验时，应易于退出运行，并且不影响其他元件的正常工作，同时满足检修设备需要的安全距离。

4. 建设和运行经济性好

主接线决定了电气设备的数量和运行方式，从而影响到基本的投资和年运行费用。在满足供电可靠性和运行灵活性的基础上，应尽量使投资和运行费用（即维修与能耗费）最省。主接线的一次投资主要取决于母线的套数、断路器、隔离开关台数和配电装置的结构型式。

5. 充分考虑将来的发展和扩建

主接线应考虑到供电系统及其对象的远景发展规划，考虑到将来增加设备或改变结构的可能性，使主接线稍加改造或不改造即能适应将来的需要。

总之，主接线设计与整个牵引供电系统供电方案、电力系统对电力牵引供电方案密切相关，必须从实际出发，根据具体条件和用户的要求，在牵引变电所高压进线及其与系统联系（有无功率通过一次母线）、保护自动化技术的应用、主变压器类型接线及其备用方式，以及电气化铁路的年运量和发展远景等方面，做出综合分析和比较方案，以期得到合理的主接线结构。

7.3.3 牵引供电系统电气主接线

牵引供电系统主接线主要分成高压进线侧电气主接线、牵引变压器电气主接线和牵引负荷侧电气主接线，下面分别介绍。

1. 牵引变压器电气主接线

各种牵引变压器的结构类型和接线方式在第 2 章已经介绍，这里主要探讨牵引变压器的备用问题。

牵引变压器的备用方式可以分成移动备用和固定备用两种，固定备用又分成部分备用和全备用。移动备用是指整个供电段管辖的几个牵引变电所设置一台或数台可移动的公共备用变压器，供运行中的牵引变压器检修或故障时使用；固定部分备用是指在每个牵引变电所安装固定的备用变压器，为运行变压器提供部分备用容量；固定全备用是指设置两台同型牵引变压器，在正常情况下一台工作、一台备用，这种变压器备用方式在牵引供电系统中得到了广泛的应用。

根据技术经济指标的全面比较，在牵引变电所不设用于变压器搬运、检修的专用铁路岔线情况下，对于三相牵引变压器采用固定全备用的方式是有利的和可取的。对于单相或 V 形接线的牵引变电所，一般增加一台固定备用变压器，在牵引负荷侧电气接线只需增加一路电源进线及其断路器与配电间隔，比较简单。

2. 高压进线侧电气主接线

牵引变电所按其在电网中的位置、重要程度和电力系统向牵引变电所供电方式的不同可分为中心牵引变电所、中间牵引变电所和终端牵引变电所。中心牵引变电所一方面要给附近区域的牵引负荷及其他负荷供电，另一方面通过高压母线还馈出电源线路给邻近其他牵引变电所和地区变电所，因而一般具有 4 路以上高压进出线，并有系统功率穿越；中间牵引变电所有 2 路高压进出线，提供牵引供电电源，同时部分功率穿越变电所向邻近牵引变电所或地区变电所供电；终端牵引变电所也具有 2 路高压进出线，但无穿越功率。

某牵引供电系统高压输电线的引入方式如图 7-15 所示，显然 1#、5#变电所为中心牵引变电所，2#、4#变电所为中间牵引变电所，3#变电所为终端牵引变电所。

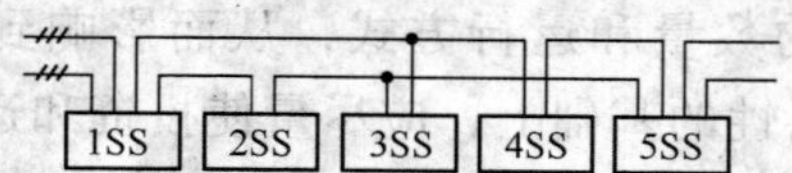

图 7-15 某牵引供电系统高压线的引入方式

对于不同高压供电方式，适宜采用采取不同型式的电气主接线。

1）单母线接线

对于中心牵引变电所，考虑到供电可靠性要求较高和成本经济性的限制，一般将其高压电源回路和用电回路都通过隔离开关、断路器接在同一套母线上，构成单母线接线。高压母线是其电气主接线的核心，利用母线将各电源回路和各用电回路汇集起来，供电的可靠性和经济性较好，适合其高压电源回路数目较多的特点。

牵引变电所的高压母线一般布置在室外，采用软母线的形式，即由大截面的钢芯铝绞线用悬式绝缘子串固定在门形架上组成。

单母线接线结构简单、设备少、配电装置费用低、经济性好，并能满足一定的供电可靠性；没有复杂的倒闸作业，可以避免或减少误操作；任一用电回路可从任何电源回路取得电能，不致因运行方式的不同而造成相互影响。但检修任一回路断路器和隔离开关时造成该回路停电，对于该回路的不间断供电造成不利的影响。另外，检修母线和与母线连接的隔离开关时，将造成全变电所停电；而母线发生故障，将使全部回路断开，待故障排除后才能恢复供电。因此，供电可靠性不强，而且断路器无备用，仅适用于对可靠性要求不高的 10 ～ 35 kV 地区负荷。

为了克服单母线接线的上述缺点，通常采取以下改进的单母线接线。

（1）单母线分段。用断路器或隔离开关将母线分段，可以提高供电的可靠性和运行的灵活性。由于隔离开关不能带负荷操作，供电的可靠性差，高压侧母线一般不采用隔离开关分段。

用断路器分段的单母线接线如图 7-16 所示。用分段断路器 QFB 将母线分成负荷大致相等的两段，电源回路和同一负荷的双回路馈电线应交错连接在不同的分段母线上。

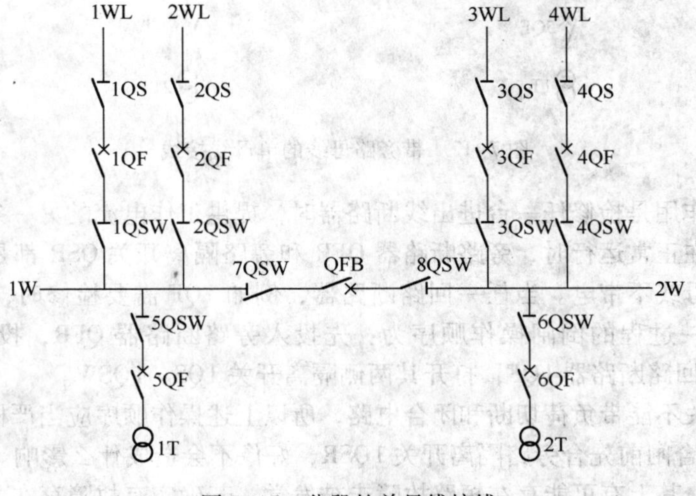

图 7-16　分段的单母线接线

正常运行时，两分段母线并列运行，分段断路器闭合，既能通过穿越功率，又可在必要的时候将母线分成两段，这样，当母线检修和与母线连接的隔离开关检修时，停电范围可缩小一半；母线故障时，分段断路器自动跳闸，将故障段母线断开，非故障段母线及其线路仍照常工作，仅使故障段母线连接的线路停电。

分段母线可轮流检修，检修时将造成该段母线上所有回路停电；另外断路器仍无备用。它广泛用于城市电牵引变电所和 110 kV 电源进线回路较少的牵引供电系统。

（2）单母线带旁路母线。单母线分段接线存在断路器检修或故障时将使有关回路停电的缺陷，从我国电力系统的运行实践和故障统计资料可知，主接线系统中断路器的故障率较高、检修次数频繁，是配电装置中的薄弱环节，当电源回路或馈电回路数增多即断路器数量增多的情况下，合理使用备用元件解决断路器检修时的备用问题显得特别突出，是提高主接线可靠性的重要一环。为此，增设一组旁路母线和相应的设备，组成带旁路母线的单母线，即可解决这一问题。

如图 7-17 所示，在工作母线一侧另设一套母线 WB，平时处于完好的备用状态，称之为旁路母线。工作母线 W 通过旁路断路器 QFR 与旁路母线相连，每一进出线回路则通过断路器单元（即 QS、QF、QSW）与工作母线连接，通过旁路隔离开关 QSR 与旁路母线连接。

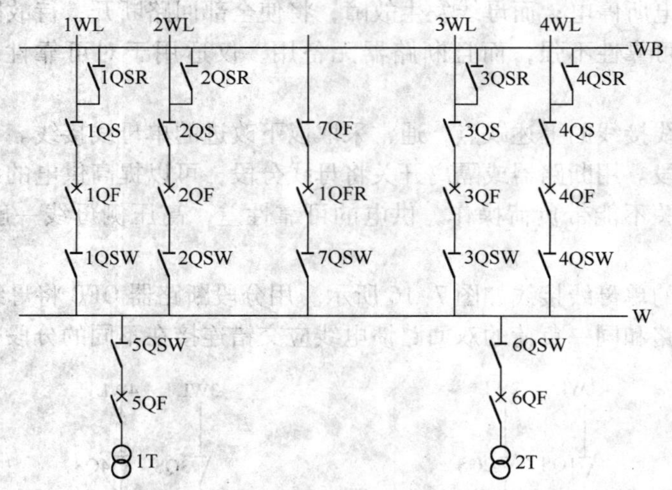

图 7-17　带旁路母线的单母线接线

旁路母线的作用是检修任一台进出线断路器时，提供工作电流的另一条通路，从而不中断该回路供电。在正常运行时，旁路断路器 QFR 和旁路隔离开关 QSR 都是断开的，其他开关均闭合，旁路母线不带电。当任一回路断路器，例如 1QF 需要检修时，可用旁路断路器代替其工作，这一过程的倒闸操作顺序为：先投入旁路断路器 QFR，投入旁路隔离开关 1QSR，然后切断回路断路器 1QF，打开其两侧隔离开关 1QS、1QSW。

由于隔离开关不能带负荷切断和闭合电路，所以上述操作顺序应当严格遵守。例如，旁路断路器 QFR 没合闸前先合旁路隔离开关 1QSR，好像不会造成什么影响。然而，由于旁路母线平时不带电，其上有可能存在短路故障未被发觉，若确实有故障存在，将旁路隔离开关 1QSR 投入后，其触头断口处因短路电流通过形成强大电弧而不能开断以致造成事故；此时，若先合旁路断路器 QFR，则可由其跳闸分断，不至于导致事故。

一般工作母线采用分段的形式，每段工作母线与旁路母线之间通过旁路断路器连接，这样就构成单母线分段带旁路母线的接线。

单母线分段带旁路母线的接线方式解决了断路器的公共备用和检修备用问题，比较适合于一些负荷较重要、线路断路器多、检修断路器不允许停电的场合。存在的主要缺点是增加了一套旁路母线和相应的设备，以及为此而增加配电装置空间。

2）桥型接线

中间牵引变电有两回进线且需要穿越功率，适宜采用桥型接线，即在两条电源引入线间用带断路器的横向母线连接。带断路器的横向母线通常称为连接桥，桥断路器正常情况下一般处于闭合状态以使系统功率穿越。根据连接桥所处位置的不同，桥型接线有内桥和外桥之分。

(1) 内桥接线。如图 7-18 所示，连接桥若设置在靠变压器侧，即桥断路器 3QF 在线路断路器 1QF、2QF 的内侧，则构成内桥接线。

内桥接线的线路断路器分别连接在两回电源线路上，因而线路退出或投入都比较方便。线路中有一回路故障，不影响供电。但变压器（例如 1T）故障时，与故障变压器连接的两台断路器（1QF 和 3QF）都必须断开，造成线路中断。所以对于需经常操作主变压器的场合，不宜采用内桥接线。

考虑到线路故障远比变压器故障要多，因此内桥接线可加强牵引负荷供电的可靠性而对电力系统不会带来多大影响，目前在牵引变电所应用较广泛。

当内桥接线的两回电源线路接入环形电网时，将有穿越功率通过桥接母线，桥断路器的检修或故障将造成环网断开。为避免这一缺陷，可在线路断路器外侧再设置一组隔离开关的横向母线，称为外跨条，用作检修桥断路器时旁路。图 7-19 中，安装两组隔离开关 9QS、10QS 的目的是便于轮流停电检修。另外，外跨条投入运行时，系统功率将暂时失去保护，应加强监视。

(2) 外桥接线。如图 7-19 所示，连接桥若设置在靠线路侧，即桥断路器 3QF 在线路断路器 1QF、2QF 的外侧，则构成外桥接线。

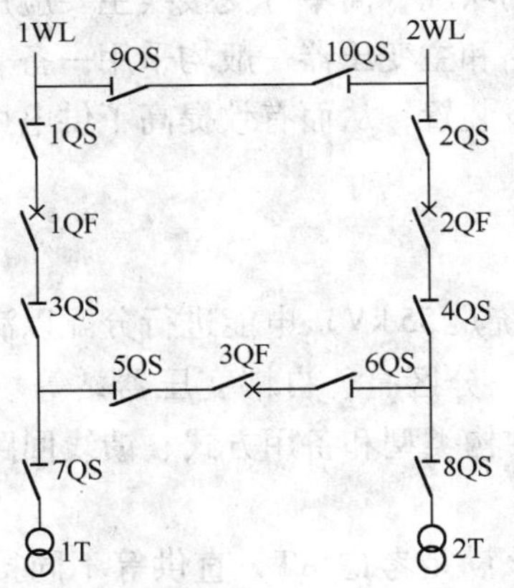

图 7-18 带外跨条的内桥接线

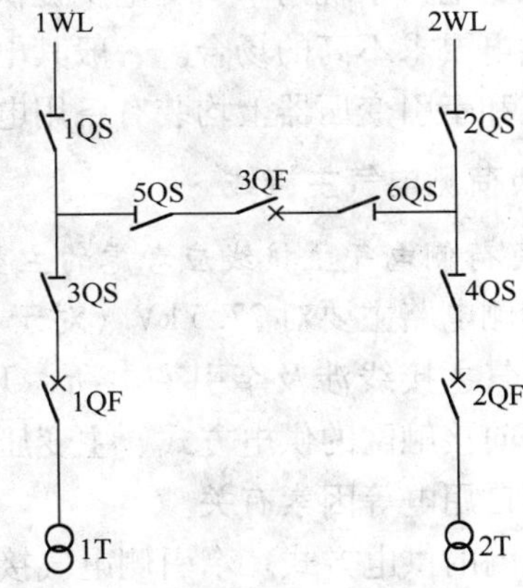

图 7-19 外桥接线

外桥接线的特点与内桥接线相反，线路穿越功率只经过桥断路器；每一主变压器回路均设有断路器，变压器的投入和切除方便，变压器故障不影响线路供电。但线路故障或检修时，由于两路电源进线上未设断路器，将使与该线路连接的变压器短时中断运行，须经转换操作后才能恢复工作。因而外桥接线适用于电源线路较短、故障检修停电机会少、变压器要经常切换的场合。

（3）简单分支（双T）接线如图7-20所示。对于终端牵引变电所，简单分支接线即双T接线是目前采用比较普遍的一种接线方式。

简单分支接线具有从输电线路分支连接（又称T形连接）的两回电源线路，经线路断路器分别接入两台牵引变压器。这种接线与桥形接线相比，结构更简单，而且分支线路进线不设继电保护。当任一回电源线路故障时，由输电线路（1WL或2WL）两侧继电保护动作，使两端断路器（3QF和5QF或4QF和6QF）跳闸切除故障。考虑到运行的灵活性，可在两回电源线路间在牵引变电所内用带有隔离开关的跨条连接起来，这与外桥接线在本质上存在不同。

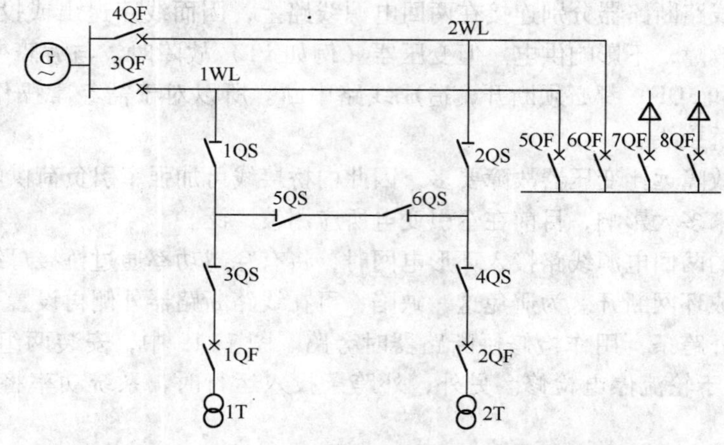

图7-20 简单分支接线

目前，根据电力系统向牵引变电所提供电源的状况，简单分支接线主要应用于电源进线线路较短，供电要求不高的场合。一般其电源线路和主变压器一般均采用一备一用的运行方式。电源线路和牵引变压器上均装有备用电源自投装置，从而有效提高了供电可靠性。

3. 牵引负荷侧电气主接线

1）*牵引负荷侧电气主接线应考虑的主要因素*

牵引负荷侧电路主要对27.5 kV（对于AT系统是55 kV）电能进行分配以满足牵引负荷的需要。其电气主接线涉及牵引变电所、开闭所、分区亭、自耦变压器站等场所的电路接线，其型式与向接触网的供电方式、主变压器的结构类型和备用方式、馈线回路的数目、动力负荷、所内自用电等因素有关。

（1）接触网的供电方式。牵引侧电气接线应该满足考虑AT、直供等不同接触网供电方式的要求。

（2）主变压器的结构类型和备用方式。牵引侧电气接线要考虑到所采用牵引变压器的结构类型和备用方式，在满足其正常供电要求的前提下，合理地确定接线方案。例如，在图7-27所示AT供电系统中，主变为Scott变压器，由于其次边绕组没有中性点，不能与地电位连接，为了使机车运行到邻近牵引变电所位置时能够就近回流，在变电所每路正、负馈线断路器后面，需要设置一台与牵引网相同容量的自耦变压器（AT），从而得到回流用的中性点。然而，若主变压器的二次绕组本身具有可以接地的中性点或主变压器内部带有自耦变压器及输出端子，则可不另设 AT。例如，三相三绕组十字交叉接线的三相－两相变压器，即可在次边引出接地中性点。

(3) 牵引接触网故障率高，且无备用。由于工作条件恶劣，接触网发生故障比一般架空输电线路更为频繁；另外，受制于电力机车滑行接触式的供电方式，接触网也无法像普通输电线路一样架设备用线路。因此，牵引接触网馈线断路器故障跳闸频繁，经常检修，且一般要求检修时不中断供电，这就对断路器的类型和备用方式提出了较高的要求。

(4) 应该结合所供铁路线路的具体情况，例如，线路是单线还是双线，对于供电的要求程度及有无其他负荷等，合理确定牵引侧母线及馈出线结构。

2) 牵引侧母线接线

牵引负荷侧出于馈出线路的需要，设置牵引侧母线，牵引侧母线的突出特点是单相结构，即将单相母线引至馈线配电间隔。

由于牵引侧母线装设于室内，工作环境较好，实践证明很少发生故障，因此其主接线型式一般采用单母线接线、隔离开关分段单母线接线和带旁路母线的隔离开关分段单母线接线。

3) 馈线断路器及其备用方式

由于牵引侧电气主接线对于馈线断路器有较高的要求，牵引馈线一般采用手车式真空断路器，安放于低压配电室的配电间隔内。出于不间断可靠供电的需要，馈线断路器应具有备用，备用方式一般有下列 3 种。

(1) 100% 备用。每路馈线断路器专门设置一台备用断路器，如图 7-21（a）所示，工作断路器检修时，即由备用断路器代替。此时，转换操作较方便，但一次投资较大，主要在馈线数量较少时采用。

(2) 50% 备用。每两路馈线断路器设置公用一台备用断路器，如图 7-21（b）所示，通过隔离开关的转换，可使备用断路器代替任一馈线断路器工作。这种接线适用于具有两路馈线同相且线路情况相接近的场合，缺点是转换操作较繁琐。

(3) 旁路断路器备用。一般采用单母线分段带旁路母线的接线，由旁路断路器实现对馈线断路器的备用，如图 7-21（c）所示，在每个分段母线上各设置一台旁路断路器，分别作为相应母线段上所连馈线的备用断路器。这种接线式适用于每相牵引侧母线的馈线数目较多的场合，可以有效减少备用断路器的数量，从而降低投资。

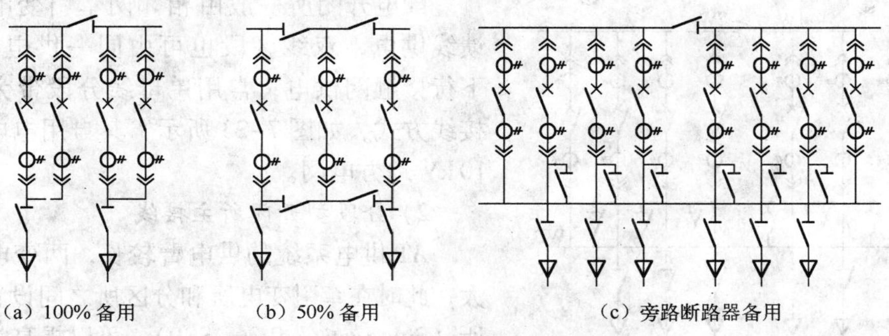

（a）100% 备用　　（b）50% 备用　　（c）旁路断路器备用

图 7-21　馈线断路器的备用方式

4. 分区所主接线

不同的牵引网供电方式，分区所主接线需要实现双边供电、双线单边并联供电、越区供电等功能。

对于采用单边供电方式的单线牵引网，其分区所结构较为简单，在相邻牵引变电所之间的两供电臂连接处设置带旁路隔离开关的电分相绝缘器，旁路隔离开关闭合就能实现越区供电。

双线牵引网一般采用双线单边并联供电，即在上、下行牵引网末端进行并联（图 7-22），在分区所内将同一供电臂的上、下行线路通过断路器（100% 备用）连接起来。断路器一方面实现双线并联，另一方面在牵引网发生故障时可缩小停电范围。隔离开关 1QS、2QS 正常运行时断开，只在越区供电时闭合。1T、2T 为单相所用电变压器。

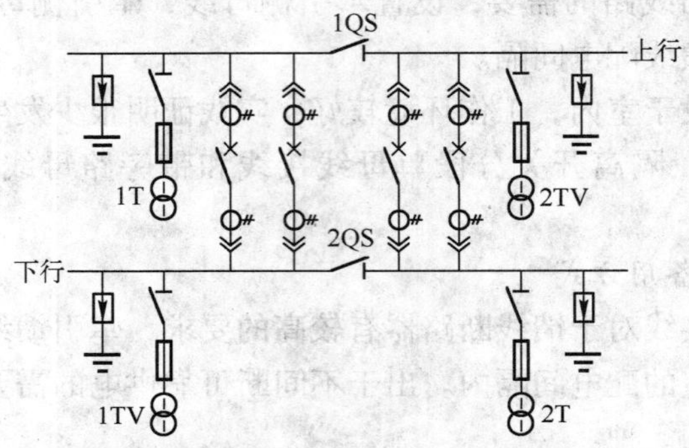

图 7-22 双线单边并联供电分区所主接线

5. 开闭所主接线

根据用途不同，开闭所一般有以下两种主接线。

1）配电型开闭所主接线

由于电气化铁路枢纽附近设施较集中，同时受相应站场情况的限制，接触网结构和配置复杂，故障率较高，因此设置配电用开闭所，通过较少的输电线路从牵引变电所获得电能，并且馈出较多线路就近分配以满足枢纽供电的需要，这不仅提高了供电的可靠性，还有利于缩小事故范围。

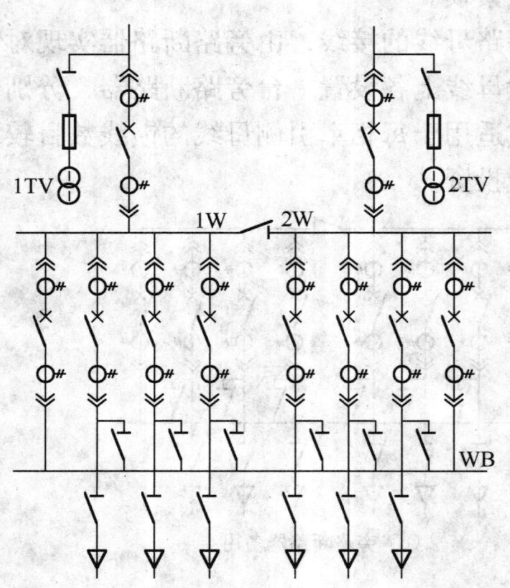

图 7-23 配电开闭所主接线

配电开闭所一般由相邻两牵引变电所的牵引馈线供电，双线区段也可由同一供电分区的上、下行接触网供电；常用单母线分段带旁路母线的接线方式，如图 7-23 所示，其自用电电源可取自 10 kV 地方电网。

2）分段型开闭所主接线

AT 供电系统的供电臂较长，两变电所间距增大，此时在牵引变电所和分区所之间设置分段开闭所（Sub-Section Post，SSP），可以提高接触网检修作业的灵活性，缩短因故障或检修而停电的范围。

一种常用的分段型开闭所主接线形式如图 7-24 所示。正常运行时线路断路器 1QF、2QF 及其两侧隔离开关闭合，通过断路器 3QF 和隔离开关 5QS、8QS 或 6QS、7QS 形成上、下行线路的横向并联。这样，牵引变电所和分区所间的供电臂被开闭所内的开关设备分成连接在一起的四条线路，任一线路故障时，就能够将停电范围限制到仅仅故障线路，而其他三条线路通过开关转换仍能继续工作。图中 1T、2T 为单相所用电变压器。

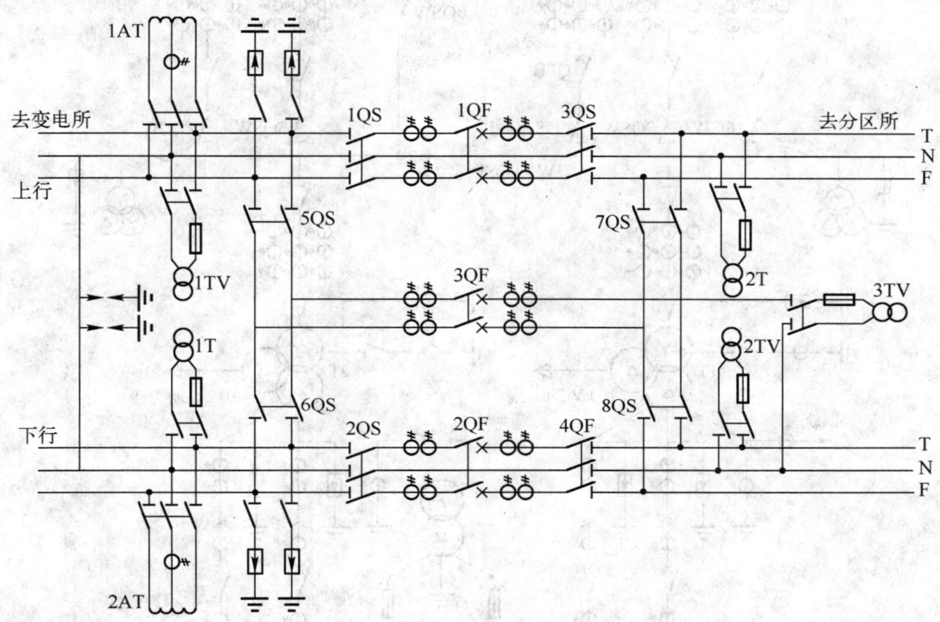

图 7-24　分段开闭所主接线

7.3.4　典型牵引变电所电气主接线示例

1. 某中心牵引变电所电气主接线

某中心牵引变电所主接线如图 7-25 所示。

该变电所高压侧采用单母线分段带旁路母线的接线方式，比较特殊之处在于将分段断路器（QFB）和旁路断路器合并，工作母线用隔离开关 QSB 分为两段，1W 经隔离开关 5QSW、断路器 QFB 和旁路母线相连，2W 经隔离开关 6QSW 和旁路母线相连。

正常状态下，QSB 和所有旁路隔离开关 QSR 断开，其他开关均闭合，旁路母线带电。当某段工作母线检修或故障时，将其所连接的线路断路器、主变压器断路器及分段断路器 QFB 断开，通过已断开的 QSB 将被检修母线分段隔离，另一段母线及其所连接的线路和主变压器保持正常运行。

当任一线路（如 1WL）断路器需要进行不停电检修时，可由 QFB 作为旁路断路器代替该线路断路器工作。在正常运行状态下，其倒闸操作顺序为：① QSB 合闸，将 QSB 与 QFB 并联；② 断开 QFB 并转换成线路 1WL 的继电保护，此时通过 QSB 将两段工作母线并列运行；③ 断开 6QSW，闭合线路 1WL 的旁路隔离开关 1QSR；④ 重新闭合 QFB，将其与 1QF（线路 1WL 断路器）并联；⑤ 顺序断开 1QF 及其两侧的隔离开关。

该变电所主变压器采用两台三相三绕组变压器（1T、2T），一备一用，可同时向牵引负

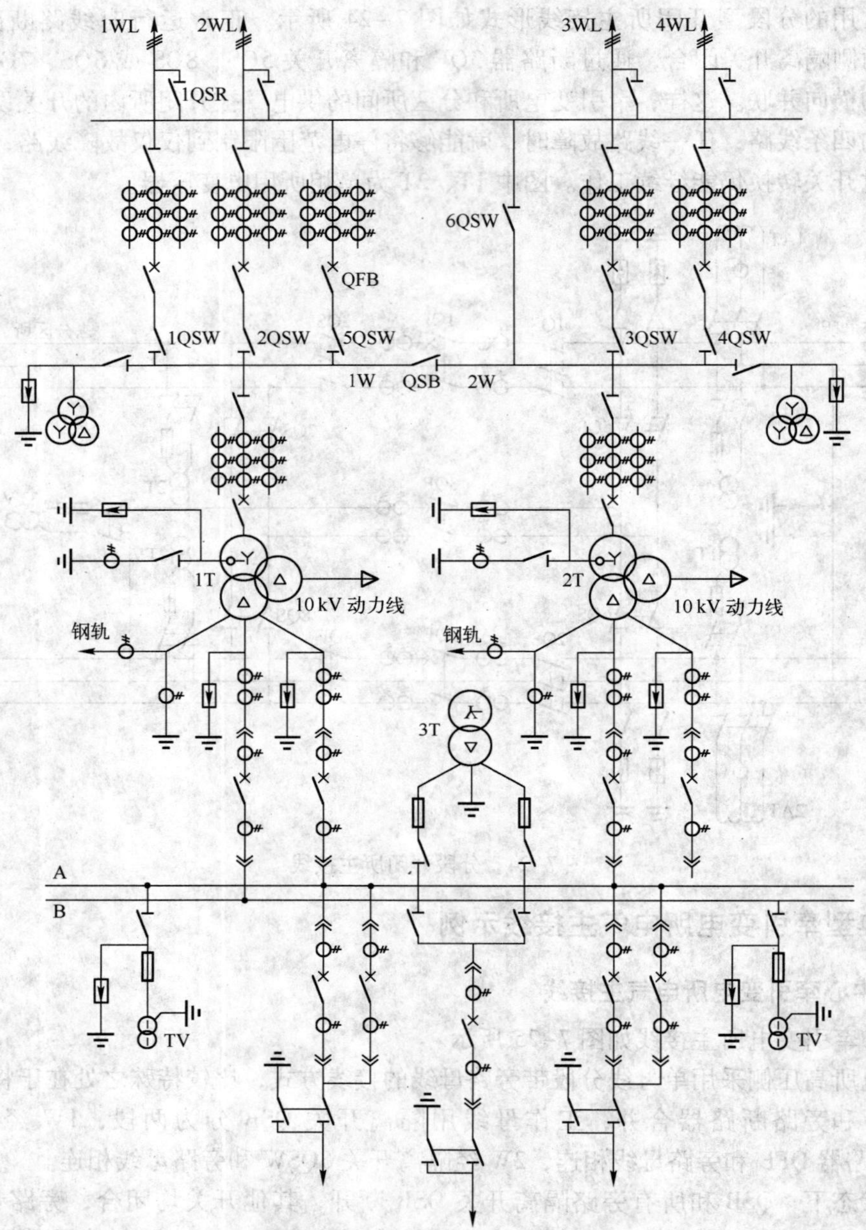

图 7-25　某中心牵引变电所主接线

荷（27.5 kV）和地区负荷（10 kV）供电。主变压器 27. kV 侧的公共相接地并与钢轨相连。牵引负荷侧采用单母线接线，馈线断路器为手车式断路器，使设备简化，检修维护方便。

在高低压侧的母线（或母线分段）上都设置有电压互感器和避雷器，而线路与母线相连接的隔离开关都带有机械联锁的接地刀闸，保证在主刀闸从电路中隔断后接地刀闸才能闭合。

2. 某采用简单接线的三相双线牵引变电所电气主接线

某高压侧采用简单接线的三相双线牵引变电所电气主接线如图 7-26 所示。

该变电所高压侧具有两回电源线路，采用线路分支接线（双 T），不设线路继电保护，

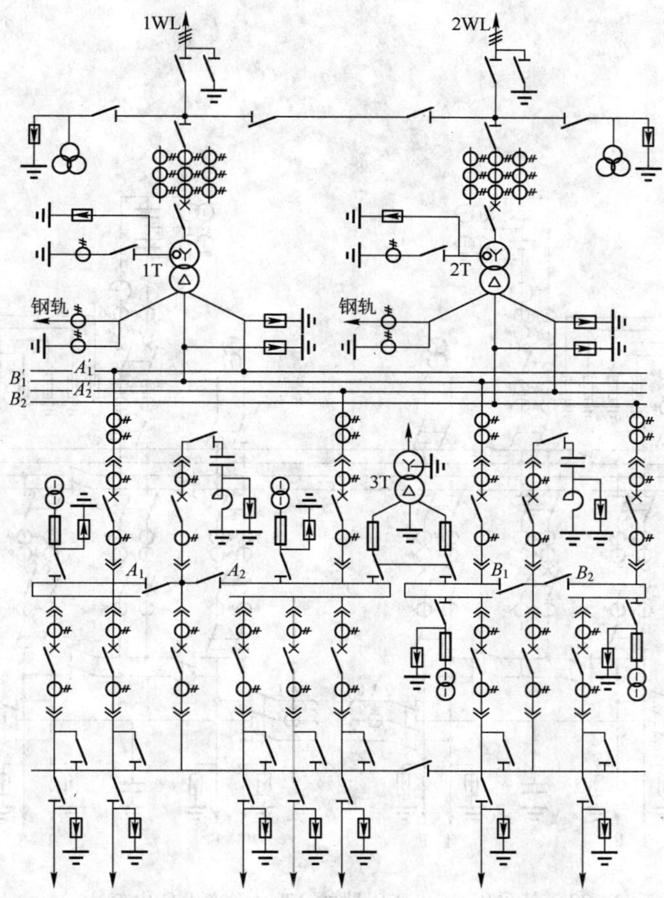

图 7-26　采用简单接线的三相双线牵引变电所电气主接线

为满足高压侧计费和自动装置的需要，进线设置电压互感器（绕组连接组别 YN/YN/△）。两路进线间通过设有隔离开关的跨条连接，以增加运行的灵活性。

主变压器为两台三相 YNd11 型变压器，一备一用；考虑到引入高压配电室的方便，设置室外辅助母线（软母线）A_1'、A_2' 和 B_1'、B_2'。

牵引负荷侧采用单母线用隔离开关分段带旁路母线的接线，A、B 相牵引侧母线通过隔离开关分别分成 A_1、A_2 和 B_1、B_2 两段。正常情况下，分段隔离开关闭合，母线分段并列运行。分段隔离开关采用两台背靠背相连，共同完成分段功能，隔离开关本身也可以轮流检修。每相母线连接有无功补偿并联电容器组，每段母线都设有单相电压互感器和避雷器。

牵引负荷侧采用手车式断路器，馈线断路器以所连接母线的旁路断路器为备用，可实现不间断供电。

3T 为所用电变压器，其一次侧两端分别接于两相牵引负荷母线上，另一端接地可获得三相电源；考虑到可靠性，需再设置一台所用电变压器，由单独的地区（10 kV）电源线路供电。

3. 某采用 Scott 变压器的 AT 牵引变电所电气主接线

某采用 Scott 变压器的 AT 牵引变电所电气主接线如图 7-27 所示。

该变电所高压进线采用简单接线，没有横向跨条，形成线路—变压器组形式，一组工

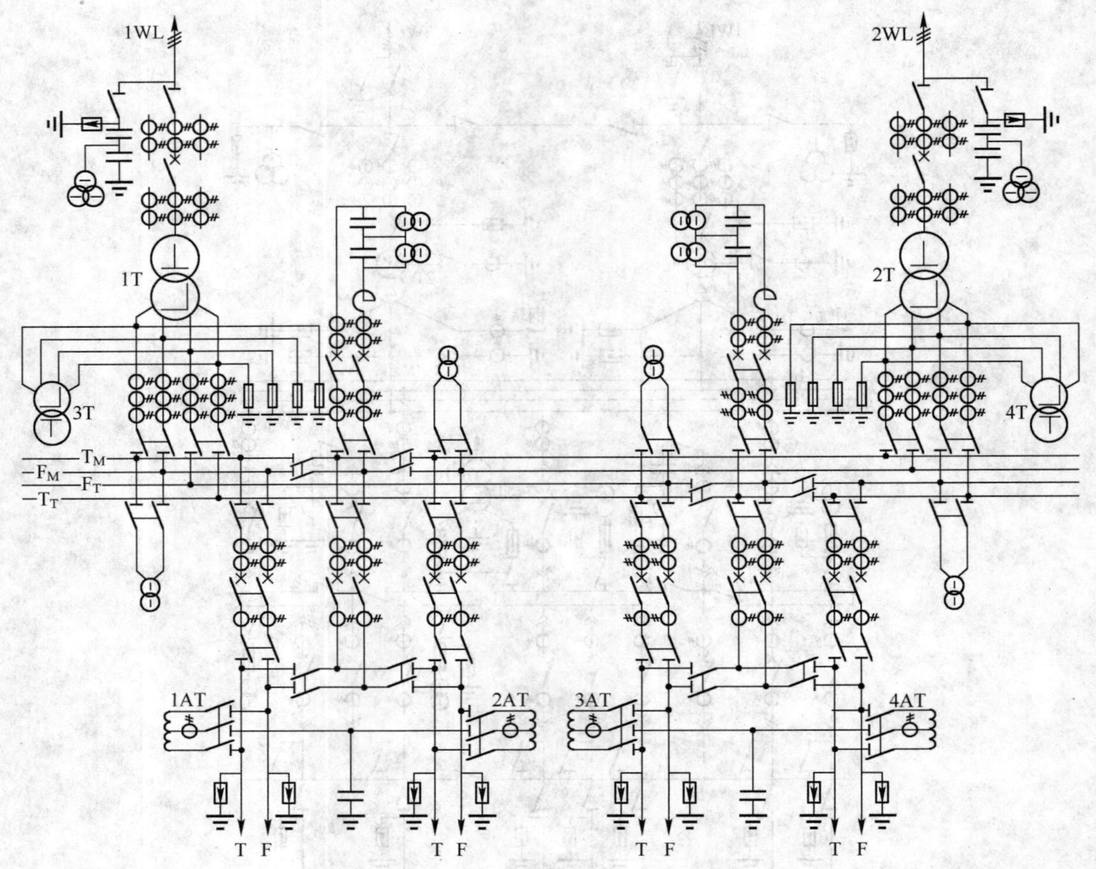

图 7-27 某采用 Scott 变压器的 AT 牵引变电所电气主接线

作，一组备用，进线设置有电压互感器，可实现备用电源的自动投入，即当工作主变或电源进线故障时，整个备用线路—变压器组自动转换取代原来工作的线路—变压器组。

主变压器为两台 Scott 接线牵引变压器，牵引侧各输出相位差为 90° 的 55 kV 电压两路，经电动隔离开关分别接入牵引侧母线 TM、FM 和 TT、FT。TM、FM 向双线牵引网左侧供电区的上、下行线路 AT 牵引网供电，而 TT、FT 向右侧供电区上、下行供电。

牵引侧母线采用单母线分段接线，每段母线上均设置测量及保护用的电压互感器；馈线在 T、F 线上均装有断路器及其前后侧隔离开关，馈线断路器采用 50% 备用；如同本节在相关部分所分析的那样，每路馈线需设置一台与牵引网相同容量的自耦变压器（AT）。自耦变压器中点经 N 线接钢轨并经放电保护装置接地，其中点处设置有电流互感器，可供故障点标定装置之用。

3T、4T 为所用电变压器，为获得三相电源，采用逆 Scott 接线的变压器。

由于 AT 供电系统的电压为 55 kV，其主接线中的电气设备通常选择户外型，一般为露天安装布置；近年来，2 ×27. 5 kV 侧开关设备通常采用户内 GIS 开关柜。

4. 采用单相变压器的 AT 牵引变电所电气主接线

采用单相变压器的 AT 牵引变电所电气主接线如图 7-28 所示。

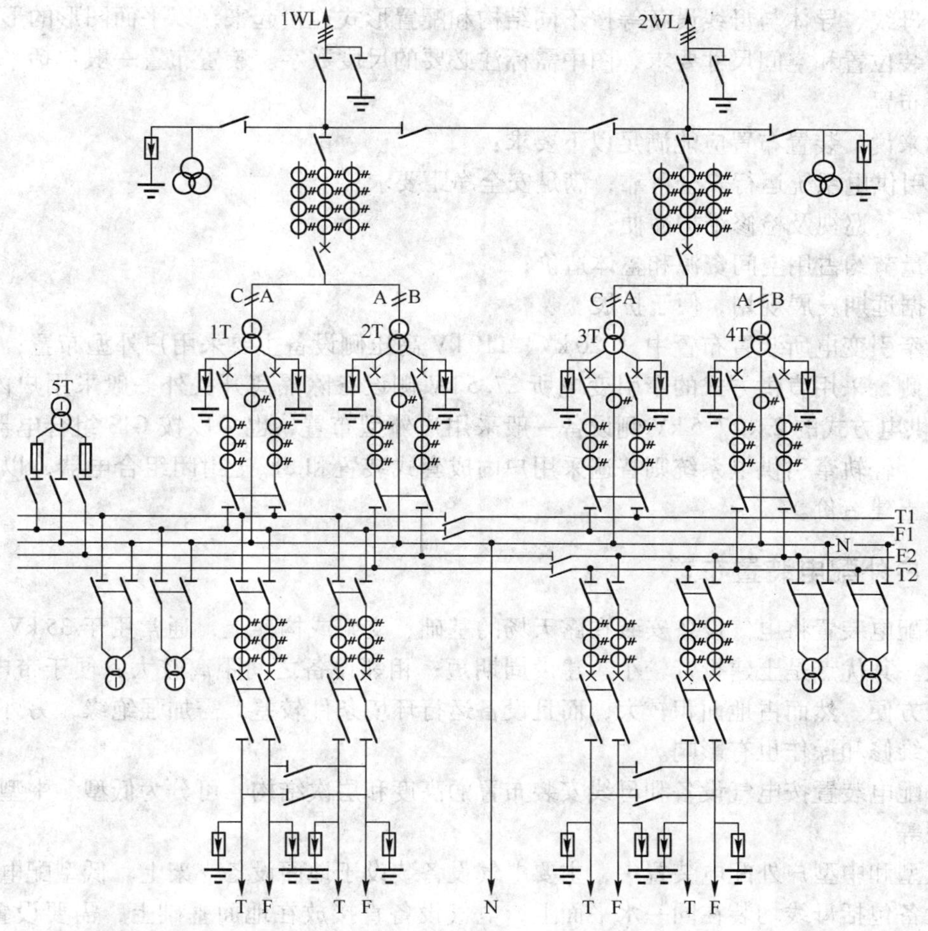

图 7-28　某采用单相变压器的 AT 牵引变电所主接线

该变电所采用四台单相牵引变压器，变压器容量较大，能够充分利用绕组容量。牵引变压器一次额定电压为 220 kV；二次绕组额定电压为 55 kV，其中点经中线 N 接钢轨和地，形成对接触网的 AT 供电。正常运行时，1T、2T 和 3T、4T 分成两组，一用一备；每组两台变压器分别从三相电源的 CA 相间和 AB 相间取电，分别输出于牵引侧母线 T1、F1 和 T2、F2。

高压进线采用带有横向跨条的简单接线，能够实现备用电源的自动投入和电源线路与主变压器的交叉运行；牵引侧采用单母线用隔离开关分段形式；牵引馈线未采用专门备用断路器，在同侧供电区上、下行牵引馈线间通过隔离开关横向联系，提高供电的灵活性，必要时可两条线路并列供电。

7.4　牵引供电系统的装置布置

7.4.1　牵引供电系统装置布置及其基本要求

牵引供电系统装置布置根据电气主接线要求，将所用的各种开关与电气设备、保护和测量电器、母线、导体与母线设备等按不同结构和配置形式连接起来，以平面图形的形式重点表现其安装位置和空间尺寸要求，图中需标注必要的尺度数字。装置布置一般包括平面布置和侧断面布置。

总的来说，装置布置应能满足以下要求：

- 牵引供电系统运行安全可靠，满足安全净距要求；
- 操作、巡视及检修维护简便；
- 尽量节约占用空间资源和整体造价；
- 根据远期发展规划，便于扩展。

一般牵引变电所装置布置中，220 kV、110 kV 高压侧设备主要采用户外型布置；而对于牵引负荷侧，采用直供方式的牵引变电所 27.5 kV 侧设备除隔离开关外一般采用户内布置，采用 AT 供电方式的 2×27.5 kV 侧设备一般采用户外型布置，也可以按 GIS 组合电器设计。城市地铁、轻轨牵引供电系统则普遍采用户内成套式装置和 SF_6 全封闭组合电器，以节省占地面积和土建造价。

7.4.2 户外配电装置布置

户外配电装置将电气设备安装在露天场的基础、支架或构架上，通常用于 35 kV 及以上电压等级。其优点是土建投资较小，建设周期短；相邻设备之间距离较大，便于带电作业，扩建比较方便。然而占地面积较大，而且设备运行环境条件较差，需加强绝缘，另外不良气候对设备维修和操作也有影响。

户外配电装置按电气设备和母线安装布置的高度和层次结构，可分为低型、中型、半高型和高型等。

在低型和中型户外配电装置中，主要电气设备装设于地面设备支架上。低型配电装置所有电气设备包括母线均装在同一水平面上，电气设备直接放在地面基础上，需要设置围栏；中型配电装置的电气设备安装在同一水平面内，并装在一定高度的基础上，母线则设置在较高水平面上，这种布置结构简单清晰，便于维护管理，是我国牵引供电户外配电装置普遍采用的形式。

在半高型和高型户外配电装置中，电气设备分别装在几个水平面内，并重叠布置。半高型配电装置仅将母线与断路器、电流互感器等重叠布置；高型配电装置的两组母线重叠布置，一般隔离开关位于断路器之上，主母线又在母线隔离开关之上，整个配电装置的电气设备形成了三层布置。半高型与高型配电装置因设备布置紧凑，可大量节省占地面积，但结构较复杂，操作不便。

考虑装置布置时，还需要考虑断路器、避雷器的布置方式。

断路器的布置方式有高式和低式两种。高式布置的断路器安装在高约 2 m 的混凝土基础上；低式布置的断路器安装在 0.5 ～1 m 的混凝土的基础上，检修比较方便，抗震性能好，但必须设置围栏，因而影响通道的畅通。

避雷器的布置方式也有高式和低式之分。110 kV 以上的阀形避雷器由于器身细长，多落地安装在基础上；110 kV 及以下的氧化锌避雷器由于形体矮小、稳定度好，一般采用高式布置。

某牵引变电所 110 kV 侧平面布置图、断面布置图如图 7-29、图 7-30 所示。

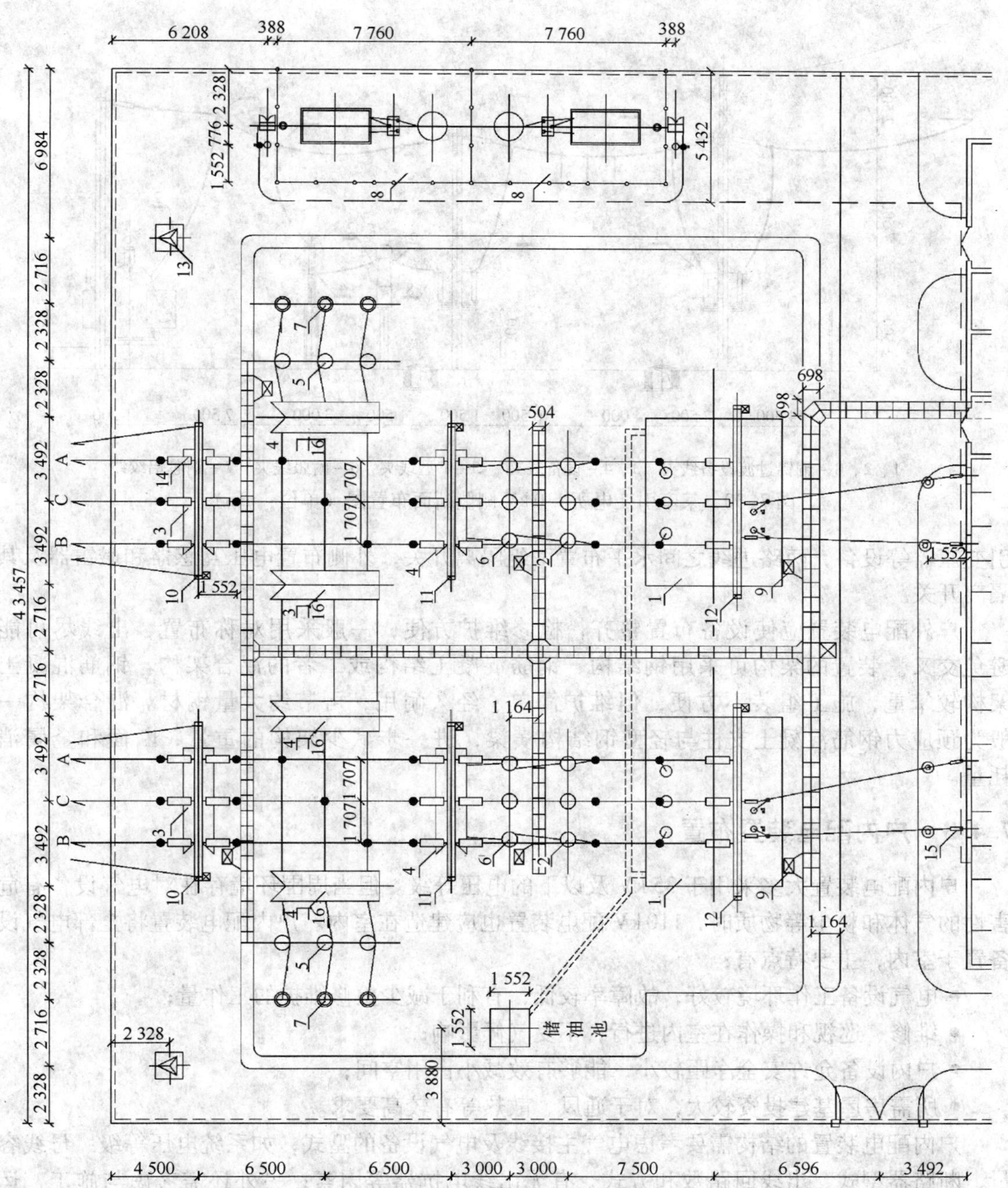

1－牵引变压器　2－110 kV 断路器　3－110 kV 电动隔离开关　4－110 kV 手动隔离开关　5－电压互感器
6－电流互感器　7－110 kV 氧化锌避雷器　8－并联电容补偿装置　9－主变端子箱　10－门型架构（H 型）
11－门型架构（中间型）　12－门型架构（终端型）　13－避雷针　14－110 kV 悬式绝缘子
15－27.5 kV 悬式绝缘子　16－双杆设备架构

图 7-29　某牵引变电所 110 kV 侧平面布置图（单位：mm）

该牵引变电所 110 kV 侧主接线形式为两路具有横向连接的简单接线，采用户外中型布置，对称结构，沿两路 110 kV 进线方向依次布置三相隔离开关、电流互感器、断路器、牵

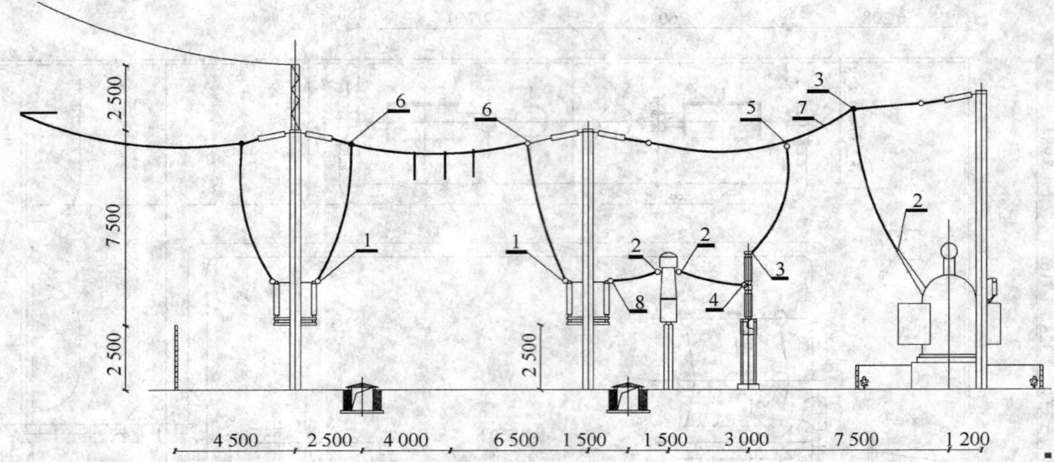

1、2、8－铜铝过渡设备线夹 3、4－设备线夹 5－T 型线夹 6－耐张线夹 7－钢芯铝绞线

图 7-30 某牵引变电所 110 kV 侧侧断面布置图（单位：mm）

引变压器等设备，两路进线之间水平布置两组隔离开关，外侧布置电压互感器和避雷器及其隔离开关。

户外配电装置应使设备布置整齐，检修维护方便，一般采用对称布置，出线尽可能避免交叉。装置的架构可采用钢结构、钢筋混凝土结构或二者的混合架构。钢筋混凝土架构较笨重，施工组装不方便，但维护简单、经久耐用，可节约大量钢材。混合架构一般为预应力钢筋混凝土支柱与轻型钢结构横梁，进一步减少架构的重量、断面和金属消耗量。

7.4.3 户内配电装置布置

户内配电装置大多采用于 35 kV 及以下的电压等级。但当周围环境存在对电气设备有危害性的气体和粉尘等物质时，110 kV 配电装置也应建造在室内。户内配电装置将全部电气设备置于室内，主要特点有：

- 电气设备工作环境较好，故障率较低，有利于减少检修维护的工作量；
- 维修、巡视和操作在室内进行，不受气候影响；
- 户内设备允许安全净距较小，能够有效减小占用空间；
- 所需房屋基建投资较大，对于通风、散热等有较高要求。

户内配电装置的结构需要考虑电气主接线及电气设备的型式，如系统电压等级、母线容量、断路器型式、出线回路数和方式、有无出线电抗器等因素；另外还需考虑与施工、运行、检修条件，人员技术水平和经验等相关因素。其布置一般应满足以下要求。

① 同一馈线的设备尽量布置在一个间隔内，尽量采用手车式断路器或 GIS 开关柜，能够有效节约空间，并满足检修安全和限制故障范围的要求。

② 尽量对称布置，将电源布置在每段母线的中部，使母线截面通过较小的电流。

③ 间隔的布置应充分合理利用空间，与穿墙套管、母线布置、电缆沟道等紧密结合，容易扩建。

④ 便于设备操作、检修和搬运，应合理设置维护通道、操作通道及防爆通道。凡用来

维护和搬运各种电器的通道，称为维护通道；设有断路器（或隔离开关）的操作机构、就地控制屏等的通道，称为操作通道；仅和防爆小室相通的通道，称为防爆通道。

⑤ 配电装置室可以开窗采光和通风，但应采取防止雨雪、风沙、污秽和小动物进入室内的措施。

某分区所总平面布置图如图 7-31 所示。整个室内分区所由主控室、27.5 kV 高压室、通信机械室、检修室等组成。高压配电室采用两侧布置，A、B 向（上、下行）馈线开关设备布置于靠铁路一侧。

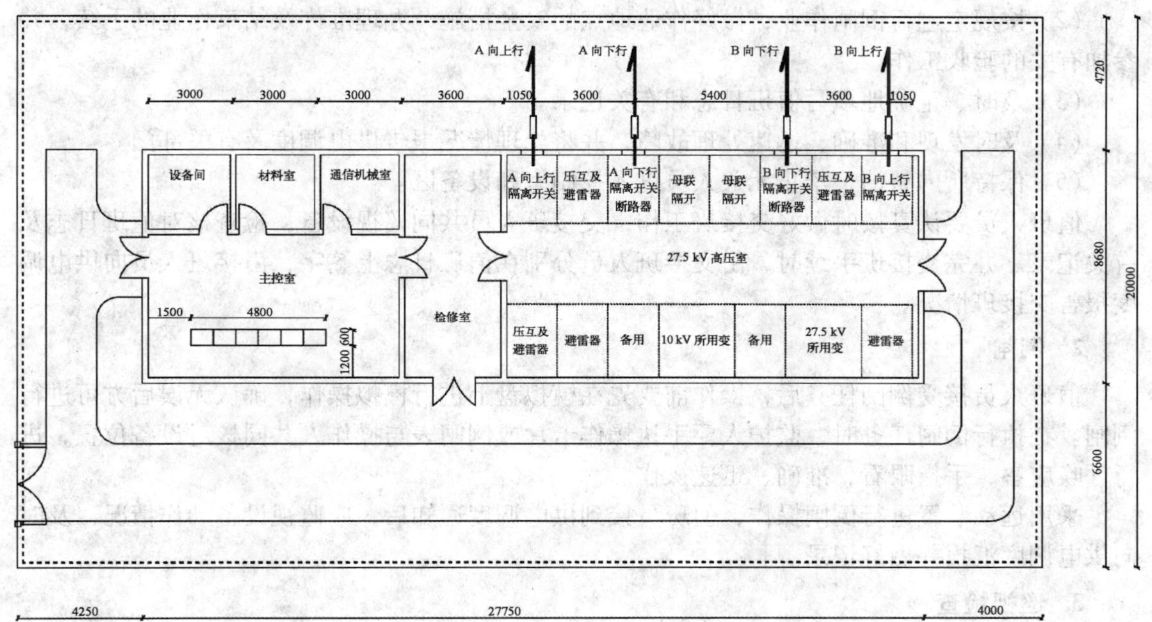

图 7-31　某分区所总平面布置图

7.5　牵引变电所的运行维护和检修试验

牵引变电所（包括开闭所、分区所、AT 所等）是对电气化铁路供电的重要组成部分，与行车密切相关，应当切实做好牵引变电所的运行、检修和试验工作。

7.5.1　牵引变电所的运行维护

牵引变电所竣工后，应按规定对工程进行检查和交接试验及全部馈线的短路试验，经验收合格方可投入运行。投入运行前，接管部门要制定好运行方式，配齐并训练运行、检修人员，组织学习和熟悉有关设备、规章、制度并经考试合格；备齐检修用的工具、材料、零部件及安全用具等。投入运行时要建立各项制度和正常管理秩序；按规定备齐技术文件；建立并按时填写各项原始记录、台账、技术履历、表报等。牵引变电所控制室内要有一次接线的模拟盘。模拟盘要能显示断路器和隔离开关的开、闭状态。

牵引变电所应具备的技术文件包括：一次接线图、室内外设备平面布置图、室外配电装置断面图、保护装置原理图、二次接线的展开图、安装图和电缆手册等；制造厂提供的设备说明书；电气设备、安全用具和绝缘工具的试验结果，保护装置的整定值等。

为保证牵引变电所故障时尽快地恢复正常供电，最大限度地减少对运输的影响，牵引变电所应配备满足事故处理时所需要的设备、零部件、材料和工具，并保持良好状态。

1. 值班

牵引变电所要按规定的班制昼夜值班。值班人员在值班期间要做好下列工作。

（1）掌握设备现状，监视设备运行。

（2）按规定进行倒闸作业，做好作业地点的安全措施，办理准许及结束作业的手续，并参加有关的验收工作。

（3）及时、正确地填写值班日志和有关记录。

（4）及时发现和准确、迅速处理故障，并将处理情况报告供电调度及有关部门。

（5）保持所内整洁，禁止无关人员进入控制室和设备区。

值班人员要认真按时做好交接班工作，交接班人员共同巡视设备，检查核对值班日志及有关记录。办完交接班手续时，由交接班人员分别在值班日志上签字，由接班人员向供电调度报告交接班情况。

2. 倒闸

值班人员接受倒闸任务后，操作前要先在模拟盘上进行模拟操作，确认无误后方可进行倒闸。在执行倒闸任务时，监护人要手执操作卡片或倒闸表与操作人共同核对设备位置，进行呼唤应答，手指眼看，准确、迅速操作。

采用远动装置进行倒闸操作，值班员接到供电调度通知后，应监视设备动作情况，及时向供电调度汇报并做好记录。

3. 巡视检查

值班人员每班至少巡视 1 次（不包括交接班巡视）；每周至少进行 1 次夜间熄灯巡视；每次断路器跳闸后对有关设备要进行巡视；在遇有特殊情况，要及时增加巡视次数。

无人值班的所，由维修班组负责每周一般至少巡视 1 次。

各种巡视中，一般项目和要求如下。

（1）绝缘子瓷体应清洁、无破损和裂纹、无放电痕迹及现象，瓷釉剥落面积不得超过 300 mm^2。

（2）电气连接部分（引线、二次接线）应连接牢固，接触良好，无过热、断股和散股、过紧或过松。

（3）设备音响正常，无异味。

（4）充油设备的油标、油阀、油位、油温、油色应正常，充油、充胶、充气设备应无渗漏、喷油现象。充气设备气压和气体状态应正常。

（5）设备安装牢固，无倾斜，外壳应无严重锈蚀，接地良好，基础、支架应无严重破损和剥落。设备室和围栅应完好并锁住。

4. 设备运行

1）变压器

在正常情况下允许的牵引变压器过负荷值，根据制造厂规定的技术条件及负荷情况由铁路局制定。

当变压器过负荷运行时，对有关设备要加强检查。

（1）监视仪表，记录过负荷的数值和持续时间。

（2）监视变压器音响和油温、油位及冷却装置的运行状况。

（3）检查运行的变压器、断路器、隔离开关、母线及引线等有无过热现象。

（4）注意保护装置的运行情况。

运行中的油浸自冷、风冷式变压器，其上层油温不应超过 85℃；风冷式变压器当其上层油温超过 55℃时应启动风扇；当变压器油温超过规定值时，值班人员要检查原因，采取措施降低油温，一般应进行下列工作。

（1）检查变压器负荷和温度，并与正常情况下的油温核对。

（2）核对油温表。

（3）检查变压器冷却装置及通风情况。

当变压器有下列情况之一者须立即停止运行：

- 变压器音响很大且不均匀或有爆裂声；
- 油枕、防爆管或压力释放器喷油；
- 冷却及油温测量系统正常，但油温较平素在相同条件下运行时高出 10℃以上或不断上升时；

（4）套管严重破损和放电；

（5）由于漏油致使油位不断下降或低于下限；

（6）油色不正常（隔膜式油枕除外）或油内有碳质等杂物；

（7）变压器着火；

（8）重瓦斯保护动作；

（9）因变压器内部故障引起差动保护动作。

2）断路器

当断路器自动跳闸次数达到规定数值时应进行检修。

断路器每次自动跳闸后，要查明原因，采取措施尽快地恢复供电。同时值班人员要对断路器及其回路上连接的有关设备均须进行检查，具体项目和要求如下。

（1）油断路器：检查是否喷油，油位、油色是否正常；气体断路器：检查气体的颜色、压力是否正常，对处于分闸状态的断路器应检查其触头的烧伤情况；真空断路器：检查真空灭弧室是否有损坏。

（2）变压器的外部状态及油位、油温、油色、音响是否正常。

（3）母线及引线是否变形和过热。

（4）避雷器是否动作过。

（5）各种绝缘子、套管等有无破损和放电痕迹。

3）蓄电池

运行中的蓄电池，应经常处于浮充电状态，并定期进行核对性充放电。当蓄电池进行核对性充放电时，在放电完了之后应立即充电；一般情况下，当放电容量达到 70% 时即应充电，若因处理故障由蓄电池放出 50% 的容量时应立即充电。蓄电池的充放电电流不得超过其允许的最大电流。

每半年测量1次蓄电池的绝缘电阻，其数值：电压为220 V时不小于0.2 MΩ；电压为110 V时不小于0.1 MΩ。

蓄电池室内温度应保持在+10℃～+30℃。电解液面应高于极板顶面的10～20 mm。

4）继电保护装置

凡设有继电保护装置的电气设备，不得无继电保护运行，必要时经过供电调度的批准，允许在部分继电保护暂时撤出的情况下运行。

5）互感器

互感器在投入运行前要检查一、二次接地端子及外壳接地应良好，对电流互感器还应保证二次无开路，电压互感器应保证二次无短路，并检查其高低压熔断器是否完好。互感器投入运行后要检查有关表计，指示应正确。

切换电压互感器或断开其二次侧熔断器时，应采取措施防止有关保护装置误动作。

互感器有下列情况之一者须立即停止运行。

（1）高压侧熔器连续烧断两次。

（2）音响很大且不均匀或有爆裂声。

（3）有异味或冒烟。

（4）喷油或着火。

（5）由于漏油使油位不断下降或低于下限。

（6）严重的火花放电现象。

7.5.2　牵引变电所的检修试验

牵引变电所的检修应贯彻“修养并重，预防为主”的方针，力争实现周期检测、状态维修、限界值管理、寿命管理。

电气设备的定期检修分小修、中修和大修3种修程（部分设备只有小修和大修）。

（1）小修：属维持性的修理。对设备进行检查、清扫、调整和涂油，更换或整修磨损到限的零部件，保持设备正常的技术状态。

（2）中修：属恢复性修理。除小修的全部项目外，还需部分解体检修，恢复设备的电气和机械性能。

（3）大修：属彻底性修理，对设备进行全部解体检修，更新不合标准的零部件，对外壳进行除锈涂漆，恢复设备的原有性能，必要时进行技术改造，提高电气和机械性能。

牵引供电主要设备的检修周期见表7-5。

表7-5　牵引供电主要设备的检修周期

设备类型	小修	中修	大修	备注
变压器	1年	5～10年	15～20年	含油浸电抗器
空心电抗器	1年		10～15年	
单装互感器	1年	5～10年	15～20年	指单独装设的互感器
隔离开关	1年	5年	15～20年	手动
隔离开关	1年	3～5年	3～5年	电动
直流电源装置	1年	3～5年	8～10年	

续表

设备类型	小修	中修	大修	备注
电容器组	1 年	—	5～10 年	
高压母线	1 年	—	10～15 年	
电力电缆	1 年	—	15～20 年	
低压配电盘	1 年	—	15～20 年	
避雷针	每年雷雨季节前	—	15～20 年	
避雷器	1 年	—	15～20 年	
接地装置	1 年	—	10～15 年	回流线在内
油断路器	1 年		10～15 年	
气体断路器	1 年		10～15 年	
真空断路器	1 年		15～20 年	
负荷开关	1 年		15～20 年	
接地放电装置	1 年	动作 10 次	动作 100 次	
远动装置	1 年	5 年	10～12 年	
保护及自动装置	1 年		10～15 年	

注：① 跨线随设备或母线同时检修。

② 在日常掌握中，小修、中修实际周期允许较以上规定伸缩 10%。

设备大修应填写设备大修申请书，经铁路局审定后，报部核备。设备大修要根据批准的计划由承修单位或设计部门提出设计施工文件（包括检修内容、质量标准、费用和工时等），报请铁路局批准后方准开工。

电气设备的停电检修应尽量利用“天窗”时间进行；若“天窗”时间不够，供电段应按时提出月份停电计划。行车调度和供电调度要密切配合，保证批准的停电计划按时兑现。

设备每次检修后，承修的班组均应填写设备检修记录，设备小修、中修、大修及进行较大的技术改造后，还应填写设备检修（改造）竣工验收报告并附检修试验记录，报请有关单位验收，经验收合格方准投入运行。

复习参考题

1. 简述电弧的形成和熄灭。
2. 简述少油断路器、SF_6断路器、真空断路器的结构、特性及使用要求。
3. 简述断路器操动机构的作用、分类及各类操作机构的基本原理和特点。
4. 简述高压隔离开关的作用。
5. 简述互感器的作用和分类。
6. 简述电压互感器、电流互感器的误差类型及来源。
7. 简述电压互感器、电流互感器的接线方式和使用注意事项。
8. 简述电气设备选择与校验的一般原则和方法。
9. 简述热稳定和动稳定校验的意义和方法。

10. 简述牵引变电所高压侧电气主接线的常见形式及其性能特点。
11. 简述牵引变电所牵引侧电气主接线的常见形式及其性能特点。
12. 简述牵引负荷侧电气主接线应考虑的主要因素。
13. 简述牵引馈线断路器的备用方式。
14. 简述牵引供电系统配电装置布置的原则。
15. 简述牵引变电所检修试验的组织。
16. 简述牵引变电所主要设备的检修周期。

第8章 牵引供电系统的二次系统

【本章内容概要】

简述二次系统的基本概念及二次接线图纸的制识图；介绍高压开关控制信号回路和中央信号装置的组成结构、功能原理和具体要求；阐述牵引变压器、馈线、并补装置的继电保护配置和整定计算；介绍牵引变电所综合自动化系统的结构原理、性能特点和发展趋势；介绍变电所自用电系统的常用配置。

【本章学习重点与难点】

学习重点：二次接线图；牵引供电系统继电保护配置及整定。

学习难点：展开接线图

二次系统承担对一次系统进行监控、保护等任务，主要由继电保护、监控装置、信号装置、综合自动化、操作电源等组成。二次系统是牵引供电系统不可缺少的重要组成部分，是实现人与一次系统的联系监视、控制，使一次系统能安全经济地运行的关键。

8.1 控制方式和二次接线简介

8.1.1 控制方式

按照控制操作执行地点的不同，控制方式可分为就地控制、距离控制和远动控制 3 种。

(1) 就地控制。在一次电气设备安装地点就近进行控制。

(2) 距离控制。也就是集中控制，即集中在主控制室内对一次设备进行控制、监测及继电保护装置等也都集中配置在主控制室。

距离控制是目前牵引变电所的主要控制方式。

(3) 远动控制。通常称为遥控，即在远离变电所的调度端对变电所的电气设备进行控制。

目前，牵引变电所一般以距离控制方式为主，通过综合自动化系统实现远动功能。

8.1.2 二次接线

二次设备用特定的图形和文字符号来表明二次设备的配置、相互连接关系和工作原理的电气接线图，称为二次电路图，即二次接线图。二次接线是电气系统的重要组成部分。

二次接线图应采用国家标准的图形及文字符号，按设备的正常状态画出。通常规定元件不受电（或断路器断开）的状态为“常态”。

常见的二次接线图一般分为原理接线图、展开接线图和安装接线图 3 种。

1. 原理接线图

以整体的形式将有关设备画在一起，表示二次电路连接关系和工作原理，易于对整个装置形成完整而清晰的概念。

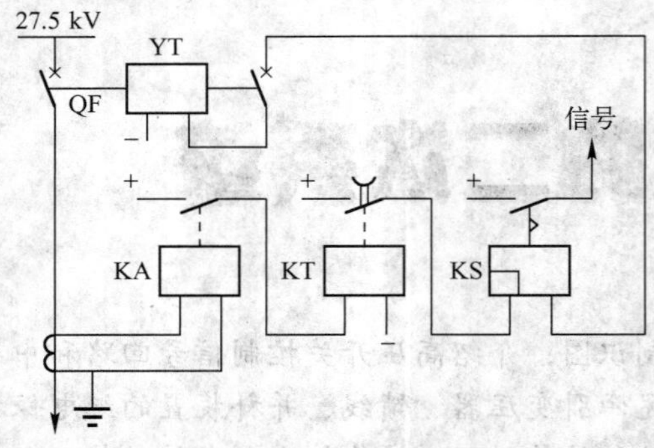

图 8-1　馈线过电流保护原理接线图

馈线过电流保护原理接线图如图 8-1 所示。装置由电流继电器 KA、时间继电器 KT、信号继电器 KS 组成，并通过电流互感器 TA 和断路器分闸线圈 YT 与主电路联系在一起。正常时，由于负荷电流经电流互感器变流后流入电流继电器线圈的电流值小于 KA 的动作值，所以导致各继电器均处于正常状态，常开接点断开。断路器处于合闸位置的动作状态，其常开辅助接点闭合。

当一次电路发生短路故障时，馈线电流增大，TA 的二次电流也随之增大。当二次电流增大至 KA 的整定动作值时，KA 动作，其常开接点闭合，接通了 KT 线圈的直流回路，其带时限的常开接点延时闭合，使直流电源的正极经 KT 的常开接点、KS 的线圈、断路器常开辅助接点、分闸线圈与直流电源的负极接通，分闸线圈受电，断路器操作机构动作，使断路器跳闸，自动切除故障线路。同时，信号继电器受电动作，其接点转换，发出分闸信号。

从图 8-1 中可以看出，这种接线图的主要特点是直观、形象地表示二次设备各元件的形式、数量、结构及其各元件电气连接状况和工作原理，给人以明显的整体观念。然而也正是由于原理接线图的完整性，致使图中连线交错重叠又不易于将元件内部接线、端子号码和回路的标号等细节一一表达清楚，又没有元件间的逻辑关系，当二次回路比较复杂时，读图不便，安装接线时容易出差错，依靠它排除故障较困难。

2. 展开接线图

展开接线图是在相应原理接线图的基础上，将其总体形式的二次电路分解为交流、直流和电流、电压等相对独立的各个组成部分。从而设备元件的不同线圈与接点等，将分别绘入相应部分的回路图中，以表示二次电路设备配置、连接关系和工作原理。展开图是绘制二次回路安装接线图的主要依据，也是二次接线装置施工、运行维护及故障分析和处理的重要图纸。

图 8-2 是在图 8-1 所示的原理接线图的基础上得到的展开接线图。展开图中，每个二次电气设备按其结构分解成若干部分，同一元件的线圈、接点按其通过电流、电压性质的不同，按电流通过的方向顺序分别绘入对应的直流回路、交流回路中，为了避免混淆，属于同一元件的线圈和接点标有同一文字符号。

展开图的各行代表各自的回路，应尽可能按元件动作的先后顺序和便于绘图的原则从上到下垂直排列，并在各行的右侧标出回路作用的文字说明。

为了满足二次电路制造、安装、检修、调试，对展开图不同的回路及回路中各元件间的连接导线分别编制不同的标号，标号采用“等电位编号原则”，即回路中连于同一电位点的所有分支导线均应编相同的标号。二次回路标号一般由不同范围内的 1 ～ 3 位数字组成，特殊情况允许用 4 位数字。二次回路标号的数字采用阿拉伯数字，文字标号采用规定的字母。

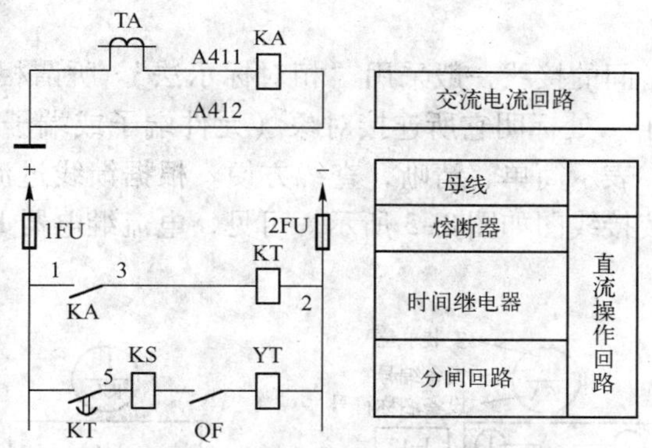

图 8-2　馈线过电流保护展开接线图

与数字标号并列的文字符号用大写字母，脚注用小写字母。标号的顺序应按展开图的行从上到下、从左到右依次编号。标号一般标注在连接线的上方。当需要表明回路的相别或某些主要特征时，可以在数字标号前面（或后面）增设文字标号。直流回路的正电位点用奇数标号（如 1，3，5…）；负电位点用偶数标号（如 2，4，6…）；交流回路应该在数字标号前注明相别（如 A411，B411，C411…）。回路中由线圈、接点、开关、按钮、电阻、连接片等元件间隔的不同线段，用不同的数字标号组表示。

3. 安装接线图

安装接线图是根据展开式原理图而绘制的配电盘布置及接线的实际安装图，适应于二次设备装置进行制造、安装或调试、检修时的需要。一般包括盘面布置图、端子排图和盘后接线图等。

1）盘面布置图

盘面布置图是指根据配电盘柜及各二次设备的实际尺寸，按一定比例绘制的盘面设备的布置情况，表示了配电盘面各二次设备的分布情况和实际安装位置。

控制盘由上至下通常布置对电路进行监测的仪表、光字牌，对开关电器进行距离控制及监视的控制开关、转换开关、红绿指示灯等，并设有相应的模拟母线。

2）盘后接线图

盘后接线图是指根据盘面布置图、二次展开图和端子排图而绘制的实际接线图。它具体地反映了盘内各设备的实际连接状况，是变电所施工安装、运行管理不可缺少的图纸。

盘后接线图主要用于表示盘正面各设备在盘后面的接线端子间的连接状况。盘上设备的相对位置已在盘面布置图确定，因此盘后接线图不要求按比例画出，但要保证每个设备间相对位置的准确。盘后接线图的布置相当于配电盘从背面按左、右、顶部展开后的位置进行安排的。横向分为左、中、右三部分，纵向分为上、下两部分。上部左、右两侧布置盘顶小母线，中间布置盘顶设备。下部左、右两侧布置端子排，中间布置盘面设备。

3）端子排图

端子排是二次电路中各设备间接线的过渡连接设备，由单个接线端子组成。表示各接线端子的组合及其与盘内外设备连接情况的图称为端子排图。它反映了配电盘上需要装设的接线端子数目、型号、导线去向，详细表明了各端子的接线情况，是变电所配电盘的生产、安装以及运行维护必不可少的图纸。

一般将盘外引入线接端子排外侧；盘内引出线接端子排内侧；盘内设备与盘外、盘顶设备间的连接需经端子排。

安装接线图中各设备间的接线一般采用“相对标示法”。所谓相对标示，就是在每个接线端子（或设备元件端子）处标明它所连接对象（元件端子或端子排端子）的编号，以表明二者间相互连接关系，表示简单、清晰，查线方便。根据馈线过流保护展开图（图 8-2）绘制的馈线保护部分安装接线图如图 8-3 所示。可见，电流继电器 KA 的端子③与时间继电器 KT 的端子⑦相连。

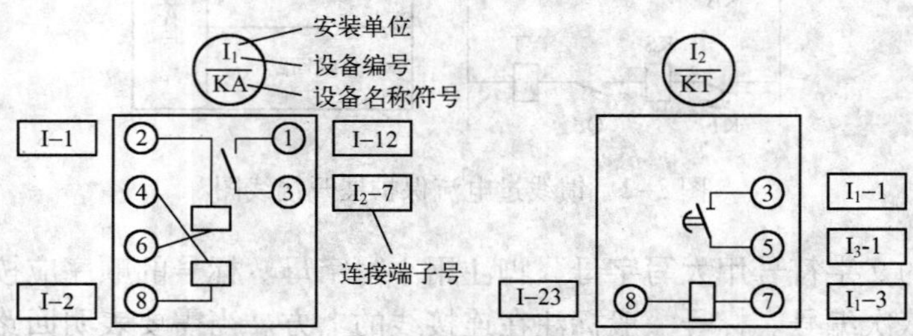

图 8-3 馈线过电流保护部分安装接线图

端子排在盘后接线图中一般采用三格表示法，如图 8-4 所示。

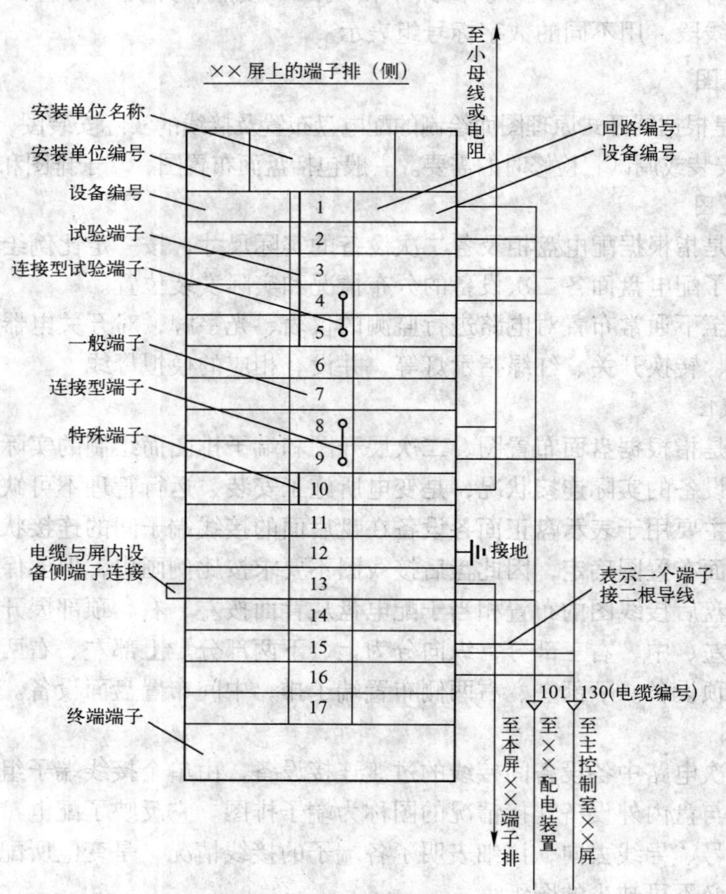

图 8-4 端子排接线图

端子排的中格表明端子顺序号及端子类型。与电缆相连接侧标明所接盘外设备的二次回路标号和所接盘顶设备的名称符号。与盘内设备相连侧应标明所接设备的编号（或回路标号）。值得注意的是，端子排两侧的标记在安装接线中是标在连接导线所套的胶木头或塑料套管上的。端子排的起始、终端端子上，标注端子排所属的回路名称、文字符号及安装单位。同盘内有多个安装单位时，端子排按各安装单位划分成段，并以终端端子分隔。同类安装单位的端子排的结构、接线顺序相同。

8.1.3　主控制室

采用距离控制的牵引变电所的二次电气设备大部分集中装设在主控室内。主控室是全所的控制系统中心，在主控制室里配备有各种控制盘柜，二次电路的各种装置都分别装设在相应的控制盘上，值班人员可以根据盘上各种仪表、开关进行监视和控制电气设备的运行状态。按用途的不同，控制盘可划分为以下几种。

（1）控制盘。装设有对一次开关设备进行距离控制的转换开关、按钮、信号灯、光字牌、电流表、电压表、功率表等，并在盘面上绘制相应的模拟主电路。

（2）继电保护盘。装设各种继电保护设备，通常由专门的成套保护屏盘组合而成。

（3）中央信号盘。装设有变电所中公用的各种事故和预告信号装置与设备，如事故电笛、预告警铃、闪光装置、信号光字牌及信号试验、解除按钮等。

（4）计量盘。装设各种监测、记录仪器表计，如功率表、电能表、电能质量仪等。

（5）综自盘。装设有综合自动化装置。

（6）自用电盘。装设有所内交、直流自用电系统的控制开关、表计、整流和蓄电池装置等。通常分别设置交流自用电盘与直流操作电源盘。

8.2　高压开关控制信号回路

8.2.1　高压开关控制信号回路构成

牵引变电所的高压开关控制信号回路一般是由指令单元、闭锁单元、联锁单元、中间信号放大单元、执行单元和连接它们的导线等二次电气设备组成。其作用如下。

（1）指令元件发出分、合闸操作命令脉冲。该脉冲可以由运行人员操作控制开关、转换开关、按钮等控制元件而发出，也可以由继电保护和自动装置等通过出口继电器发出。

（2）闭锁单元能够在一次设备发生重故障时，闭锁分合闸回路，避免断路器重新合闸于故障设备，防止事故范围进一步扩大。

（3）联锁单元能够有效地保证断路器、隔离开关操作顺序的正确性。

（4）中间信号放大单元由继电器、接触器及其接点组成，其作用一方面是将指令单元发出的小功率命令脉冲放大，以满足高压开关分合闸电流的要求；另一方面是中间继电器可以增加回路中某些元件动作的触点数量和触点类型，以满足不同需要。

（5）执行单元也就是高压开关的操动机构，其有电磁式、弹簧式和液压式等，作用是按命令驱使断路器分合闸。

8.2.2 高压开关控制信号回路的基本要求

牵引变电所高压开关的控制和信号回路，较多采用了音响与灯光监视控制电路，尽管开关类型、操动机构形式及对运行的要求可能有所差异，但一般要求满足以下几点基本要求。

(1) 控制回路应能进行正常的人工分闸与合闸，又能在继电保护、自动装置和远动装置作用下自动分闸或合闸。

(2) 高压开关分、合闸操作完成后，应迅速自动断开。分、合闸回路，以免分、合闸线圈长期通电而烧损，并为下次操作做好准备。

(3) 能够指示断路器的分、合闸位置状态，自动分、合闸时应有明显的闪光信号显示。事故跳闸与自动合闸的信号应由“不对应接线原则”构成，即控制开关的位置与高压开关的实际位置不一致，使信号回路构成逻辑输出并接通闪光电源而发闪光。

(4) 如果断路器的操作机构中没有防止跳跃的机械闭锁装置，则控制电路中应设相应的防止跳跃的电气闭锁装置。因断路器手动控制或自动合闸时，如遇永久性故障，继电保护立即使其分闸。此时，如控制开关未复归或自动装置出口继电器触点被卡住，使合闸回路一直通电，将引起断路器再次合闸继而又分闸，如此反复即出现“跳跃”现象，导致断路器损坏。为防止此种情况，应在控制回路中设电气防跳措施，或断路器本身设置机械防跳。

(5) 对于采用气动、弹簧、液压操作机构的断路器，其控制电路中应设相应的气压、弹簧（压力）、液压闭锁装置。在低于规定标准压力情况下，闭锁操作回路。

(6) 断路器与隔离开关配合使用时，控制电路中应设相应的闭锁措施，保证其联动操作顺序的正确性。

(7) 能监视分合闸控制回路、下一次操作电路及控制电源的完好性。

8.3 中央信号装置

牵引变电所中央信号装置设于主控制室，用于集中监视变电所中电气设备的运行状况。

8.3.1 中央信号装置的分类

中央信号装置通常由事故信号装置和预告信号装置两部分组成。牵引变电所运行中发生事故或不正常运行状态时，中央信号盘应发出相应事故音响信号、预告音响信号、全所共用的光字牌信号，这些信号合称为中央信号。事故音响信号和全部预告信号都安装在公用的中央信号盘上。

1. 事故信号装置

事故一般是指主电路系统发生短路故障，继电保护动作并导致有关断路器跳闸。事故状态时中央信号装置发出的相应信号称为事故信号。事故信号分为事故音响信号（蜂鸣器）、事故灯光信号及光字牌信号。

当电气设备和线路发生短路故障、断路器自动跳闸时，中央信号装置的事故信号部分应发出事故音响信号和说明事故性质的光字牌信号。此外，已跳闸断路器的绿色信号灯闪光，表示出故障发生的对象。

2. 预告信号装置

不正常运行状态是指主电路、二次电路发生故障，但未引起断路器自动跳闸的运行状况。运行状态不正常时中央信号装置发出的相应信号称为预告信号。预告信号一般由电铃音响信号、掉牌信号和光字牌信号组成。

1）瞬时预告信号

某些不正常运行状态一经出现，就有某继电器立即发生的信号称为瞬时预告信号。如主变压器轻瓦斯动作，主变油温过高、主变通风故障、操作机构的油气压力降低、直流电压异常、操作熔断器动作等不正常运行状态，均发出瞬时预告信号。

2）延时预告信号

某些不正常运行状态出现后，需经一定的延时，经确认后，再由某继电器发出的信号称为延时预告信号。如主变过负荷、压互二次断线、直流控制回路断线、交流回路绝缘损坏等不正常运行状态，均发出延时预告信号。因为当主电路发生短路事故时，将同时引起某些不正常运行状态出现，事故信号和预告信号将同时发出，不便于工作人员判断故障性质。若这类预告信号延时发出，延时时间大于外部短路的最大切除时间，则当外部短路故障切除后，这类不正常运行状态也随之消失，与事故信号同时启动的预告信号将自动返回，这样可以避免误发预告信号，便于工作人员分析处理事故。

8.3.2　中央信号装置的功能

（1）应能正确地指示出故障断路器的位置状态。

（2）当断路器事故跳闸时，能及时发出事故音响信号并使相应的位置信号灯闪光或亮白灯。

（3）当电路或电气设备出现不正常运行状态时，应能瞬时或延时发出预告音响信号，并有光字牌显示故障的性质。

（4）事故及预告音响信号装置、闪光信号和光字牌，应能进行完好性检查试验。

（5）音响信号应能手动或自动复归，而显示故障性质的光字牌仍应保留。

音响信号的复归方式可分为就地复归、中央复归、手动复归、自动延时复归等方式。就地复归：在电气设备安装所在地进行个别信号单独复归；中央复归：在主控制室内中央信号盘上集中复归；手动复归：值班人员在相应配电盘上进行复归；自动延时复归：信号发出后，经一定时间的延时，电路自动复归有关信号。

（6）预告信号装置应具有重复动作的功能。所谓重复动作，主要是指对音响信号而言，能重复动作是指当第一个故障出现时的音响信号解除之后，灯光信号（光字牌）未复归之前，也就是第一个故障未排除前，如果又出现不正常工作状态，中央信号装置仍能按要求发出音响及灯光信号。在上述时间范围内不能连续发出若干音响信号，而只有当前一个故障排除后，才能发出后续故障的音响信号时，称为不重复动作。

8.4　继电保护装置

8.4.1　继电保护概述

继电保护装置是指能反应电力系统中电气元件发生故障或不正常运行状态，并动作于断路器跳闸或发出信号的一种自动装置。

继电保护装置的任务简单说就是故障时跳闸，而不正常运行时发信号。具体包括以下内容。

（1）故障时动作保护电力系统及设备安全。当被保护的电力系统元件发生故障时，应该由该元件的继电保护装置迅速准确地给脱离故障元件最近的断路器发出跳闸命令，使故障元件及时从电力系统中断开，以最大限度地减少对电力系统元件本身的损坏，降低对电力系统安全供电的影响。

（2）反应电气设备的不正常工作情况，并根据不正常工作情况和设备运行维护条件的不同发出信号。反应不正常工作情况的继电保护装置允许带一定的延时动作。

其名称中的“继电”来源于早期这种保护功能的实现主要是由各种继电器完成，虽然后来多为微机式装置取代，但其名称沿用至今，继电保护学科是电力系统的重要研究领域。继电保护技术是随着电力系统的发展及技术水平的进步而发展起来的，最早的熔断器可以认为是最简单的过电流保护，以后经历了机电型、整流型、晶体管型、集成电路型、微机型 5 个阶段，而现有大中型供配电系统中微机保护占据了主流地位。

在牵引供电系统中，常会因设备绝缘破损、外物浸入、机车过分相电弧等原因发生相间或对地短路故障，短路故障会产生强大的短路电流，并可能燃起剧烈的电弧，将故障设备烧损；短路电流通过非故障设备时，由于发热和电动力的作用，也会使这些设备损坏或缩短寿命。此外，短路时电压会大幅度降低，电力机车无法运行，最为严重的后果是短路故障会破坏电力系统的稳定性，造成大面积停电甚至整个系统的瘫痪。此外，供电设备运行中还会出现过负荷、过热、断线等不正常状态，须引起运行人员的注意，及时采取措施消除。为提高牵引供电系统的可靠性和供电质量，牵引变电所一般需要装设主变保护、馈线保护、并补保护继电保护单元，同时还应该装设备用主变及电源自动投入装置、自动重合闸装置和接触网故障定位装置等自动装置。

8.4.2 对继电保护的基本要求

继电保护装置应满足可靠性、选择性、快速性和灵敏性 4 个最基本的要求，这就是通常所说的继电保护“四性”。

1. 可靠性

任何电力设备（线路、母线、变压器等）都不允许在无继电保护的状态下运行，可靠性是对继电保护装置性能的最根本的要求。保护装置的可靠性是指在该保护装置规定的保护范围内发生了它应该动作的故障时，它不应该拒绝动作，而在任何其他该保护装置不应该动作的情况下，则不应该误动作。简单来说，就是指该动的时候动，不该动的时候不动。

2. 选择性

故障时停电范围最小是选择性的要求。一般应由距离故障点最近的保护装置切除相应的断路器，使停电范围尽量缩小，以保证系统中的无故障部分仍能继续安全运行。当故障设备或线路本身的保护装置或断路器拒动时，才允许由相邻设备保护、线路保护装置或断路器失灵保护装置来切除故障。

3. 快速性

要求尽快切除故障，以提高系统稳定性，减轻故障设备和线路的损坏程度，缩小故障波及范围，提高自动重合闸和备用设备自动投入的效果。

4. 灵敏性

灵敏性是指对于其保护范围内发生故障或不正常运行状态的反应能力。保护装置应具有必要的灵敏系数（规程中有具体规定），灵敏性需按照最不利保护动作的运行条件进行校验。

8.4.3 牵引主变保护

牵引主变压器是牵引变电所中的重要设备，变压器的安全运行对保障牵引供电系统的安全、可靠运行具有十分重要的意义。因此必须根据变压器的容量及重要性装设性能良好、动作可靠的保护装置。变压器的故障可以分为油箱内部故障及油箱外部故障两种。油箱内部故障包括绕组的相间短路、匝间短路及铁心的烧损等；油箱的外部故障主要是绝缘套管和引出线上的相间故障及单相接地故障。此外，变压器还可能出现异常运行状态，主要有：漏油造成油位下降；由于外部短路引起的过电流或长时间过负荷，使变压器绕组过热，绕组绝缘加速老化，甚至引起内部故障，缩短变压器的使用寿命。

一般牵引主变保护设置以下保护。

1. 瓦斯保护

瓦斯保护是指变压器内部故障的主要保护元件，对变压器匝间和层间短路、铁芯故障、套管内部故障、绕组内部断线及绝缘劣化和油面下降等故障均能灵敏动作。

瓦斯保护的测量元件是气体继电器。气体继电器安装在变压器油箱与油枕间的连接管上。当变压器内部发生轻微故障时，由于电弧将使绝缘材料分解并产生的气体，从油箱向油枕流动，其强烈程度随故障的严重程度不同而不同，若这种气流与油流速度较缓慢，气体继电器接通延时信号，就是所谓的“轻瓦斯”；当变压器内部发生严重故障时，则产生强烈的瓦斯气体，油箱内压力瞬时突增，产生很大的油流向油枕方向冲击，气体继电器给出跳闸信号，使断路器跳闸，就是所谓的“重瓦斯”。重瓦斯动作，立即切断与变压器连接的所有电源，从而避免事故扩大。

2. 纵联差动保护

变压器的纵联差动保护（以下简称“纵差保护”）一般用来保护变压器线圈及引出线上发生的相间短路和大电流接地系统中的单相接地短路。对于变压器线圈的匝间短路等内部故障，通常只作后备保护。其基本原理如图 8-5 所示。

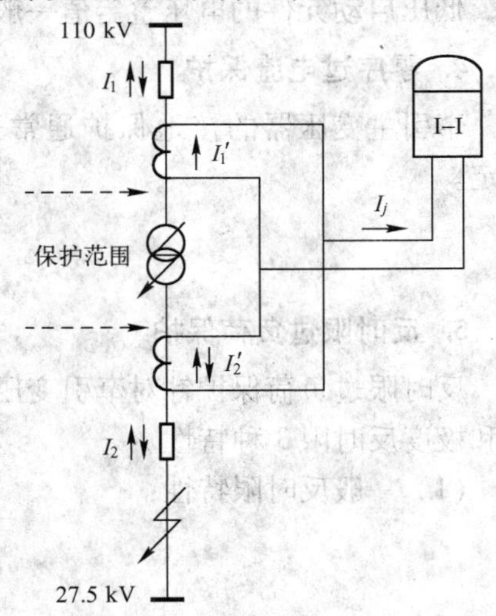

图 8-5 变压器纵差保护的基本原理

纵差保护装置由变压器两侧的电流互感器和继电器等组成，两个电流互感器串联形成环路，电流继电器并接在环路上。因此，电流继电器的电流等于两侧电流互感器二次侧电流之差。在正常情况下或保护范围外发生故障时，两侧电流互感器二次侧电流大小相等、相位相同，因此流经继电器的差电流为零，继电器不动作；但如果在保护区内发生短路故障，则流经继电器的差电流不再为零，因此继电器将动作，使断路器跳闸，从而起到保护作用。

由于变压器高压侧和低压侧的额定电流不同，因此，为了保证纵差动保护的正确工作，就必须适当选择两侧电流互感器的变比，使得在正常运行和外部故障时，两个二次电流相等，亦即在正常运行和外部故障时，差动回路的电流等于零。

对牵引主变压器通常设置差动速断保护和二次谐波闭锁的比率差动保护，二次谐波电流是由于变压器励磁涌流中含有较大的二次谐波成分；故障电流中则很少，故利用二次谐波闭锁，可以有效防止涌流引起的差动保护误动。二次谐波闭锁，以防止差动保护误动。

3. 过电流保护

为了反应变压器外部故障而引起的变压器绕组过电流，以及在变压器内部故障时，作为差动保护和瓦斯保护的后备，变压器应装设过电流保护。根据变压器容量和系统短路电流水平的不同，实现保护的方式有过电流保护、低电压启动的过电流保护、复合电压启动的过电流保护及负序过电流保护等。

牵引主变一般采用低电压启动过电流保护，是在过电流保护的基础上，再加一个低电压继电器，只有当电流元件和电压元件同时动作后，才能启动时间继电器，经过预定的延时后，启动出口中间继电器动作于跳闸。其电流整定值 I_{dz} 一般按变压器的额定电流整定，计算公式为：

$$I_{dz}=\frac{K_K\times I_E}{K_f\times n_{CT}} \tag{8-1}$$

式中，I_E——变压器额定电流；

K_K——可靠系数，一般取 1.2 ～ 1.3；

K_f——返回系数，对于微机保护来说，可取 0.95；

n_{CT}——流互变比。

低压启动元件的电压整定值一般按牵引网额定电压的 60% ～ 70% 整定。

4. 零序过电流保护

牵引主变压器的接地保护通常采用零序过电流保护。其整定一般根据以下经验公式确定。

$$I_{dz}=\frac{K_K\times I_E}{K_f\times n_{CT}}\times 70\% \tag{8-2}$$

5. 反时限过负荷保护

反时限过负荷保护针对牵引变压器过负荷运行实现保护，通常有一般反时限、非常反时限和极度反时限 3 种特性。

（1）一般反时限特性：

$$t=\frac{0.14}{\left(\frac{I}{I_{GF}}\right)^{0.02}-1}\times\frac{T_{GF}}{10} \tag{8-3}$$

式中，I——测量电流值；

I_{GF}——启动电流整定值；

T_{GF}——时间常数整定值。

非常反时限特性：

$$t=\frac{13.5}{\frac{I}{I_{GF}}-1}\times\frac{T_{GF}}{10} \tag{8-4}$$

极度反时限特性：

$$t=\frac{80}{\left(\frac{I}{I_{GF}}\right)^2-1}\times\frac{T_{GF}}{10} \tag{8-5}$$

8.4.4　馈线保护

1. 常用牵引馈线保护

1）主保护

距离保护是反映被保护线路始端电压和线路电流比值（称为测量阻抗）而工作的一种保护。线路正常运行时的测量阻抗即为负荷阻抗，其值较大；当系统发生短路时，测量阻抗等于保护安装处的线路阻抗，其值较小：而且故障点越靠近保护安装处，其值越小。当测量阻抗小于预先设定的整定阻抗时，保护动作。由于它是反映阻抗参数而工作的，故有时又称之为阻抗保护。由于距离保护既反应被保护线路故障时电压的降低，又反应电流的升高，采用方向阻抗继电器时还可反应相角的变化，因此其灵敏系数较高，在牵引馈线保护中作为主保护。

在牵引供电系统中，阻抗保护通常采用四边形或多边形特性。根据牵引负荷的特点，为了提高阻抗保护的躲负荷能力，在阻抗保护中增加自适应判据，即根据电流中的谐波含量自动调节阻抗保护的动作范围。

2）后备保护

在牵引网中除了距离保护为主外，还需要一些后备保护来构成完整的保护系统，常用的有以下几种。

（1）电流速断保护

电流速断保护一般整定值较高，保护范围比较短，无法独立完成主保护任务，但当系统发生极端故障时可以快速切除故障。为了整定时能够躲过最大负荷电流和励磁涌流，可以利用谐波进行制动和二次谐波闭锁。动作方程为：

$$\begin{cases} I_{dz}=K_K I_{fmax} \\ I_1-KI_{\Sigma}\geqslant I_{dz} \\ \dfrac{I_2}{I_1}<K_2 \end{cases} \tag{8-6}$$

式中，I_{dz}——电流速断保护整定值；

K_K——可靠系数，一般取 1.1 ～ 1.2；

I_{fmax}——最大负荷电流；

I_1——基波电流；

I_2——二次谐波电流；

I_Σ——综合谐波电流，一般按 2、3、5 次谐波的代数和计算；

K——综合谐波加权系数；

K_2——二次谐波闭锁整定值。

（2）电流增量保护。当牵引网发生高阻接地故障时，故障电流可能小于最大负荷电流，阻抗保护和电流速断、过电流保护不能动作。此时应该设置电流增量保护。当机车正常运行时，由于机车电抗器的作用，短时间内电流增量不会很大；而发生短路时，电流瞬间增大到短路电流，电流增量较大，通过比较正常状态下的负荷电流和高电阻故障电流随时间变化的不同就可以检出故障。

电流增量保护的选择能力比普通电流保护高，除了反应稳态最大负荷以外，还同时反应短时间内电流的增量，其电流整定值可适当减至一列车的最大电流。

$$\Delta I_{dz} = K_K I_{ss} \tag{8-7}$$

式中，I_{ss}——一列电力机车的启动电流；

K_K——可靠系数，一般取 1.2 左右。

电流增量保护也采用谐波制动和二次谐波闭锁，一般采用的动作方程为：

$$\begin{cases} \Delta I = I_1 - I_1' - K_h(I_2 + I_3 + I_5 - I_2' - I_3' - I_5') \geqslant \Delta I_{dz} \\ \dfrac{I_2}{I_1} < K_2 \end{cases} \tag{8-8}$$

式中，I_1、I_1'——当前和一周波前馈线基波电流；

I_2、I_3、I_5——当前二、三、五次谐波电流；

I_2'、I_3'、I_5'——一周波前二、三、五次谐波电流；

K_h——谐波加权抑制系数；

ΔI_{dz}——电流增量保护整定值；

K_2——二次谐波闭锁整定值。

（3）反时限过负荷保护。反时限过流保护能够在接触网因为长期大电流发热达到一定的程度时，切断馈线断路器。在实际运行中，用户可根据实际需要选择反时限特性曲线，参见变压器反时限过负荷保护特性曲线。

2. 馈线保护配置及整定

1）单线单边供电

在单线单边供电方式下，牵引变电所的馈线保护应配置阻抗 I 段、电流速断，可选配电流增量。阻抗 I 段按线路全长整定；电流速断按最大负荷电流整定；电流增量保护按一列机车启动电流整定。

2）单线越区供电

单线越区供电示意图如图 8-6 所示。

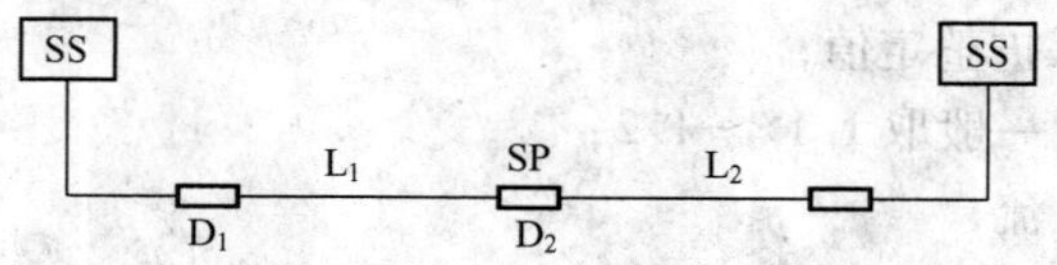

图 8-6 单线越区供电示意图

在单线越区供电方式下，牵引变电所 SS 通过分区所 SP 向相邻牵引网供电。分区所 SP 处断路器 D_2的保护按单线单边供电方式配置。牵引变电所 SS 的断路器 D_1处配置阻抗 I 段、阻抗 II 段、电流速断，可选配电流增量。阻抗 I 段按线路 L_1全长的 85% 整定；阻抗 II 段按线路全长（L_1+L_2）整定，时限与分区所 SP 的 D_2处的保护时限配合，可取 0.5s；电流速断按分区所 SP 处最大短路电流整定；电流增量的整定与单线单边供电方式下的整定相同，时限与分区所 SP 处断路器的保护时限配合，可取 0.5s。

3）双线单边供电方式

双线单边供电示意图如图 8-7 所示。

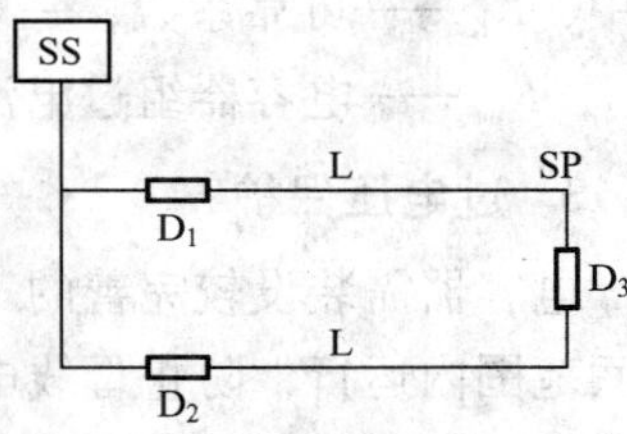

图 8-7　双线单边供电示意图

在双线单边供电方式下，上下行供电臂一般在分区所 SP 并联，牵引变电所 SS 中的 D_1和 D_2处的保护配置相同，均配置阻抗 I 段，阻抗Ⅱ段、电流速断，可选配电流增量。阻抗 I 段按线路全长 L 的 85% 整定；阻抗Ⅱ段按线路上下行供电臂的总长度 2L 整定，时限与分区所 SP 处 D_3的保护时限配合，可取 0.5s；电流速断的整定与单线越区供电方式下的整定相同；电流增量的整定与单线单边供电方式下的整定相同，时限与分区所 SP 的 D_3处的保护时限配合，可取 0.5s。

分区所 SP 的 D_3处配置正向阻抗 I 段、反向阻抗 I 段、电流速断，可选配电流增量。阻抗 I 段按供电臂全长 L 整定；电流速断按一列车的最大负荷电流整定；电流增量的整定与单线单边供电方式下的整定相同。

8.4.5　并补保护

牵引变电所并联电容补偿装置是牵引供电系统中重要的电气设备，其安全运行直接关系到电气化铁路的安全稳定。电力电容器在运行中出现的故障主要有：电容器内部薄弱环节处的元件出现连续性的击穿故障；母线电压升高或因电容器组上个别电容器切除后引起的过电压；高次谐波引起的过电流；电容器绝缘损坏时的接地故障；电容器内部引线及套管相间短路；电容器组和断路器之间的引线短路；电源断开而引起的失压等。

牵引供电中常用的并补保护有电流速断、过电流、过电压、低电压、差电流、差电压、谐波过电流等保护。

1. 电流速断保护

用于断路器到电容器连接线短路故障的保护，按躲过最大合闸涌流整定。

$$I_{dz}=K_K\times I_{ymax} \tag{8-9}$$

式中，K_K——可靠系数，一般取 1.2 左右；

I_{ymax}——并补装置的最大合闸涌流，根据《并联电容器装置设计规范》（GB 50227—2008）规定：

$$I_{ymax}=\sqrt{2}I_e\times\left(1+\sqrt{\frac{X_C}{X_L}}\right) \tag{8-10}$$

式中，I_e——电容器组额定电流；

X_C——电容器组容抗；

X_L——串联电抗器的感抗。

2. 过电流保护

过电流保护能够反应电容器组与断路器之间的引线、绝缘子、套管间的相间短路故障，用来防止电容器组过负荷和内部部分接地故障的保护，同时可以作为电流速断保护的后备，一般按电容器组的过电流倍数整定，时限按躲过并补装置合闸涌流的最大持续时间来整定。

$$I_{dz}=K_K K_{pe} I_e \tag{8-11}$$

式中，K_K——可靠系数，一般取1.2左右；

K_{pe}——电容器组过电流倍数。

3. 过电压保护

电容器需装设较完善的工频过电压保护，确保电容器在不超过最高允许电压下和规定的时间范围内运行，防止母线电压过高时损坏电容器。国标规定，电容器允许的工频过电压最大持续时间为：在1.1倍额定电压下，可长期运行；在1.15倍额定电压时，每24小时可运行30 min；在1.2倍额定电压时，为5 min；在1.3倍额定电压时，为1 min。

过电压保护一般按电容器组额定电压的1.05～1.1倍整定，典型时限为1～2 s。

4. 低电压保护

运行中的电容器如果突然失去电压，对电容器本身并无损害。但当变电所断电后恢复时，可能在电容器上产生操作或谐振过电压，造成电容器损坏；另外，当电容器组母线突然失压时，电容的积累电荷缓慢释放，若此时电压立即恢复，电容器将再次充电，可能造成电容器过电压损坏。为此，变压器保护或其他保护跳开母线进线断路器时，应同时联跳电容器，但若加设低电压保护，可不联跳电容器。若设低电压保护，一般按0.5～0.6倍额定电压整定，典型时限为0.5～1 s，其动作时限应小于上级电源进线重合闸或备用电源自投装置的动作时限。

5. 差电流保护

差电流保护是用于电容器或电抗器接地故障的主保护，由电容补偿装置两端电流互感器二次侧差接构成。电容器组正常工作时，差电流为零；而发生内部接地故障时，产生差动电流。一般可按下式整定。

$$I_{dz}=K_K\times k_{tx}\times \Delta f_{max}\times I_{ymax} \tag{8-12}$$

式中，K_K——可靠系数，取1.3；

k_{tx}——同型系数，两端流互同型时取0.5，不同型取1；

Δf_{max}——电流互感器最大允许误差，取0.1。

6. 谐波过电流保护

谐波过电流保护用于防止由于谐波含量过高而引起电容器过热对电容器造成的危害，根据《并联电容器装置设计规范》（GB 50227—2008）规定：

$$I_{dz}=\sqrt{(1.3I_e)^2-\left(\frac{27\ 500}{X_C-X_L}\right)^2} \tag{8-13}$$

典型时限为120 s。

7. 熔断器保护

若补偿装置的电容器串联数较多，则可能在电容器发生故障时，总电流变化不大，这种情况过电流保护是不会动作的，须采用快速熔断器来配合保护补偿装置的电容器。

熔断器保护是电容器内部故障的保护，通常可采用装在电容器内的熔丝与每个元件串联。在某些元件过热、游离造成局部击穿时，故障电容器如果不及时切除，它不仅从电源处取得故障电流，而且与它并联的其他电容器也都将对故障电容器放电。并联的电容器越多时，电流值会很大，这样就会加剧故障的扩大。熔断器能切断并隔离故障元件，保证其他完好元件的继续正常运行。熔断器安装简单，选择性好，故障后可以直接找到故障电容器。

8.5　综合自动化系统

8.5.1　传统自动化系统存在缺陷

传统的牵引变电所二次回路部分是由继电保护、当地监控、远动装置、故障录波和测距、直流系统与绝缘监视及通信等各类装置组成的，以往它们各自采用独立的装置来完成自身的功能且均自成系统，分为继电保护屏、控制屏、中央信号屏、RTU 屏、测量屏、计量屏等。由此不可避免地产生了各类装置之间功能相互覆盖，部件重复配置，变电所内电缆错综复杂。其主要缺陷表现为以下几点。

(1) 安全性和可靠性较低。继电保护装置、控制装置、中央信号装置等多采用电磁型或晶体管式，其结构复杂，可靠性不高，且本身没有故障诊断能力。

(2) 占用空间大。传统的牵引变电所二次设备多数采用电磁式或晶体管，各种保护、测量与控制屏数量多，需要较大的空间。

(3) 维护工作量大，不利于提高运行管理水平和自动化水平。变电所内线缆众多，故障率较高；另外电磁式或晶体管型的装置易受外界因素影响，如晶体管型继电保护装置，其工作点易受环境温度的影响，整定值必须定期停电校验，工作量较大，也无法实现远方修改定值。

8.5.2　变电所综合自动化系统简介

综合自动化系统是将变电站的二次设备（包括测量仪表、信号系统、继电保护、自动装置和远动装置等）经过功能的组合和优化设计，利用先进的计算机技术、现代电子技术，通信技术和信号处理技术，实现对全站设备的自动监视、自动测量、自动控制和保护，以及与调度通信等综合性的自动化功能。

变电站自动化的功能，则是将遥测、遥信进行采集，通过现场单元部件独立完成遥控执行命令和继电保护功能等，这些信息通过网络与远程通信控制单元和后台计算机系统进行通信，完成了传统的 RTU 和变电站当地综合系统的功能。因此，在现代的变电所综合自动化系统中，“保护” 和 “自动化” 专业及设备界限发生了变化。

随着集成电路技术、微计算机技术、通信技术和网络技术的不断发展，综合自动化系统也得到了迅速发展。

1）分立元件的自动化装置阶段

早期的远动技术可以追溯到20世纪40年代至70年代期间，是在自动电话交换机和电子技术基础上逐步发展起来的，最早用于电力工业的远动设备便是由电话继电器、步进器和电子管为主要元器件组成的。随着半导体技术的发展，60年代开始出现晶体管无触点式远动设备，70年代出现集成电路远动设备。与此同时，为了提高电力系统的安全与经济运行水平，各种功能的自动装置被陆续研制出来。如自动重合闸装置、低频自动减载装置、备用电源自投装置和各种继电保护装置等。

这一阶段的综合自动化设备有如下主要特点：不涉及软件，主要采用模拟电路，核心硬件是晶体管及中小规模集成电路芯片；采用集中组屏方式，各装置独立运行、互不相干、耗电多、维修周期短，缺乏智能性，没有故障自诊断能力；终端设备与置于远方控制中心或调度中心的接收设备均为一对一方式；远动设备内部各部分之间以并行接口技术为主，很少或几乎不使用串行接口技术；大部分远动设备只完成遥测与遥信二遥功能，少部分还具有遥控遥调，即所谓四遥功能。

2）智能自动装置阶段

20世纪80年代到90年代，由于微处理器芯片（CPU）和各种作为外围电路的大规模集成电路的出现和应用，由晶体管等分立元件组成的自动装置逐步由大规模集成电路或微处理器所代替，出现了微机保护装置、微机远动装置等。同时它又与个人计算机（PC）相结合，出现了所谓数据采集与监控系统，即SCADA系统。广义的SCADA系统不仅包括这里所述的远动设备，也包括调度自动化中完整的主站系统。这意味着远动将向提高传输速度、提高编译码的检纠错能力、应用智能控制技术对所采集的数据进行预处理和正确性检验等方向发展，这样远动一词也逐渐为监控所取代。集中式变电所自动化系统是在变电站控制室内设置计算机系统作为变电所自动化的核心，另设置数据采集和控制部件，由于采集数据和发出控制命令。微机保护柜除保护部件外，每柜有一管理单元，其串行口与变电站自动化系统的数据采集及控制部件相连，传送保护装置的各种信息和参数，整定和显示保护定值。

由微处理器构成的智能自动装置具有智能化和计算能力强的显著特点，装置本身具有故障自诊断能力；设备内部逐渐从并行接口转向串行接口技术；与调度中心或远方控制中心之间的通信方式除了电力线载波之外还有其他诸如微波、特高频、邮电线路、光纤等多种方式；远动功能由二遥发展到四遥且增加了若干附加功能。这些大大提高了测量的准确性、监控的可靠性和自动化水平。

3）综合自动化系统阶段

随着半导体芯片技术、通信技术及计算机技术飞速发展，变电所自动化技术发展到当前的变电所综合自动化技术阶段。其重要特点是：以分层分布结构取代了传统的集中式；把变电站分为两个层次，即变电站层和间隔层，在设计理念上不是以整个变电站作为所要面对的目标，而是以间隔和元件作为设计依据。

分散式变电所自动化系统的现场单元部件分别安装在中低压开关柜中或作为高压一次设备附件，这些部件可以是集保护和测控功能为一体的综合性装置，也可以是现场的微机保护装置和测控装置。在变电所控制室内设置计算机系统，与各现场单元部件进行通信。现场总线及光纤通信的应用为功能上的分布和地理上的分散提供了技术基础，网络尤其是基于

TCP/IP 的以太网在自动化系统中得到应用。智能电子设备（IED）的大量应用，诸如继电保护装置、自动装置、电源、五防、电子电度表等可视为 IED 而纳入一个统一的变电站自动化系统中。遥信、遥测量的采集和处理，遥控命令的执行和继电保护功能等均由现场单元部件独立完成，并将这些信息通过网络送至后台计算机，而变电所自动化的综合功能均由后台计算机系统承担。

8.5.3　综合自动化系统构成

我国牵引变电所综合自动化系统一般采用分层分布式综合自动化系统。一般将整个变电所设备分为三层：变电所层（或称管理层）、间隔层（或称单元层）和过程层（或称设备层）。变电所层包括监控主机、远动通信机等，一般设现场总线或局域网以交换信息。间隔层一般按断路器间隔划分，包括测量、控制部件和继电保护装置。过程层主要指变电所内的变压器和断路器、隔离开关及其辅助触点，电流、电压互感器等一次设备。分层分布式综合自动化系统可分为集中组屏模式和分散安装模式，在集中组屏模式下，将综合自动化系统按其不同的功能组装成多个屏，集中安装在主控室内，其结构图如图 8-8 所示。

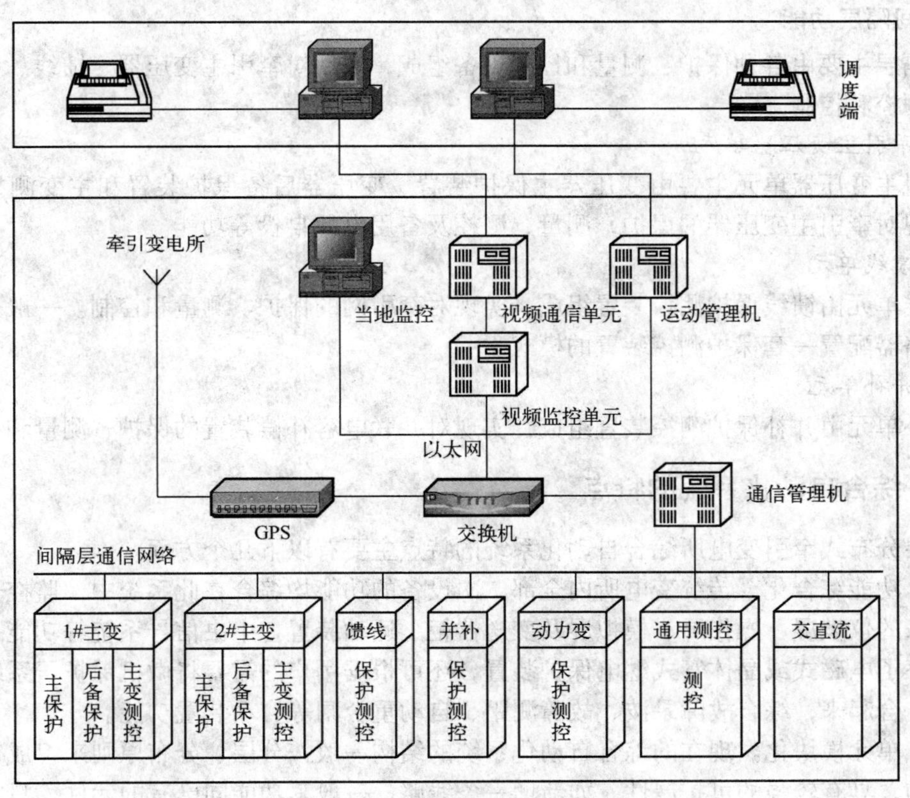

图 8-8　牵引变电所综合自动化系统结构图

1. 变电所层

变电所层的主要任务是按既定规约将有关数据信息送向调度或控制中心同时接收调度或控制中心有关控制命令并转间隔层、过程层执行。该层由互相独立的当地监控单元和远动通信单元组成。在正常情况下，调度端控制命令不通过当地监控单元即可执行，同时通过当地监控的显示器监视变电所运行情况。当远方控制失效时，当地监控单元作为远方控制失效的后备手段在当地进行控制操作。

1）当地监控单元功能

当地监控单元由当地监控主机、流水及报表打印机、通信管理机组成，其功能如下。

（1）当地监控。实时监视变电所内的各种运行和故障信息；实现对所内的各种开关的分/合控制、信号复归等各种控制操作；实现保护装置的复归及参数整定。

（2）系统维护。完成系统数据的建立及修改、组态画面建立及修改、历史数据库的管理、系统运行参数的定义、修改及系统程序的维护和开发等功能。

（3）记录报表。主要包括调度员操作记录、故障报警及事件顺序记录、遥测量越限记录等；实现监控数据的报表打印功能。

2）远动通信单元功能

远动通信单元完成向远方调度中心传输监控及保护信号，既支持对该信号进行调制和解调，也支持光纤数字通道完成远动功能，同时完成牵引变电所内的时间同步。

2. 间隔层功能

间隔层主要由各种保护、测量和控制设备组成，实现对牵引主变压器、馈线、电容器的保护，测控和控制。

1）牵引主变压器单元

牵引主变压器单元主要由变压器主保护装置、变压器后备保护装置和主变测控装置组成，实现对牵引主变压器的保护，测量、测控及备用电源自投等功能。

2）馈线单元

馈线单元由馈线保护测控装置组成，实现对牵引网的保护、测量和控制。一般采用一台馈线断路器配置一套保护测控装置的模式。

3）并补单元

并补单元由并补保护测控装置组成，实现对并联电容补偿装置的保护、测量和控制。

8.5.4 综合自动化系统的特点

分层分布式牵引变电所综合自动化系统的特点主要有以下几个方面。

（1）功能综合化。传统变电所内全部二次设备的功能均综合在此系统中。监控子系统综合了原来的仪表屏、操作屏、模拟屏及变送器柜、远动装置、中央信号系统等功能；保护子系统代替了电磁式或晶体管式继电保护装置，还可根据用户的需要将微机保护子系统和监控子系统结合起来，综合故障录波、故障测距、自动重合闸等自动装置功能。

（2）单元模块化。现在的综合自动化系统的结构一般按分层、分布原则来组成，采用单元化结构，具有较强的可扩展性。如新增一条线路，一般其功能同已有的元件，只需要增加一套设备即可。有关系统功能，均可通过主计算机上提供的辅助工具，方便地进行修改、扩充，从而使原有的投资充分发挥其效益。

（3）监控屏幕化。常规方式下的指针表读数，被屏幕数据所取代；常规庞大的模拟屏，被计算机屏幕上的实时主接线监控画面取代；常规在断路器安装处或控制屏上进行的合、跳闸操作，被 CRT 屏幕上的鼠标操作或键盘操作所取代；常规的光子牌报警信号，被 CRT 屏幕画面闪烁和文字提示或语言报警所取代。通过计算机的显示器可以监视全变电所的实时运行情况和控制所有的开关设备。

（4）运行管理智能化。智能化不仅表现在常规的自动化功能上，如自功报警、自动报表，事故判别与记录等方面，更重要的是能实现故障分析和恢复操作智能化，以及自动化系统本身的故障自诊断，自闭锁和自恢复等功能。综合自动化系统不仅检测一次设备，还实时检测自身是否有故障，充分体现了系统的智能化。

8.6　自用电系统

在牵引变电所中，通常装设专用供电系统，满足其自身运转的用电需求，称为自用电系统。自用电系统在供电系统中处于极其重要的地位，它的工作正常与否直接影响主电路的正常运行。因此，要求无论主电路处于何种工作状态，自用电源均应安全可靠持续供电。

自用电系统的供电任务如下。

（1）二次监控、保护、信号等系统的直流用电，即操作电源。

（2）所内辅助设备的交流用电，包括变压器冷却风扇、设备加热、蓄电池室内通风、室内外照明、移动油业务、设备检修、蓄电池组的充电硅整流等。

8.6.1　交流自用电系统

为了可靠地向交流自用电设备供电，牵引变电所通常设有两台容量为 50 ～ 100 kVA 的自用电变压器，一台工作，另一台备用。每台变压器都应能单独承担变电所的自用电负荷，并且还应装有备用电源自投装置，运行的自用电源一旦发生故障时，备用电源能够自动投入运行。自用电变压器一般从牵引侧母线取电，若有独立于牵引变电所交流系统的地方 10 kV 三相交流电源，则自用电变压器中的一台应由该电源供电。

（1）主变压器采用三相变压器接线时，自用电变压器照例使用普通的（27.5/0.4 kV）三相动力变压器。例如，当主变压器采用 YND11 接线时，自用电变压器采用 D11YN 接线方式。其中高压侧的一个出线端可以直接与钢轨及地相连，另两个出线端则与 27.5 kV 母线相连，从而取得三相对称电源。

（2）主变压器采用三相-两相变压器接线时，可以根据具体情况，采用主变压器的反接线方式取得三相对称电源。例如，当主变压器采用斯科特接线时，自用电变压器采用逆斯科特接线方式。

（3）当主变压器采用 V 形接线时，自用电变压器也相应由两台单相变压器联接成 V 形接线方式。但这种牵引变电所应当备有可以应急使用的单相－三相电源，如劈相机、劈相变压器或者直－交逆变器。以防止牵引变电所中一旦有一相缺电时，仍可从单相电源上取得三相电源，从而使交流自用电负荷得到不间断供电。

8.6.2　直流自用电系统

在牵引变电所内，开关电器的距离控制、信号、继电保护、自动装置及事故时的照明等负荷要求有专门的电源供电，专门向二次接线装置供电的电源称为操作电源。操作电源按电能的性质可分为交流操作电源和直流操作电源两类。采用直流 220 ～ 110 V 作为操作电源时，称为直流操作电源，它与直流自用电负荷馈线连接构成直流系统。

直流系统按获得直流电能方式的不同，一般有下面几种类型。

1. 蓄电池组直流系统

根据蓄电池电解液和电极所用物质的不同，蓄电池组直流系统一般分为铅酸蓄电池组直流系统和碱性蓄电池组直流系统两种。

近年来，牵引变电所多采用带镉镍蓄电池组的直流系统。因为采用这种直流系统不仅可以节省建蓄电池室的投资，且镉镍蓄电池与铅酸蓄电池相比，具有体积小、机械强度高、工作电压平稳、放电特性好、运行维护方便、使用寿命长等优点，故在牵引变电所中得到了广泛应用。

例如，GNz150 碱性蓄电池的型号意义为：第 1 部分是“1”，没有必要表示出来；第 2 部分“G”表示负极材料镉；第 3 部分“N”表示正极材料镍；第 4 部分“z”表示中放电率；第 5 部分“150”表示额定容量为 150 Ah。

单个碱性蓄电池的额定电压为 1.2V，在型号中无需表示。按电压要求，以成组的蓄电池出厂时，其型号中应表示蓄电池的个数。如 2GNG10 表示由两个蓄电池串联组合而成，其额定电压为 2.4 V，额定容量为 10 Ah 的高倍率镉镍蓄电池。

2. 整流式直流系统

整流式直流操作电源分为硅整流和可控硅整流两种，前者采用硅二极管组成的单相桥式整流电路或三相桥式整流电路。后者采用可控硅和硅二极管组成的半控三相桥式整流电路，将交流电能转变为直流电能向直流负荷供电。整流式直流操作电源维修工作量小，容量大，使用寿命长，造价低。但整流装置受交流系统运行情况影响大，供电可靠性不强。为提高整流式直流操作电源的可靠性，牵引变电所中一般采用下面几种措施。

(1) 复式整流。整流装置不仅由所用变压器和电压互感器等电源提供，还有反映短路电流的电流互感器等电源供电，这样不论交流系统正常或故障，整流装置都能可靠的工作，从而提高了整流式直流操作电源的供电可靠性。

(2) 电容储能装置。在直流系统的直流母线上附加一套或数套电容器组，交流电源正常时，由整流装置向电容器组充电并承担全部直流负荷，交流电源事故失压后，由储能电容器放电，满足直流负荷的需要。

(3) 配备小容量碱性蓄电池组。碱性蓄电池与整流装置并联，挂在直流母线上，交流电源正常时，由整流装置承担全部直流负荷并向碱性蓄电池充电，交流电源事故失压后，由碱性蓄电池放电，满足直流负荷的需要。

以上三种措施仅能保证交流电源失压时，断路器可靠分闸和发出分闸信号，而断路器的合闸仍需交流电源恢复正常后，由大功率整流装置提供合闸电源。

复习参考题

1. 何谓就地控制、距离控制和远动控制？
2. 简述原理接线图的作用、特点和制识图原则。
3. 简述展开接线图的作用、特点和制识图原则。

4. 简述安装接线图的作用、特点和制识图原则。
5. 简述高压开关控制信号回路的作用和结构。
6. 简述中央信号装置的分类和功能。
7. 简述对于继电保护的基本要求。
8. 简述牵引变压器的保护配置和整定计算。
9. 简述牵引馈线的保护配置和整定计算。
10. 简述牵引并补装置的保护配置和整定计算。
11. 何谓轻瓦斯和重瓦斯保护?
12. 简述纵差保护的原理和特点。
13. 简述电流增量保护的原理和特点。
14. 简述变电所综合自动化的功能和特点。
15. 简述变电所综合自动化的分层分布式结构，何谓分层和分布?
16. 简述交直流自用电系统的功能和结构。

第9章 防雷与接地

【本章内容概要】

概述电力系统中过电压及雷电的有关概念；介绍相关防雷设备；讲述接地的有关概念，接地装置的要求、装设与布置，接触电势、跨步电势及其计算；详细阐述接地电阻的要求及其计算。

【本章学习重点与难点】

学习重点：牵引供电系统防雷措施；接地要求及其计算。

学习难点：防雷、接地设计与计算。

9.1 过电压与防雷

9.1.1 过电压及雷电的有关概念

1. 过电压的种类

过电压是指在电气设备或电气线路上出现的超过正常工作要求的电压。过电压一般可分为内部过电压和雷电过电压两种。

(1) 内部过电压：是指由于电力系统中开关操作、发生故障或负荷骤变时引起的过电压。内部过电压大致可分为操作过电压及谐振过电压。操作过电压是由于系统中开关操作或是负荷骤变引起的过电压。谐振过电压是由于线路中的电感、电容值达到谐振频率时使得线路发生谐振而产生的过电压，弧光接地引起的断续性电弧产生的过电压也是由谐振引起的。

(2) 雷电过电压：是指电力系统中的设备或建筑物遭受雷击或雷电感应而引起的过电压。雷电过电压产生极强的雷电冲击波，产生的电压和电流都非常大，对电力系统和建筑物造成极大危害，必须采取有效措施加以防护。

2. 雷电现象及危害

1) 雷电的形成

在闷热的天气里，地面湿气上升，遇到冷空气凝成冰晶。由于某种原因冰晶一部分带正电，一部分带负电。带正电的冰晶上升形成正雷云，带负电的冰晶则下降，形成负雷云。据观测，在地面上产生雷击的多为负雷云。

当雷云接近地面时，地面会感应出大量异性电荷，在某一方位上电场强度达到一定程度时，就会发生放电，形成直击雷。首先，雷云向这一方向放电，形成一个导电的空气通道，称为雷电先导。在雷电先导下行到离地面一定距离时，地面也形成一个上行的迎雷先导。雷电先导和迎雷先导接通，正、负电荷中和而产生强大的雷电流，这是直击雷的主放电。主放电结束之后，雷云中的剩余电荷继续向大地放电，称为余辉放电。

雷电流是一个幅值很大、陡度很高的冲击波电流，如图 9-1 所示。

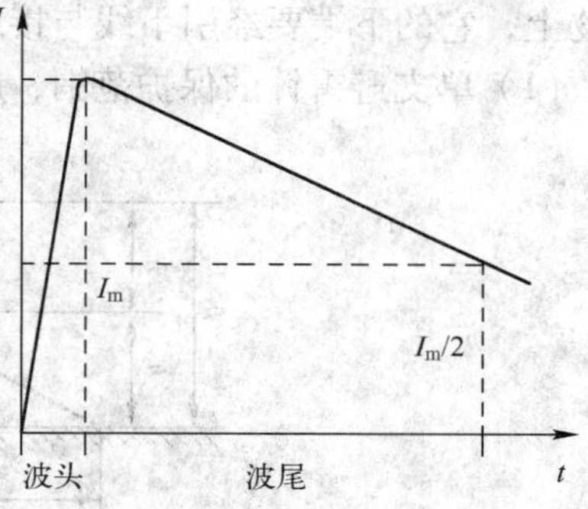

图 9-1　雷电流波形

雷电流的幅值与雷云中的电荷量及放电通道的阻抗有关。雷电流一般在 1 ～ 4 μs 内增长到幅值 I_m。雷电流从零到幅值的一段称为波头，从幅值起衰减到 $I_m/2$ 的一段波形称为波尾。波头部分雷电流增长的速率用陡度 α 来表示。雷电流的陡度可达到 50 kA/μs，由 $u=\frac{L_d I}{dt}$可知，雷电流的陡度越大，雷电过电压就越高，对设备绝缘的破坏也越大。

防雷措施与雷暴日有关。凡有雷电活动的日子，包括看到雷闪和听见雷声，都称为雷暴日。由当地气象台、站统计的 20 年及以上的雷暴日的记录，用算术平均求得的平均值，称该地区的雷电日。年平均暴雷日数在 20 天及以下的地区，称为少雷区。年平均雷暴日数在 20 天以上，不超过 40 天的地区，称为多雷区。年平均雷暴日数在 40 天以上，不超过 60 天的地区，称为高雷区。年平均雷暴日数超过 60 天的地区称为强雷区。年平均雷暴日数越多，说明该地区的雷电活动越频繁，因此防雷要求越高，防雷措施也需加强。

2）雷电过电压的危害

雷电过电压对设备的危害有为直接雷击、感应雷击和雷电波入侵三种类型。

（1）直接雷击：是指雷电直接击中电气设备、线路或建筑物，强大的雷电流通过被雷击的物体流入大地，从而产生极强的热效应和机械效应，对物体产生破坏，同时还伴有电磁脉冲和闪络放电，对电气和电子设备产生危害。加在被击物上极高的电压降，将引起电气设备的绝缘损坏。

（2）感应雷击：是指雷云漂浮在设备上方，由于静电感应和电磁感应，设备上会积聚大量异性电荷，使其产生感应过电压，造成设备绝缘破坏。

（3）雷电波入侵：是指架空线路上的直接雷击或感应雷击引起的过电压波沿线路侵入变配电所，使设备遭受破坏，也称高电位引入。供电系统中，雷电波入侵造成的雷害占总雷害事故的一半以上，所以对雷电波入侵应有足够的防范措施。

9.1.2　防雷设备

1. 接闪器

接闪器是用来接受直击雷的金属物体。接闪器分为避雷针、避雷线、避雷带和避雷网几种。

1）避雷针

避雷针实质是引雷。避雷针高于周围物体，当雷云飘来，由避雷针形成迎雷先导，使得雷云对避雷针放电，然后经与避雷针相连的引下线和接地装置，将雷电流泄放到大地中去，从而使保护范围内的线路、设备和建筑物等免受雷击。

避雷针一般采用镀锌圆钢（针长 1m 以下时直径不小于 12mm、针长 1 ～ 2m 时直径不小于 16mm）或镀锌钢管（针长 1m 以下时内径不小于 20mm、针长 1 ～ 2m 时内径不小于 25mm）制成。出于艺术的角度考虑还有其他形状。它通常安装在电杆（支柱）或构架、建筑物上，它的下端要经引下线与接地装置相连。

（1）单支避雷针的保护范围，应按下列方法确定（图 9-2）。

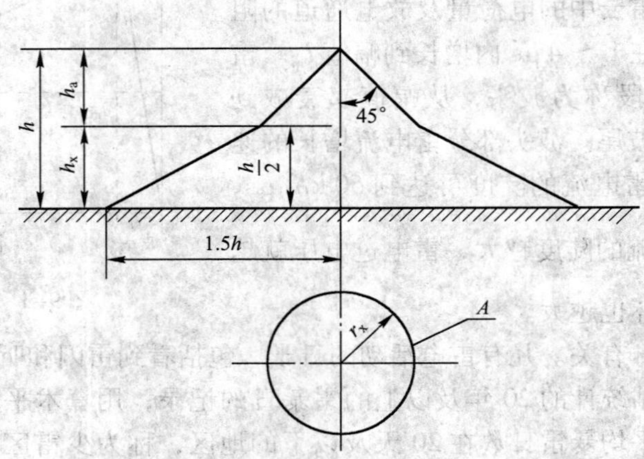

图 9-2　单只避雷针保护范围

① 避雷针在地面上的保护半径，应按下式计算：

$$r = 1.5h \tag{9-1}$$

式中，r——保护半径，m；

h——避雷针的高度，m。

② 当被保护物高度 h_x 水平面上的保护半径应按下式确定。

当 $h_x \geqslant \frac{h}{2}$ 时，

$$r_x = (h - h_x)p = h_a p \tag{9-2}$$

式中，r_x——避雷针在 h_x 水平面上的保护半径，m；

h_x——被保护物高度，m；

h_a——避雷针的有效高度，m；

p——高度影响系数，$h < 30$ m 时，$p = 1$；30 m $< h \leqslant 120$ m 时，$p = \frac{5.5}{\sqrt{h}}$。

当 $h_x < \frac{h}{2}$ 时，

$$r_x = (1.5h - 2h_x)p \tag{9-3}$$

（2）两支等高避雷针的保护范围。当需要保护的范围较大时，用一支高避雷针往往不如用两支比较低的避雷针保护有效，由于两针之间有良好的屏蔽作用，除受雷击的可能性极小外，施工也较方便。

① 两针外侧的保护范围应按单只避雷针的计算方法确定。

② 两针间的保护范围应按通过两针顶点及保护范围上部边缘最低点 O 的圆弧（图 9-3）确定，圆弧的半径为 R_O。O 点为假想避雷针的顶点，其高度按下式计算：

$$h_0 = h - \frac{D'}{7p} \tag{9-4}$$

式中，h_0——两针间保护范围上部边缘最低点，m；

D'——两避雷针间的距离，m。

两针间 h_x 水平面上保护范围的一侧最小宽度应按下式计算：

$$b_x = 1.5(h_o - 2h_x) \tag{9-5}$$

式中，b_x——保护范围一侧最小宽度，m，当 $D = 7h_a p$ 时，$b_x = 0$。求得 b_x 后，可按图 9-3 绘出两针间的保护范围。两针间距离与针高之比 D/h 不宜大于 5。

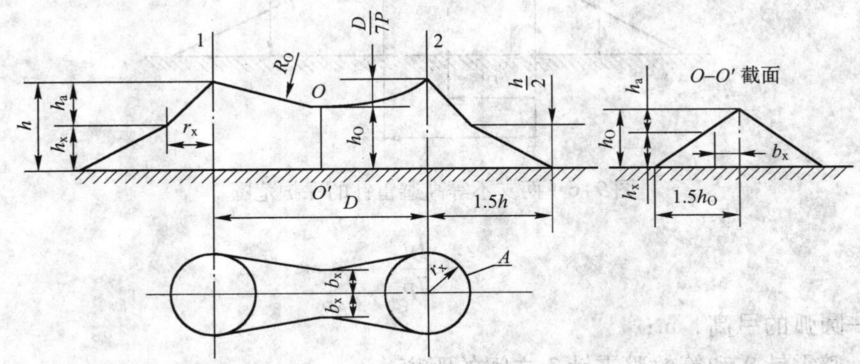

图 9-3　两支等高避雷针保护范围

（3）三支等高避雷针保护范围确定。三支等高避雷针所形成的三角形 1、2、3 的外侧保护范围如图 9-4 所示，应分别按两支等高避雷针的计算方法确定。当在三角形内被保护物最大高度 h_x 水平面上，各相邻避雷针间保护范围的一侧最小宽度 $b_x \geqslant 0$ 时，全部面积应受到保护。

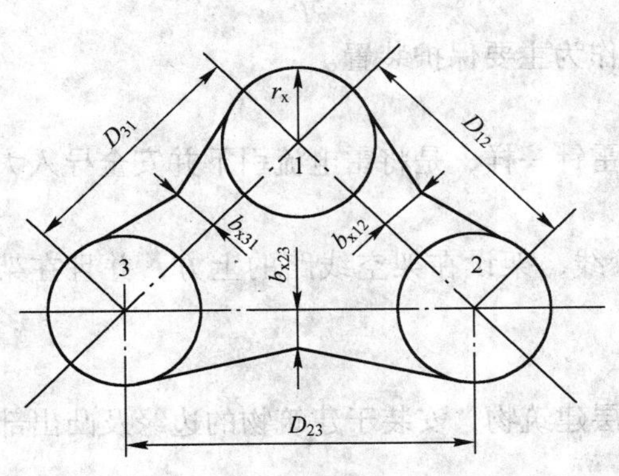

图 9-4　三支等高避雷针保护范围

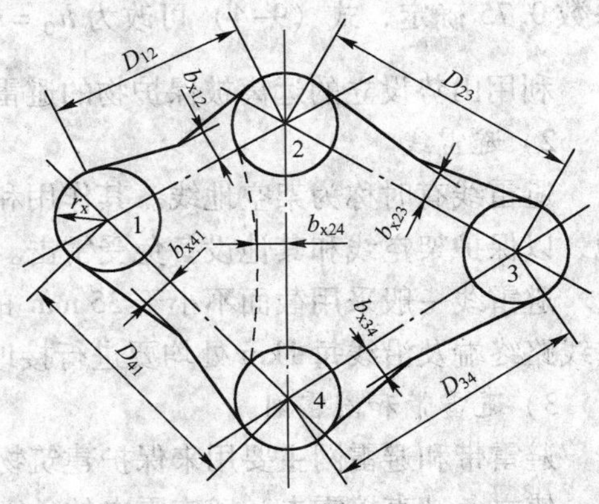

图 9-5　四支等高避雷针保护范围

（4）四支及以上等高避雷针的保护范围。四支及以上等高避雷针所形成的四角形或多角形，可先将其分成两个或几个三角形，然后分别按三支等高避雷针的方法计算，当各边保护范围的一侧最小宽度 $b_x \geqslant 0$ 时，全部面积应受到保护，如图 9-5 所示。

（5）不等高避雷针的保护范围。

① 两支不等高避雷针外侧的保护范围，应分别按单只避雷针的计算方法确定。

② 如图 9-6 所示，两支不等高避雷针的保护范围，应按单支避雷针的计算方法，先确定 1 的保护范围，然后由较低避雷针 2 的顶点作水平线与避雷针 1 的保护范围交于点 3，取点 3 为等效避雷针的顶点，再按两支等高避雷针的计算方法，确定避雷针 2、3 间的保护范围，通过避雷针 2、3 顶点及保护范围上部边缘最低点的圆弧，其弓高应按下式计算：

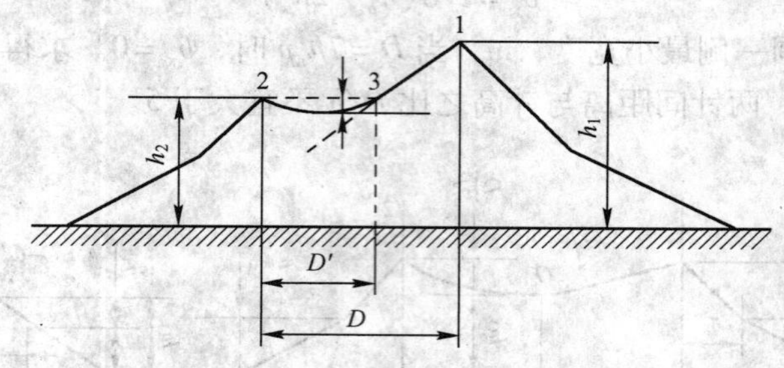

图 9-6　两支不等高避雷针的保护范围

$$f=\frac{D'}{7p} \tag{9-6}$$

式中，f——圆弧的弓高，m；

D'——避雷针 2 和等效避雷针 3 之间的距离，m。

③ 对于多支不等高避雷针所形成的多角形，各相邻两避雷针的外侧保护范围，按两支不等高避雷针的计算方法确定，当在多角形内被保护物最大高度 h_x 水平面上、各相邻避雷针间保护范围的一侧最小宽度 $b_x \geqslant 0$ 时，全部面积应受到保护。

在山地和坡地，应考虑地形、地质及雷电活动的复杂性对避雷针保护范围的降低作用，避雷针的保护范围可以按式（9-1）、式（9-2）、式（9-3）和式（9-5）的计算结果乘以系数 0.75 确定，式（9-4）可改为 $h_0=h-\frac{D}{5p}$，式（9-6）可改为 $f=\frac{D'}{5p}$。

利用山势设立的远离被保护物的避雷针，不得作为主要保护装置。

2）避雷线

避雷线有时称为架空地线。其作用和原理与避雷针一样，是将雷电流引下并安全导入大地，以保护架空线和其他设备免受雷击。

避雷线一般采用截面不小于 35 mm^2 的镀锌钢绞线，架设在架空线路的上方，并且在架空线路终端及沿线每 1km 处均要进行接地。

3）避雷带和避雷网

避雷带和避雷网主要用来保护建筑物特别是高层建筑物，安装于建筑物的边缘及凸出部分，使之免遭直接雷击和感应雷击的危害。

避雷带和避雷网宜采用圆钢或扁钢，优先采用圆钢。圆钢直径应不小于 8 mm；扁钢截面应不小于 48 mm^2，其厚度应不小于 4 mm。当烟囱上采用避雷环时，其圆钢直径应不小于 12 mm；扁钢截面应不小于 100 mm^2，其厚度应不小于 4 mm。避雷带和避雷网的保护范围应是其所处的整幢高层建筑，各类防雷建筑物的滚环半径和避雷网的网格尺寸见表 9-1 所示。

表 9-1 各类防雷建筑物的滚球半径和避雷网的网格尺寸

建筑物防雷类别	滚球半径 h_r/m	避雷网格尺寸/m²
第一类防雷建筑物	30	≤5×5 或≤6×4
第二类防雷建筑物	45	≤10×10 或≤12×8
第三类防雷建筑物	60	≤20×20 或≤24×16

以上接闪器均应经引下线与接地装置连接。引下线宜采用圆钢或扁钢，优先采用圆钢，其尺寸要求与避雷带、避雷网采用的相同。引下线应沿建筑物外墙明敷或暗敷，并经最短路径接地。

2. 避雷器

避雷器是用来防止雷电过电压波沿线路侵入变配电所或其他建筑物内，以免危及被保护设备的绝缘。

避雷器应与电气设备并联，且安装在电气设备的电源侧，如图 9-7 所示。当线路上出现危及设备绝缘的雷电过电压时，避雷器的火花间隙就被击穿，或由高阻变为低阻，使雷电过电压通过接地线引入大地，从而保护电气设备的绝缘，或消除雷电电磁干扰。

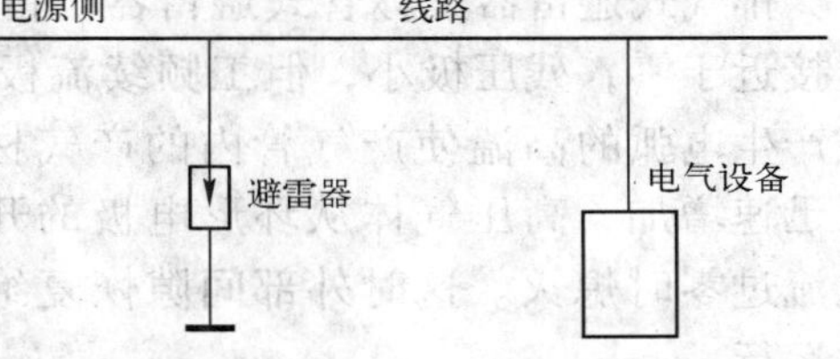

图 9-7 避雷器的连接

避雷器按结构和原理划分有保护间隙、阀式避雷器、排气式避雷器（管式避雷器）和金属氧化物避雷器等。

1）保护间隙

保护间隙的结构如图 9-8 所示。它非常简单且维护方便，但保护性能和灭弧能力较弱。

保护间隙安装时，将一个电极接线路，另一个电极接地。但为了防止间隙被外物（如鼠、鸟、树枝等）偶然短接而造成故障，双间隙的在其公共接地引下线中间串入一个辅助间隙，这样即使主间隙被外物短接，也不致造成接地或短路。

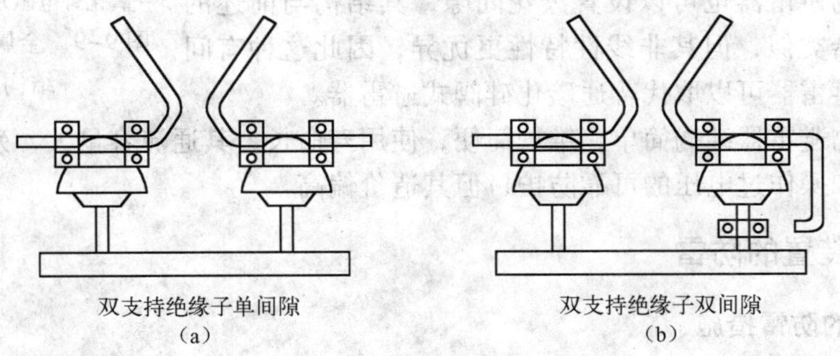

图 9-8 保护间隙的结构

保护间隙只用于室外不重要的架空线路上，而且一般要求装设自动重合闸装置。

2）阀式避雷器

阀式避雷器主要由火花间隙和阀片组成，装在密封的瓷套管内。正常情况下，火花间隙能阻断工频电流通过，但在雷电过电压作用下，火花间隙被击穿放电。阀片具有非线性电阻特性。正常电压时，阀片电阻很大，而过电压时，阀片电阻则变得很小。因此阀式避雷器在线路上出现雷电过电压时，其火花间隙被击穿，阀片电阻变得很小，能使雷电流顺畅地向大地泄放。当雷电过电压消失、线路上恢复工频电压时，阀片电阻又变得很大，使火花间隙的电弧熄灭、绝缘恢复而切断工频续流，从而恢复线路的正常运行。

上述为 FZ 型普通阀式避雷器，阀式避雷器还有 FZ 型、FS 型。FZ 型避雷器内的火花间隙旁边并联有一串分流电阻。这些并联电阻主要起均压作用，相当于增加了一条分流支路，从而大大改善了阀式避雷器的保护特性。FC 型是磁吹阀式避雷器，其内部附加有磁吹装置来加速火花间隙中电弧的熄灭，从而进一步改善其保护性能，降低残压。残压是指雷电放电电流通过防雷设备时，其端子间呈现的电压。

FS 型阀式避雷器主要用于中小型变配电所，FZ 型则用于发电厂和大型变配电站。FC 型专用来保护重要的而绝缘又比较薄弱的旋转电机等。

3）排气式避雷器

排气式避雷器又称管式避雷器，雷电过电压使其内、外间隙被击穿放电，放电时内阻接近于零，残压极小，但工频续流极大，强大的雷电流通过接地线泄放入地。内部间隙产生电弧的高温使产气管内的产气材料产生气体，管内气压迅速增加，高压气体从环形电极的开口喷出，从而使电弧电流过零时熄灭。这时外部间隙恢复绝缘，恢复双线路的正常运行。

4）金属氧化物避雷器

金属氧化物避雷器又称氧化锌避雷器、压敏避雷器，其结构示意图如图 9-9 所示。瓷套管 2 内的阀电阻片 3，具有理想的非线性电阻特性。在雷电过电压作用下，阀电阻变得很小，能顺畅地对地泄放雷电流。而在正常的工频电压下，阀电阻又变得很大，从而能迅速有效地阻断工频续流，恢复线路的正常运行。

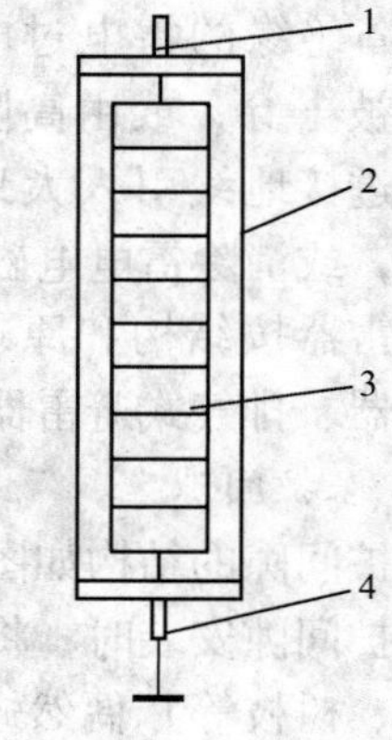

1－上接线端子　2－瓷套管
3－氧化锌电阻片　4－下接线端子
图 9-9　金属氧化物避雷器结构示意图

金属氧化物避雷器也可以设置火花间隙，其结构与前述的普通阀式避雷器类似，但其非线性特性更优异，因此这种有间隙金属氧化物避雷器可以取代普通碳化硅阀式避雷器。

金属氧化物避雷器结构简单，维护简便，使用寿命长，其通流容量大、残压低，能够实现雷电过电压和操作过电压的可靠防护，但其造价偏高。

9.1.3　电气装置的防雷

1. 接触网的防雷措施

接触网是露天设施，容易遭受雷击的侵害，所以应做好必要的防雷措施。

（1）在高雷区及强雷区，分相和站场端部绝缘锚段关节、长度 2 000 m 及以上隧道两端、较长的供电线或 AF 线连接到接触网上的接线处应装设避雷器。

这个较长的供电线或 AF 线是指从变电所、分区所等引出至接触网上网点的距离超过 200m 的供电线或 AF 线。对于超重雷区，为了防止直击雷对接触网及支柱造成危害，以提高接触网运行的可靠性，有必要设置独立的避雷线。避雷线的架设高度可根据保护范围计算确定。保护角可取 0°～45°。

（2）强雷区应架设独立的避雷线，其接地电阻值应符合表 9-2 的规定。

表 9-2　接触网设备及其邻近物接地装置的接地电阻值

类　别	接地电阻值/Ω
开关、避雷器	10
架空地线	
零散的接触网支柱	30
距接触网带电体 5 m 以内的金属结构	
避雷线	10

2. 牵引变电所的过电压保护

考虑到系统参数、断路器性能、系统运行接线、操作方式等因素，牵引供电系统的内部过电压倍数取 2.5 倍最高工作电压。线路和变电所的绝缘，在一般情况下应能耐受通常出现的内部过电压，按外部过电压选择变电所的绝缘时，应以金属氧化物或阀式避雷器的残压为基础。

（1）牵引变电所、开闭所、分区所和自耦变压器所的电气设备防止直击雷的过电压保护装置宜采用避雷针。当牵引变电所、开闭所、分区所和自耦变压器所的电气设备布置在室内时，可不专设直击雷的保护装置。

（2）室外配电装置应设直击雷保护。主控室和配电装置室可不装设直击雷保护。为保护其他设备而装设的避雷针，不宜装在独立的主控室和 27.5 kV 高压室的顶上。雷电活动特殊强烈地区的主控室和高压配电装置室宜设直击雷保护装置。变电所的建筑物、构筑物的保护，可按照建筑物、构筑物防雷的有关规定执行。

（3）独立避雷针不应设在人经常通行的地方。避雷针及其接地装置与道路或出入口的距离不宜小于 3 m，否则应采取均压措施或铺设砾石或沥青地面。

（4）110 kV 及以上配电装置，宜将避雷针装在配电装置的架构上，但在土壤电阻率大于 1 000 Ω · m的地区，宜装设独立避雷针。否则，应通过验算采取降低接地电阻或加强绝缘等措施。

27.5 kV（35 kV 及以下）高压配电装置架构或房顶不宜装避雷针。

装在架构上的避雷针应与接地网连接，并应在其附近装设集中接地装置。装有避雷针的架构上，接地部分与带电部分间的空气中距离不得小于绝缘子串的长度；但在空气污秽地区，如有困难，空气中距离可按非污秽区标准绝缘子串的长度确定。

避雷针与主接触网的地下连接点至变压器接地线与主接触网的地下连接点，沿接地体的长度不得小于 15 m。

变压器的门形架构上不宜装设避雷针。

（5）110 kV 及以上配电装置，可将线路的避雷线引接到出线门型架构上，土壤电阻率大于 1 000 Ω · m 的地区，应装设集中接地装置。

27.5 kV（35 kV）配电装置，在土壤电阻率不大于 500 Ω · m 的地区，允许将线路的避雷线引进到出线门型架构上，但应装设集中接地装置。土壤电阻率大于 500 Ω · m 的地区，避雷线应架设到线路终端杆塔为止。从线路终端杆塔到配电装置的一档线路的保护，可采用独立避雷针，也可在线路终端杆塔上装设避雷针。

独立避雷针与配电装置带电部分的空气中距离及独立避雷针接地装置与接地网间的地中距离应该符合下列要求。

① 独立避雷针与配电装置带电部分、电力设备接地部分、架构接地部分之间的空气中的距离不宜小于5 m，并应符合下式要求：

$$S_k \geqslant 0.2R_{ch} + 0.1h \qquad (9-7)$$

式中，S_k——空气中距离，m；

R_{ch}—— 独立避雷针的冲击接地电阻，Ω；

h——避雷针校验点的高度，m。

② 独立避雷针的接地装置与变电所接地网间的地中距离不宜小于3 m，并应符合下式要求：

$$S_d \geqslant 0.3R_{ch} \qquad (9-8)$$

式中，S_d——地中距离，m。

③ 牵引变电所、开闭所和分区所的每组母线上都宜装设金属氧化物或阀式避雷器，所内所有避雷器应以最短的接地线与配电装置的主接地网连接，同时应在其附近装设集中接地装置。

④ 各所馈线段的雷电侵入波的过电压保护，应在馈电线的首端装设金属氧化物或阀式避雷器，重雷区及以上地区，宜在馈电线首端加设抗雷线圈。

⑤ 自耦变压器必须在其两条出线上装设金属氧化物或阀式避雷器，作为过电压保护装置。

⑥ 牵引变电所电缆沟内的接地线应单独敷设，宜在高压侧与接地网相连，严禁将27.5 kV电气设备的接地线接于电缆沟内的地线上。

9.2 电气装置的接地

9.2.1 接地的有关概念

1. 接地和接地装置

电气设备的某部分与大地之间应做良好的电气连接，称为接地。电气装置的接地由接地体和接地线构成。接地体是指埋入地中并直接与大地接触的金属导体。它分为自然接地体和人工接地体。自然接地体，是指兼作接地体用的直接与大地接触的各种金属构件、金属管、钢筋混凝土建筑物基础内的钢管和金属设备支架等。人工接地体是指人为地埋入地下的金属件，包括钢管、角钢、扁钢、圆钢等。接地线是指电气设备、杆塔的接地螺栓与接地体或零线连接用的在正常情况下不载流的金属导体，接地线在故障情况下要通过故障电流。接地体和接地线的总和称为接地装置。

电气装置的外露可导电部分均需有效接地。

2. 接地电流和跨步电压

当电气设备发生接地故障时，电流通过接地体向大地作半球形散开，这个电流被称为接地电流。由于这半球形的球面，距离接地体越远，球面越大，其散流电阻越小，相对于接地点的电位来说，其电位越低，在距离接地故障点约 20 m 的地方，散流电阻实际上已接近于零。这电位为零的地方，称为电气上的“地”。

3. 接触电势和跨步电势

接触电势是指设备的绝缘损坏时，在身体触及的两部分之间出现的电势差。如人手触及带电设备外壳，手和脚之间的电位差就是接触电势。

跨步电势是指当人在接地故障点附近行走时，两脚之间会出现电位差，这个电势差就称为跨步电势。在带电的电线落地点附近行走或发生雷击时恰好在防雷接地体附近行走时，也会有跨步电压。越靠近接地点或跨步越长，跨步电势越大。离接地故障点达 20 m 时，跨步电势接近为零。

9.2.2 电力设备接地要求

（1）根据《铁路电力牵引供电设计规范》（TB 10009—2005）规定，电力设备中的下列金属部分除另有规定外，均应接地或接零。

① 电机、变压器、电器、携带式或移动式用电器具等的底座和外壳。

② 电气设备的传动装置。

③ 互感器的二次绕组。

④ 配电盘的框架。

⑤ 室内外配电装置的金属架构或钢筋混凝土架构及靠近带电部分的金属遮栏和金属门。

⑥ 交、直流电力电缆的接线盒、终端盒的外壳和电缆的外皮、穿线的钢管等。

⑦ 装在配电线路杆上的开关设备，电容器等电力设备。

⑧ 铠装控制电缆的外皮。

（2）电力设备的下列金属部分，除另有规定外可不接地或不接零。

① 安装在配电盘、控制盘和配电装置上的电气测量仪表、继电器和其他低压电器等的外壳，以及当发生绝缘损坏时，在支持物上不会引起危险电压的绝缘子的金属底座等。

② 在已接地金属架构上的设备（应保证电气接触良好）。

9.2.3 接地装置的装设与布置

1. 自然接地体的利用

在设计和装设接地装置时，首先应充分利用自然接地体。如果实地测量所利用的自然接地体接地电阻已满足要求，且这些自然接地体又满足短路热稳定度条件时，一般就不必再装设人工接地装置。但是，35 kV 及以上变配电所还必须敷设以水平接地体为主的人工接地网。

利用自然接地体时，一定要保证其良好的电气连接。在建、构筑物结构的结合处，除已焊接者外，都要采用跨接焊接，而且跨接线不得小于规定值。需要注意的是，可燃和有爆炸物质的管道不能作为自然接地体。

2. 人工接地体的装设

人工接地体有垂直埋设和水平埋设两种，如图9-10所示。

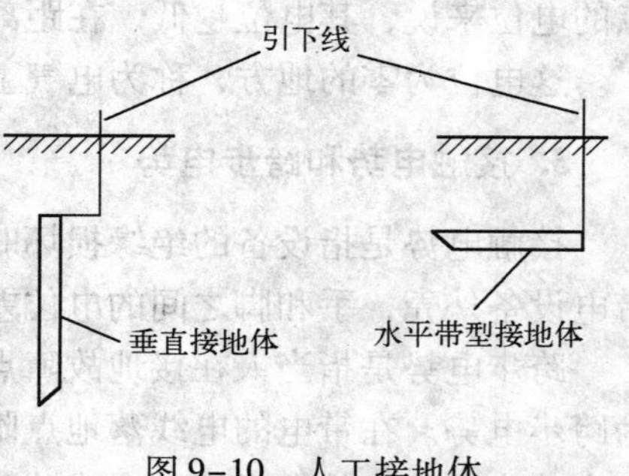

图9-10 人工接地体

埋于土壤中的人工垂直接地体宜采用角钢、钢管或圆钢；埋于土壤中的人工水平接地体宜采用扁钢或圆钢。圆钢直径不应小于10 mm；扁钢截面不应小于100 mm^2，其厚度不应小于4 mm；角钢厚度不应小于4 mm；钢管壁厚不应小于3.5 mm。

在腐蚀性较强的土壤中，应采取热镀锌等防腐措施或加大截面。

接地线应与水平接地体的截面相同。

人工垂直接地体的长度宜为2.5 m。人工垂直接地体间的距离及人工水平接地体间的距离宜为5 m，当受地方限制时可适当减小。

人工接地体在土壤中的埋设深度不应小于0.5 m。接地体应远离由于砖窑、烟道等高温影响使土壤电阻率升高的地方。

在高土壤电阻率地区，降低防直击雷接地装置接地电阻宜采用下列方法：

- 采用多支线外引接地装置，外引长度不应大于有效长度；
- 接地体埋于较深的低电阻率土壤中；
- 采用降阻剂；
- 局部进行土壤置换处理，换以电阻率较低的黏土或黑土。

埋在土壤中的接地装置，其连接应采用焊接，并在焊接处作防腐处理。对110 kV及以上变电所或腐蚀性较强场所的接地装置，应采用热镀锌钢材，或适当加大截面。不得采用铝导体作接地体或接地线。

3. 防雷装置的接地要求

防直击雷的人工接地体距建筑物出入口或人行道不应小于3 m。当小于3 m时应采取下列措施之一：

- 水平接地体局部深埋不应小于1 m；
- 水平接地体局部应包绝缘物，可采用50～80 mm厚的沥青层；
- 采用沥青碎石地面或在接地体上面敷设50～80 mm厚的沥青层，其宽度应超过接地体2 m。

9.2.4 接触电势、跨步电势及其计算

不同用途和不同电压的电气设备，除另有规定者外，应使用一个总接地体，接地电阻应符合其中最小值的要求。

在确定接地装置型式和布置时，应尽可能降低接触电势和跨步电势，接触电势和跨步电势的计算方法如下。

1. 入地短路电流的计算

当在变电所内发生接地短路时，流经接地装置的电流可按下式计算：

$$I=(I_{max}-I_z)(1-K_{f1}) \tag{9-9}$$

当在变电所外发生接地短路时，流经接地装置的电流可按下式计算：

$$I=I_z(1-K_{f2}) \tag{9-10}$$

式中，I_{max}——入地电路电流，A；

I_z——接地短路时的最大接地短路电流，A；

K_{f1}——发生最大接地短路电流时，流经变电所接地中性点的最大接地短路电流，A；

K_{f2}——变电所内、外短路时，避雷线的工频分流系数。

计算入地短路电流时，取式（9-9）、式（9-10）中较大的 I 值。

2. 发生接地故障时，接地装置的电位、接触电势和跨步电势的计算

（1）接地装置的电位可按下式计算：

$$E_w=IR \tag{9-11}$$

式中，E_w——接地装置的电位，V；

I——计算入地短路电流值，A；

R——接地装置（包括人工接地网及与其连接的所有其他自然接地体）的接地电阻，Ω。

（2）发生接地短路时，接地网地表面的最大接触电势，即网孔中心对接地网接地体的最大电势，可按下式计算：

$$E_{jm}=K_jE_w \tag{9-12}$$

式中，E_{jm}——最大接触电势，V；

K_j——接触系数。

当接地体的埋设深度 $h=0.6\sim0.8$ m 时，K_j 可按下式计算：

$$K_j=K_nK_dK_s \tag{9-13}$$

式中，系数 K_n、K_d、K_s 可用表 9-3 所列数值。

表 9-3　系数 K_n、K_d、K_s

接地网形式 / 系数	长孔接地网	方孔接地网	备　注
均压带根数影响系数 K_n	$\frac{0.97}{n}+0.096$	$\frac{1.03}{n}+0.047$	当 $n\leqslant9$ 时（单方向计算根数 n 应按图 9-11 选取）
	$\frac{0.545}{n}+0.137$	$\frac{0.55}{n}+0.105$	当 $n\geqslant10$ 时（n 的取法同上）
均压带直径影响系数 K_d	1.0[注]	$1.2-10d$	d 为各种接地体的特效直径，m
接地网面积影响系数 K_s	$1.23-0.23\frac{10}{\sqrt{S}}$		① 当 $\sqrt{S}\geqslant16$ 时 ② S 为接地网的面积，m^3

注：均压带一般采用直径 20 mm 的圆钢或宽 40 mm 的扁钢，在 $n\leqslant9$ 的方孔接地网中，可采用较小截面的钢材。

接地网形式如图 9-11 所示。

当包括接地网外周 4 根在内的均压带总根数在 18 及以下时，宜采用长孔接地网。

（3）发生接地短路时，接地网外的地表面的最大跨步电势可按下式计算：

$$E_{km}=K_kE_w \tag{9-14}$$

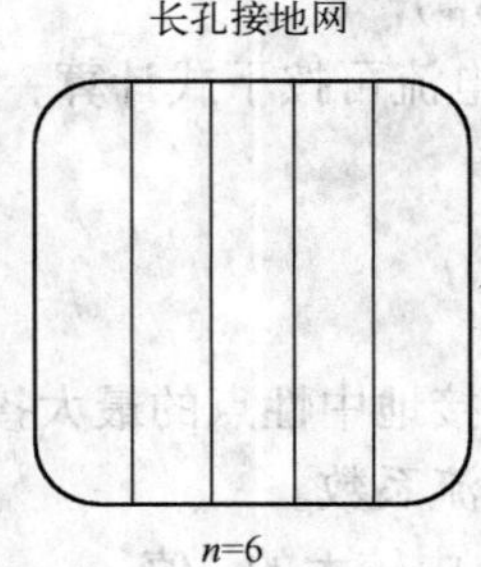

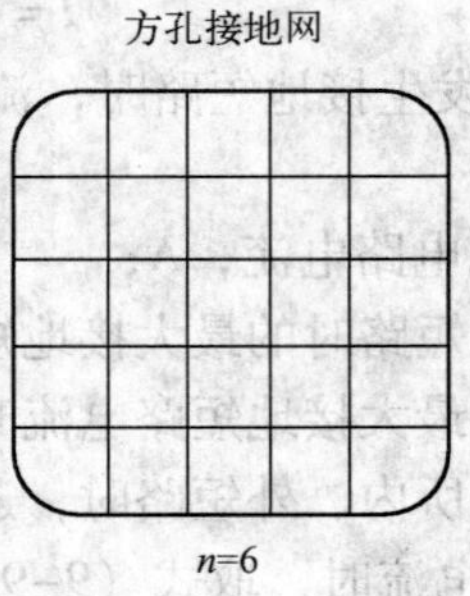

图 9-11 接地网形式

式中，E_{km}——最大跨步电势，V；

K_k——跨步系数。

跨步系数可按下式确定：

$$K_k = 1.28\left\{\frac{L-L_1}{L}\frac{2}{\pi}\left[\arccos\sqrt{\frac{\sqrt{\frac{S}{\pi}}}{(h-0.4)+\sqrt{h^2+(h-0.4)^2}}}-\arccos\sqrt{\frac{\sqrt{\frac{S}{\pi}}}{(h+0.4)+\sqrt{h^2+(h+0.4)^2}}}\right]+\frac{L_1}{L}\frac{\ln\sqrt{\frac{h^2+(h+0.4)^2}{h^2+(h-0.4)^2}}}{\ln\frac{16\sqrt{S}}{\sqrt{\pi}d}}\right\} \tag{9-15}$$

当埋深 $h=0.6\text{m}$ 时，式（9-15）可简化为：

$$K_k = 1.28\left(\frac{L-L_1}{L}\frac{0.477}{S^{0.25}}+\frac{L_1}{L}\frac{0.61}{\ln\frac{9.02\sqrt{S}}{d}}\right) \tag{9-16}$$

当埋深 $h=0.8\text{ m}$ 时，式（9-15）可简化为：

$$K_k = 1.28\left(\frac{L-L_1}{L}\frac{0.41}{S^{0.25}}+\frac{L_1}{L}\frac{0.476}{\ln\frac{9.02\sqrt{S}}{d}}\right) \tag{9-17}$$

式中，L——接地网中接地体的总长度，m；

L_1——接地网的外缘边线总长，m；

S——接地网的面积，m^2；

h——接地网水平均压带的埋设深度，m；

d——接地网水平均压带的直径，m。

电势所用跨步系数 K_k 与接地网面积 S 的关系（均压带直径 $d=20\text{ mm}$）如图 9-12 所示。

3. 接触电势和跨步电势的相关规定

牵引变电所、开闭所、分区所及自耦变压器接地装置的接触电势和跨步电势不应大于下列数值。

（1）220 kV、110 kV 侧及 27.5 kV 侧短路时：

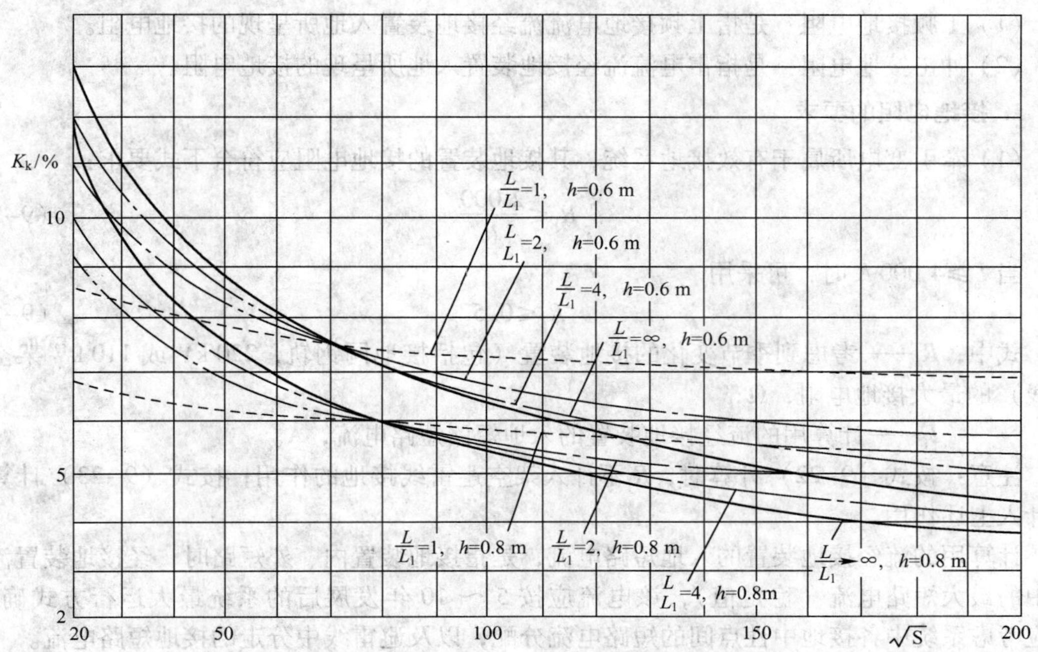

图 9-12　计算接地网外表面最大跨度

$$E_j = \frac{250 + 0.25\rho_b}{\sqrt{t}} \tag{9-18}$$

$$E_k = \frac{250 + \rho_b}{\sqrt{t}} \tag{9-19}$$

式中，E_j——接触电势，V；

E_k——跨步电势，V；

ρ_b——人脚站立处地表面的土壤电阻率，Ω · m；

t——接地短路电流的持续时间，s。

（2）牵引负荷电流流经接地网流回变压器时，将引起接地网电位升高，其接触电势和跨步电势不应超过下列数值：

$$E_j = 50 + 0.05\rho_b \tag{9-20}$$

$$E_k = 50 + 0.2\rho_b \tag{9-21}$$

（3）如人工接地网局部地带的接触电势和跨步电势超过规定值可采用下列措施：

- 局部增设水平均压带或垂直接地体；
- 铺设砾石路面或沥青路面。

9.2.5　接地电阻要求及其计算

接地电阻是接地装置的电阻与接地体的散流电阻的总和。由于接地装置的电阻相对较小，因此可认为接地电阻就是接地体的散流电阻。

接地电阻按其通过电流的性质分以下两种：

（1）工频接地电阻：是指工频接地电流流经接地装置入地所呈现的接地电阻。

（2）冲击接地电阻：是指雷电流流经接地装置入地所呈现的接地电阻。

1. 接地电阻的要求

（1）牵引变电所属于有效接地系统，其接地装置的接地电阻应符合下式要求：

$$R_j \leqslant \frac{2\ 000}{I_j} \tag{9-22}$$

当 $I_j \geqslant 4\ 000$ A 时，可采用

$$R_j \leqslant 0.5 \tag{9-23}$$

式中，R_j——考虑到季节变化的接地装置（包括接地网钢轨，220 kV 或 110 kV 架空避雷线）的最大接地电阻，Ω；

I_j——计算用的流经接地装置的入地短路短路电流，A。

注意：按式（9-22）计算时，R_j不计入架空避雷线接地的作用；按式（9-23）计算时可计入上述作用。

计算用的流经接地装置的入地短路电流，是指接地装置内、外短路时，经接地装置流入地中的最大短路电流（稳定值），该电流应按 5 ～ 10 年发展后的系统最大运行方式确定，并应考虑系统中各接地中性点间的短路电流分配，以及避雷线中分走的接地短路电流。

（2）土壤电阻率地区，当牵引变电所的接地装置要求做到规定的接地电阻值在技术上、经济上极不合理时，允许将接地电阻值提高，但不应超过 5 Ω，且应符合下列要求。

① 对可能将接地网的高电位引向所外或将低电位引向所内的设施，应采取相应技术措施。例如，对外的通信设备采用隔离变压器，向所外供电的低压线路采用架空线，其电源中性点不在所内接地、改在用电的地方接地，通向所外的管道采用绝缘段等。

② 短路电流非周期分量的影响，当接地网电位升高时，变电所内的 3 – 10 kV 金属氧化物或阀式避雷器不应动作。

③ 计接地网时，应验算接触电势和跨步电势，施工后应进行测量，并绘制电位分布曲线。

（3）高土壤电阻率地区，可选用下列降低土壤电阻的措施。

① 变电所附近有电阻率较低的土壤可敷设引外接地体，因外接地装置应不少于两根导体在不同地点与接地网连接。

② 当地下较深处的土壤电阻率较低时，可采用井式或深钻式接地体。

③ 填充电阻率较低物质或降阻剂。

④ 敷设水下接地网。

（4）牵引变电所的接地装置，除利用自然接地体外，不论采用何种人工接地体，均应敷设以水平接地体为主的人工接地网。

接地网的外缘应闭合，外缘各角应做成圆弧，圆弧的半径不宜小于均压带间距的一半。接地网内应敷设水平均压带。接地网埋设深度宜为 0.6 m。

接地网边缘经常有人出入的走道处，应铺设砾石、沥青路面或在地下装设两条与接地网连接的“帽檐式”均压带。

配电变压器的接地装置宜敷设成闭合环形。

（5）为降低牵引变电所的接地电阻，其接地装置宜于架空避雷线相连，但应有便于分开的连接点，以便于测量接地电阻。

（6）如接地装置由很多水平接地体组成，为减少相邻接地体的屏蔽作用，垂直接地体的间距不应小于其长度的两倍，水平接地体的间距可根据具体情况确定，但不宜小于 5 m。

（7）独立的避雷针宜设独立的接地装置。在非高土壤电阻率地区，其接地电阻不宜大于 10 Ω。在高土壤电阻率地区，当要求做到规定的 10 Ω 确有困难时，允许采用较高的接地电阻值，并可与主接地地网连接。但从避雷针与主接地网的地下连接点，沿接地体的长度不得小于 15 m，且避雷针至被保护设施的空气中距离和地中距离，还应符合防止避雷针对被保护设备反击的要求。

（8）设计接地装置时，其接地电阻值在四季中均应符合要求。

（9）开闭所、分区所、自耦变压器所，其接地装置的接地电阻在高土壤电阻率地区允许将接地电阻值提高，但不应超过 5 Ω，并应符合（2）的要求。

（10）电力设备每个接地部分应以单独的接地线与接地干线相连接，严禁在一个接地线中串接几个需要接地的部分。

（11）牵引变电所电缆沟内的接地线应与接地网分开敷设，宜在 220 kV 或 110 kV 侧再与接地网相连，严禁将 27.5 kV 电气设备的接地线接于电缆支架的地线上。

（12）人工接地体宜采用铜或其他防腐性能好的材质，也可采用钢材质，但应根据腐蚀的性质采用防腐措施。接地装置的导体截面，应符合稳定与均压的要求，当采用钢材质时，其接地体的规格不得小于表 9-4 的规定。

表 9-4　钢接地体和接地线的最小规格

种　类	规格及单位	地　上		地下
		室内	室外	
圆钢	直径/mm	5	6	8
扁钢	截面/mm^2	24	48	48
	厚度/mm	3	4	4
角钢	厚度/mm	2	2.5	4
钢管	管壁厚度/mm	2.5	2.5	2.5

（13）牵引变电所牵引变压器 27.5 kV 接地相的回流线，必须与变电所的接地网相连。其连接方法：可以直接与接地网相连，也可以通过接地保护放电装置与接地网相连。回流线截面应满足回流电流的要求。作为回流线的岔线，所有轨缝电连接应连接可靠。

2. 人工接地体工频接地电阻的计算

（1）垂直接地体的接地电阻计算公式为：

$$R_c = \frac{\rho}{2\pi l}\ln\frac{4l}{d} \quad (\Omega) \qquad (9\text{-}24)$$

式中，R_c——垂直接地体的接地电阻，Ω；

ρ——土壤电阻率，Ω · m；

l——垂直接地体长度，m；

d——接地体用圆钢时，圆钢的直径。当用其他形式钢材时，其等效直径应按下式计算（图 9-13）：

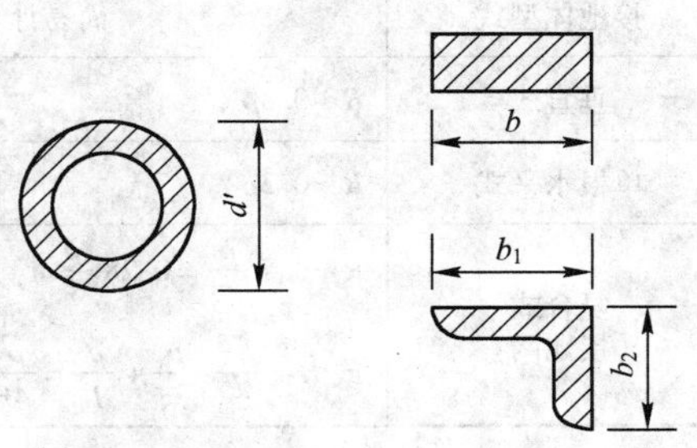

图 9-13　钢材主要尺寸

钢管 $d=d'$

扁钢 $d=\dfrac{b}{2}$

等边角钢 $d=0.84b$

不等边角钢 $d=0.71\sqrt[4]{b_1b_2(b_1^2+b_2^2)}$

（2）不同形状水平接地体的接地电阻可按下式计算：

$$R_p=\frac{\rho}{2\pi l}\left(\ln\frac{L^2}{hd}+A\right) \tag{9-25}$$

式中，R_p——水平接地体的接地电阻，Ω；

L——水平接地体的总长度，m；

h——水平接地体的埋设深度，m；

d——水平接地体的直径或等效直径，m；

A——水平接地体的形状系数。

水平接地体的形状系数 A 见表 9-5。

表 9-5 水平接地体的形状系数 A

形状	—	∟	人	┼	✕（6线）	✳（8线）	□	○
A	0	0.378	0.867	2.14	5.27	8.81	1.69	0.48

（3）以水平接地体为主，且边缘闭合的复合接地体，其接地电阻可按下式计算：

$$R_w=\frac{\sqrt{\pi}}{4}\frac{\rho}{\sqrt{S}}+\frac{\rho}{2\pi L}\ln\frac{L^2}{1.6hd\times10^4} \tag{9-26}$$

式中 R_w——符合接地体的接地电阻，Ω；

S——接地网的总面积，m^2；

L——接地体的总长度，包括垂直接地体在内，m；

h——水平接地体的埋设深度，m；

d——水平接地体的直径或等效直径，m。

（4）人工接地体工频接地电阻可按表 9-6 中公式计算。

表 9-6 人工接地体工频接地电阻简易计算公式 单位：Ω

接地体型式	简易计算式	备注
垂直式	$R\approx0.3\rho$	长度 3 m 左右的接地体
单根水平式	$R\approx0.3\rho$	长度 60 m 左右的接地体
复合式（接地网）	$R\approx0.5\dfrac{\rho}{\sqrt{S}}=0.28\dfrac{\rho}{r}$ 或 $R\approx\dfrac{\sqrt{\pi}}{4}$、$\dfrac{\rho}{\sqrt{S}}+\dfrac{\rho}{L}=\dfrac{\rho}{4r}+\dfrac{\rho}{L}$	① S 为大于 100 m^3 的闭合接地网； ② r 为与接地网面积 S 等值的圆的半径，即等效半径（m）

3. 冲击接地电阻计算

冲击接地电阻是指雷电流经接地装置泄放入地所呈现的电阻，包括接地线、接地装置电阻和散流电阻。冲击接地电阻一般是小于工频接地电阻的。冲击接地电阻按下式计算：

$$R_{sh} \approx \frac{R_E}{\alpha}\,(\Omega) \tag{9-27}$$

式中，R_E——工频接地电阻；

α——换算系数，它为 R_E 与 R_{sh} 的比值，由图 9-14 确定。

图中横坐标的 l_e 为接地体的有效长度（m），应按下式计算：

$$l_e \approx 2\sqrt{\rho} \tag{9-28}$$

式中，ρ——土壤电阻率。

图中横坐标的 l：对单根接地体，l 为其实际长度；对有分支线的接地体，为其最长分支线的长度；对环形接地网，l 为其周长的一半。

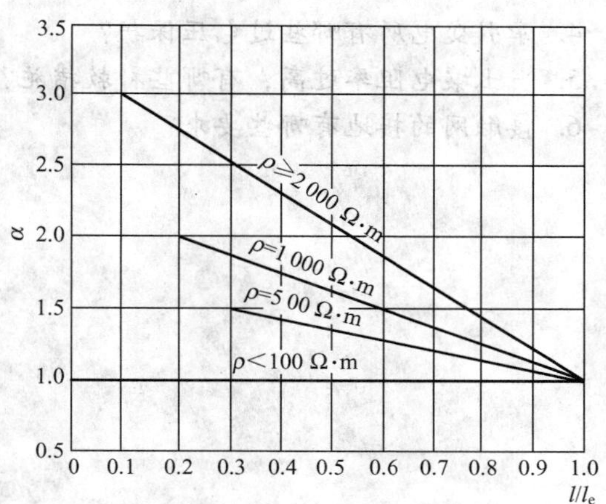

图 9-14　确定换算系数 α 的曲线

4. 接触网的接地

根据《铁路电力牵引供电设计规范》规定，接触网支柱及接触网带电体邻近的金属结构应该可靠接地。接地根据用途不同，可以分为工作接地和安全接地。

（1）工作接地是指为保证电力系统和电气设备为达到正常工作要求而进行的一种接地。如电源中性点的接地、防雷装置的接地等都属于工作接地。

① 接触网支柱宜利用回流线或保护线作为闪络保护地线的集中接地方式。

② 当成排支柱不悬挂回流线或保护线时，可增设架空地线实现集中接地。零散的接触网支柱宜单独设接地极实现安全接地（有信号钢轨回路区段），或通过接地线直接接钢轨（无信号钢轨回路区段）。

③ 对于钢柱，回流线或保护线宜采用绝缘方式，对于钢筋混凝土支柱，回流线或保护线是否需要采用绝缘方式可根据混凝土保护层厚度及供电计算结果确定。

④ 与回流线或保护线连接的吸上线在有信号钢轨回路区段可直接接扼流变压器线圈中性点，无信号钢轨回路则可直接接钢轨。

（2）安全接地是指为保障人身安全，防止间接触电而将设备外露可导电部分接地。

① 接触网带电体 5 m 以内的所有金属结构（信号机、水鹤、桥栏杆等）均应单独设接地极实现安全接地。

② 开关、避雷器、吸流变压器等设备的底座应单独设接地极实现安全接地。

③ 架空地线下锚处及长度超过 1 000 m 的锚段中间应单独设接地极实现安全接地。

④ 接触网设备及其邻近接地装置的电阻不应大于表 9-2 规定数值。接地体一般有镀锌扁钢和角钢焊接而成，接地线一般采用圆钢，埋入地下的接地线直径不应小于 12 mm，露出地面的接地线直径不应小于 10 mm。

复习参考题

1. 什么是过电压？过电压有哪些种类？
2. 什么是接闪器？接闪器有哪些种类？
3. 避雷器有哪些种类？它们的主要原理是什么？
4. 牵引变电所有哪些过电压保护？
5. 当土壤电阻率过高，有哪些补救措施？
6. 接触网的接地有哪些要求？

第 10 章 牵引供电系统的电压损失和电能损失

【本章内容概要】

概述牵引供电系统中负荷图的确定，阐述单线区段、双线区段牵引网的电压损失和牵引变压器电压损失的计算方法，给出整个电力系统电压损失的计算及改善供电臂电压水平的措施；分析牵引负荷在牵引网和牵引变压器产生的电能损失的计算方法，给出减少牵引供电系统电能损失的措施；分析导线允许载流量的限制因素及按发热条件和经济界面选择导线的方法。

【本章学习重点与难点】

学习重点：电压损失的计算；电能损失的计算；接触线的截面选择。

学习难点：电压损失的计算；电能损失的计算。

10.1 牵引供电系统电压损失的计算和改善措施

对于单相工频交流制的电压，我国规定：铁道干线电力牵引变电所牵引侧母线上的额定电压为27.5 kV，自耦变压器供电方式为55 kV；电力机车、电动车组受电弓和接触网的额定电压为25 kV，最高电压为29 kV；电力机车、电动车组受电弓上最低工作电压为20 kV；电力机车、电动车组在供电系统非正常情况下（检修或事故）运行时，受电弓的电压不得低于19 kV。为了使牵引供电系统在正常和非正常情况下能维持机车的运行，进行牵引供电系统的电压损失计算，因此选择合适的导线、布置合理的运行方式是非常必要的。

电压降落是指元件首端电压与末端电压的向量差。电压损失又称电压损耗是指线路首端电压与末端电压的代数差。在功率因数角不大的情况下，可以近似认为电压损失的数值和电压降落的数值相等。在工程实际中，常常需要计算从电源点到负荷点的总的电压损失。牵引供电系统中的电压损失就是指牵引负荷产生的牵引网电压损失及牵引变压器电压损失的总和。

10.1.1 牵引负荷图的确定

牵引负荷图是指供电臂中标有带电列车的位置和电流大小的图。

1. 单线区段

单线按非平行运行能力计算供电臂平均区间列车带电概率 p，根据 p 和区间数确定负荷图，见表10-1。

表10-1 牵引负荷图

区 间 数	牵引负荷图
1	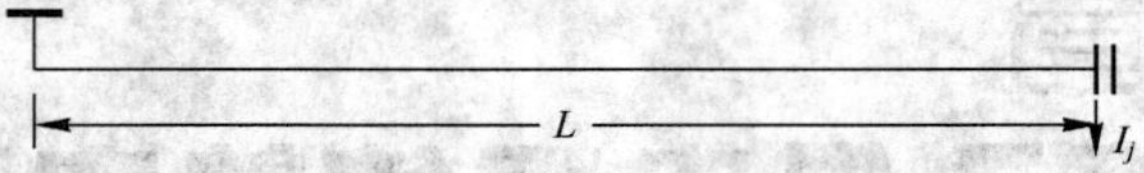 L I_j
2	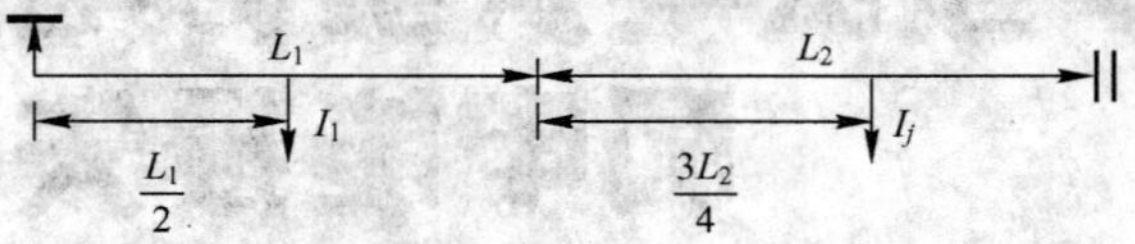 L_1 L_2 I_1 I_j $\frac{L_1}{2}$ $\frac{3L_2}{4}$
3	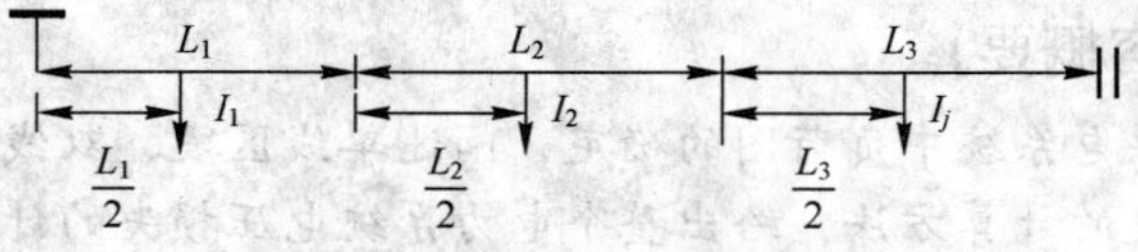 L_1 L_2 L_3 I_1 I_2 I_j $\frac{L_1}{2}$ $\frac{L_2}{2}$ $\frac{L_3}{2}$
4	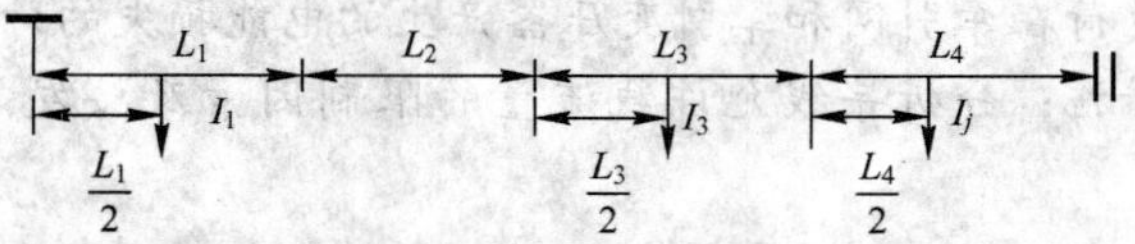 L_1 L_2 L_3 L_4 I_1 I_3 I_j $\frac{L_1}{2}$ $\frac{L_3}{2}$ $\frac{L_4}{2}$

注：① 列车电流应取对应区间的带电时间平均电流 I_i（i 为区间数）。

② 负荷图中 L—区间长度，km；j—计算列车。

③ 当带电列车概率 p 较小（4个区间，$p \leq 0.25$，3个区间，$p \leq 0.35$）时第3、4两项中第一列车可取消。

2. 双线区段

1）按上下行接触网分开供电计算

列车对数取远期年运量折算成货物列车对数乘上储备系数1.15后加上客车对数。当列车计算对数低于线路通过能力的50%时，可按1.5至2.0倍的需要通过能力计算，此时不再考虑储备系数。列车带电时分，能耗均取客、货列车的加权平均值。

重负荷方向取对应列车计算对数的概率积分为95%的最大带电列车对数。带电列车位置，计算列车在供电臂末端，其余均匀分布。

轻负荷方向，取对应列车计算对数下的全日平均带电列车数，带电列车在供电臂均匀分布。列车电流分别取区间上下行平均带电列车电流。

2）按上下行接触网在分区所并联供电计算。

重负荷方向，列车位置按追踪间隔时分排列的平行图，列车电流取实际值。

轻负荷方向，列车电流取牵引变电所馈线平均电流，列车位置排列在供电臂中间。

10.1.2 用概率统计法计算最大电压损失

1. 牵引网电压损失 ΔU_j

1）单线区段

（1）直供、直供加回流线供电方式下，牵引网电压损失为：

$$\Delta U_j = z' \sum_{i=1}^{j} I_i L_i \quad (\mathrm{V}) \tag{10-1}$$

式中，z'——牵引网单位等效阻抗，Ω/km；

I_i——各区间列车带电平均电流，A；

L_i——各带电列车与牵引变电所的距离，km。

（2）AT 供电方式下，牵引网电压损失为：

$$\Delta U_{\mathrm{j}} = z_{\mathrm{L}} \sum_{i=1}^{j} I_i L_i + z'_{\mathrm{L}}\left(1 - \frac{X_j}{D_j}\right) \sum_{k=1}^{j} X_k I_k \quad (\mathrm{V}) \tag{10-2}$$

式中，z_{L}——牵引网长回路单位等效阻抗，Ω/km；

z'_{L}——牵引网 AT 段中单位等效阻抗，Ω/km。

D_{j}——列车所在的 AT 段中，自耦变压器间距，km；

X_{j}——列车距牵引变电所侧邻近自耦变压器之间的距离，km；

X_k——列车所在 AT 段中各带电列车距牵引变电所侧临近自耦变压器之间的距离，km；

I_k——列车所在 AT 段内列车带电平均电流，A。

2）双线区段

（1）按上下行接触网分开供电计算。

直供或直供加回流线供电方式，牵引网电压损失为：

$$\Delta U_{\mathrm{j}} = z'_1 \sum_{i=1}^{j} I_{1i} l_{1i} + z'_{11} \sum_{m=1}^{n} I_{1m} l_{1m} \quad (\mathrm{V}) \tag{10-3}$$

式中，z'_1——重负荷（计算列车）方向牵引网单位等效阻抗，Ω/km；

I_{1i}——重负荷（计算列车）方向各区间列车带电平均电流，A；

l_{1i}——重负荷（计算列车）方向各带电列车与牵引变电所的距离，km；

z'_{11}——上、下行牵引网单位等效互阻抗，Ω/km；

n——轻负荷方向带电列车数；

I_{1m}——轻负荷方向各区间列车带电平均电流，A；

l_{1m}——轻负荷方向各带电列车与牵引变电所的距离，km；

AT 区段 ΔU_{j} 可按式（10-2）计算。

（2）按上、下行接触网在分区所并联供电计算。

直供或直供加回流线供电方式下，牵引网电压损失为：

$$\Delta U_{\mathrm{j}} = \sum_{i=1}^{j} I_{1i} l_{1i}\left(\frac{l_{1i}}{2L} z'_{11} + \frac{2L - l_{1i}}{2L} z'_1\right) + \sum_{m=1}^{n} I_{1m} l_{1m}\left(\frac{l_{1m}}{2L} z'_1 + \frac{2L - l_{1m}}{2L} z'_{11}\right) \quad (\mathrm{V}) \tag{10-4}$$

式中，L——供电臂长度，km。

2. 牵引变压器电压损失 ΔU_{r}

（1）三相 YNd11 变压器：

$$X_{\mathrm{r}} = \frac{U_{\mathrm{d}}\%\, U_{\mathrm{N}}^2}{S_{\mathrm{N}}^2} \quad (\Omega) \tag{10-5}$$

式中，X_{r}——变压器等值电抗，Ω；

$U_{\mathrm{d}}\%$——变压器短路电压百分值；

U_{N}——变压器额定电压 27.5，kV；

S_N——变压器额定容量，MVA；

$$\Delta U_{Tq}=[2I_q\sin\varphi_q-I_h\sin(60°-\varphi_h)]X_r \quad (V) \tag{10-6}$$

$$\Delta U_{Th}=[2I_q\sin\varphi_q-I_h\sin(60°+\varphi_h)]X_r \quad (V) \tag{10-7}$$

式中，ΔU_{Tq}——引前相变压器电压损失，V；

ΔU_{Th}——滞后相变压器电压损失，V；

I_q——引前相电流，当计算引前相电压损失时，应取引前相负荷图中电流之和，计算滞后相电压损失时，应取引前相供电臂平均电流，A；

I_h——滞后相电流，当计算滞后相电压损失时，应取滞后相负荷图中电流之和，计算引前相电压损失时，应取滞后相供电臂平均电流，A；

φ_q、φ_h——引前相（滞后相）功率因数角。

（2）斯科特变压器、Vv 变压器：

$$\Delta U_T=IX_t\sin\varphi \quad (V) \tag{10-8}$$

式中，X_t——斯科特变压器等值电抗，Ω。

（3）阻抗匹配平衡变压器：

$$\Delta U_{T\alpha}=(2I_\alpha\sin\varphi_a+0.3488I_\beta\cos\varphi_\beta)X_T \quad (V) \tag{10-9}$$

$$\Delta U_{T\beta}=(2I_\beta\sin\varphi_\beta+0.3488I_\alpha\cos\varphi_\alpha)X_T \quad (V) \tag{10-10}$$

式中，$\Delta U_{T\alpha}$——阻抗匹配平衡变压器滞后相电压损失（V）；

$\Delta U_{T\beta}$——阻抗匹配平衡变压器引前相电压损失（V）；

I_α——阻抗匹配平衡变压器滞后相电流。当计算滞后相电压损失时，应取滞后相负荷图中电流之和。计算引前相电压损失时，应取滞后相供电臂平均电流，A；

I_β——阻抗匹配平衡变压器引前相电流。当计算引前相电压损失时，应取引前相负荷图中电流之和。计算滞后相电压损失时，应取引前相供电臂平均电流，A；

φ_α、φ_β——阻抗匹配平衡变压器滞后相（引前相）功率因数角。

3. 电力系统电压损失 ΔU_s

电力系统电压损失 ΔU_s 通常根据牵引负荷大小、牵引变电所距电源点的远近而定。

4. 列车的机车受电弓最低电压的计算

机车受电弓最低电压 U_{min} 为：

$$U_{min}=U_0-\Delta U_j-\Delta U_T-\Delta U_s \quad (V) \tag{10-11}$$

式中，U_0——牵引变电所空载电压，V。

10.1.3 改善供电臂电压水平的措施

改善牵引网电压水平可以从两方面入手，即提高电源电压或是减少供电系统电压损失。对于牵引供电系统来说提高电源电压也就是提高牵引变电所的母线电压。减少供电系统电压损失主要要从减小线路阻抗和提高功率因数两方面入手。

1. 调整牵引变电所母线电压

根据负载情况调整牵引变电所母线电压。如果牵引电流很大，造成牵引网电压降低过多，可以调整牵引变压器的分接开关来提升母线电压。系统电压波动较大时，可以采用有载调压变压器。

2. 降低牵引网阻抗

采用载流承力索或加强线是减小牵引网阻抗的有效办法。在特殊情况下，比如，电气化铁路有较大迂回的区段，可以架设捷接线来有效减少电流路径，减少牵引网阻抗，从而达到减少电压损失的目的。

3. 提高负载功率因数，进行集中式串联电容补偿

由于牵引负荷主要在牵引网和牵引变压器中造成电压损失，而该损失主要是感性的，如在供电臂始端串入集中式电容器，可减少电压损失，达到提高供电臂电压水平的目的。

4. 采用合理的牵引网供电方案

适当选择牵引变电所的位置，保证合理的供电臂长度，是控制电压损失在规定范围内的重要保证。另外，双边供电比单边供电从减少电压损失的角度更为优越，但是会增加继电保护的难度。

5. 采用带电承力索或加强导线

供电臂电压损失与牵引负荷及牵引网阻抗成正比。当牵引负荷一定时，降低牵引网阻抗，电压损失也就随之降低。采用采用带电承力索或加强导线可起到降低牵引网阻抗的作用，一般可降低 25% 以上。

10.2 牵引供电系统电能损失

牵引负荷在牵引网和牵引变压器产生的电能损失。

10.2.1 供电臂平均列车数及间断系数

1. 供电臂平均列车数

在计算时间 T 内供电臂平均存在的运行列车数 m 为：

$$m = \frac{\sum_{i=1}^{V} N_i t_i}{T} \quad (列) \tag{10-12}$$

式中，N——各种类型列车对数，对/日；

t——一对列车通过供电臂的走行时分，min；

T——计算时间，一昼夜为 1 440 min；

V——列车类型数。

2. 间断系数 a

间断系数 a 是指一对列车通过供电臂的走行时分与带电时分之比，即：

$$a = \frac{\sum_{i=1}^{V} N_i t_i}{\sum_{i=1}^{V} N_i t_{gi}} \tag{10-13}$$

式中，t_{gi}——一对列车通过供电臂的带电时分，min；

10.2.2 计算条件

（1）按近期实际各种类型（客，货列车等）对数计算。

（2）双线区段按上下行接触网在分区所并联条件计算。

（3）列车平均电流、列车电流间断系数、供电臂平均列车数均为各种类型列车的加权平均值。

10.2.3 牵引供电系统电能损失计算

1. 牵引网年电能损失 ΔA_j

1）单线区段

（1）在直供、直供加回流线供电方式下，牵引网年电能损失 ΔA_j 为：

$$\Delta A_j = 8.76mLrI^2\left[\frac{1.1a}{2}+\frac{1}{3}(m-1)\right]\times 10^{-4}\quad (\text{kWh}) \tag{10-14}$$

当 $(m-1)<0$：

$$\Delta A_j = 4.818mLrI^2 a\quad (\text{kWh}) \tag{10-15}$$

式中，L——供电臂长度，km；

r——牵引等值单位阻抗中的有效电阻，Ω/km；

I——供电臂内列车平均电流，A；

$$I = 2.4\frac{\sum\limits_{i=1}^{V} N_i A_i}{\sum\limits_{i=1}^{V} N_i t_i}\quad (\text{A}) \tag{10-16}$$

式中，A——一对列车通过供电臂的能耗，kVA · h。

（2）在 AT 供电方式下，牵引网年电能损失 ΔA_j 为：

$$\Delta A_j = 365I^2\left(\sum_{i=1}^{V} N_i t_{gi}\right)L\{r_1[9.01n + 2.778p(n-1)(2n-1)] + 3r_1'\}\times 10^{-6}\quad (\text{kWh}) \tag{10-17}$$

式中，n——供电臂内的 AT 段数；

r_1——牵引网长回路等值单位阻抗中的有效电阻，Ω/km；

r_1'——牵引网 AT 段中等值单位阻抗中的有效电阻，Ω/km；

p——AT 段的平均带电概率；

$$p = \frac{\sum\limits_{i=1}^{V} N_i t_{gi}}{nT} \tag{10-18}$$

2）双线区段

（1）在直供、直供加回流线供电方式下，牵引网年电能损失 ΔA_j 为：

$$\Delta A_j = 8.76mI^2L\left[\frac{1.1a(2r+r_{1g})}{3}+(0.5m-1)\frac{(5r+3r_{1g})}{24}+\frac{m(3r+5r_{1g})}{48}\right]\quad (\text{kWh}) \tag{10-19}$$

式中，r_{1g}——双线区段上下行牵引网等值单位互阻抗的有效电阻，Ω/km。

（2）在 AT 区段，牵引网年电能损失 ΔA_j 为：

$$\Delta A_j = \left[1\,096 I^2 L\left(\sum_{i=1}^{V} N_i t_{gi}\right)\left(2T_L + \frac{T'_L}{n}\right) + 5.07 I^2 p^2 T_{TL} D(n-1)(14n-13) + 15.209\,6 n^2 I^2 p^2 T_{TL}\right] \times 10^{-4} \quad (\text{kWh}) \tag{10-20}$$

式中，D——AT 段的平均长度，km。

2. 牵引变压器年电能损失

牵引变压器年电能损失 ΔA_r 为牵引变压器全年空载和负载电能损耗之和。

1）全年空载电能损耗

全年空载电能损耗 ΔA_c 为：

$$\Delta A_c = 8\,760 \Delta P_{CN} \quad (\text{kWh}) \tag{10-21}$$

式中，ΔP_{CN}—— 牵引变压器额定空载损耗，kW。

2）全年负载电能损耗

（1）对于三相 YNd11 牵引变压器，全年负载电能损耗 ΔA_t 为：

$$\Delta A_t = 8\,760 \frac{I_{ab}^2 + I_{bc}^2 + I_{ca}^2}{3 I_{2N}^2} \Delta P_{tN} \quad (\text{kWh}) \tag{10-22}$$

式中　ΔP_{tN}——牵引变压器额定负载损耗，kW；

I_{2N}——牵引变压器二次侧绕组额定电流，A；

I_{ab}、I_{bc}、I_{ca}——牵引变压器二次侧绕组中负荷有小电流，A。

（2）对于单相牵引变压器，全年负载电能损耗 ΔA_t 为：

$$\Delta A_t = 8\,760 \frac{I_t^2}{I_{2N}^2} \Delta P_{tN} \quad (\text{kWh}) \tag{10-23}$$

式中，I_t——牵引变压器负荷有效电流，A。

（3）对于斯科特牵引变压器，全年负载电能损耗 ΔA_t 为：

$$\Delta A_t = 8\,760 (0.554 K_t^2 + 0.446 K_m^2) \Delta P_{tN} \quad (\text{kWh}) \tag{10-24}$$

$$K_t = \frac{I_T}{I_{TN}} \tag{10-25}$$

$$K_m = \frac{I_M}{I_{MN}} \tag{10-26}$$

式中，I_{TN}、I_{MN}——牵引变压器 T 座和 M 座额定电流，A；

I_T、I_M——牵引变压器 T 座和 M 座负荷有效电流，A。

（4）对于阻抗匹配平衡变压器，全年负载电能损耗 ΔA_t 为：

$$\Delta A_t = 8\,760 \frac{(I_{x1}^2 + I_{x2}^2)}{2 I_{2N}^2} \Delta P_{tN} \quad (\text{kWh}) \tag{10-27}$$

$$I_N = \frac{S_N}{55} \quad (\text{A}) \tag{10-28}$$

式中，I_{x1}，I_{x2}——分别为两供电臂有效电流，A；

S_N——阻抗匹配平衡变压器额定容量，kVA。

3）牵引变压器电能损失

牵引变压器电能损失 ΔA_T 为：

$$\Delta A_T = \Delta A_c + \Delta A_t \quad (kWh) \tag{10-29}$$

3. 自耦变压器年电能损失 ΔA_{at}

自耦变压器年电能损失 ΔA_{at} 为：

$$\Delta A_{at} = \Delta A_{atc} + \Delta A_{att} \quad (kWh) \tag{10-30}$$

$$\Delta A_{atc} = 8\,760 \Delta P_{CN} \quad (kWh) \tag{10-31}$$

$$\Delta A_{att} = 8\,760 \frac{I_{at}^2}{I_{Nat}^2} \Delta P_{tN} \quad (kWh) \tag{10-32}$$

式中，I_{at}——自耦变压器负荷有效电流，A；

I_{Nat}——自耦变压器二次侧额定电流，A；

ΔA_{atc}——自耦变压器全年空载电能损耗，kWh；

ΔA_{att}——自耦变压器全年负载电能损耗，kWh。

4. 牵引供电系统年电能损失 ΔA

（1）在直供、直供加回流线供电方式下，牵引供电系统年电能损失 ΔA 为：

$$\Delta A = \Delta A_j + \Delta A_T \quad (kWh) \tag{10-33}$$

（2）在 AT 供电方式下，牵引供电系统年电能损失 ΔA 为：

$$\Delta A = \Delta A_j + \Delta A_T + \sum_{i=1}^{k} \Delta A_{ati} \quad (kWh) \tag{10-34}$$

式中，k——AT 台数。

10.2.4 减少牵引供电系统电能损失的措施

根据多年运行经验，减少牵引供电系统电能损失一般采取以下几种措施。

（1）限制供电臂的长度。变电所间的距离不仅仅与供电臂的电压水平有关，还和供电臂的能耗有很大关系，过长的供电臂，将使能耗急剧增加，因此应该根据情况适当的限制供电臂的长度。

（2）增设加强导线。增设加强导线会使得一次投资增大，如果近期内因减少的能耗能够抵偿掉这些费用，则增设加强导线是有意义的。

（3）双边供电方式虽然会使得继电保护的难度增大，但是对能耗的减小是有帮助的。

（4）在有条件的牵引网地段设置捷接线。

（5）在满足防干扰的条件下，牵引供电系统采用直接供电方式比有吸回装置的供电方式能耗要小。

（6）对牵引网的结构、材质、导线及截面进行优选，以降低牵引网阻抗。

（7）由于负荷要求，需要对接触悬挂采取分段实行不同截面时，已有近电源点开始一次由大到小采取不同截面。对于复线区段，则应将大截面导线均匀布置于近电源侧的上下行接触悬挂内。所以一般加强导线设于变电所端。

（8）结合变压器的经济运行选择容量，并实现牵引变压器的经济运行。

（9）复线区段，在分区亭处将上、下行并联供电，可减少牵引网电能损耗。

（10）一般在牵引变电所设无功补偿装置，可提高功率因数，并减少电能损耗。

10.3 导线的选择

牵引网中的接触线不同于一般的电力线，除了输送电能的任务外，还与机车受电弓摩擦接触。在高速运行状态下，为了保证机车的受流质量，接触线需要具有良好的电气和机械性能，能够经受弓网振动、拉弧、温度变化、风偏、挂冰等状况的考验，其选择涉及机械、材料、电气等领域，具体可参阅接触网相关书籍手册，这里只介绍在电气领域导线截面的确定。

10.3.1 导线允许载流量

接触导线允许载流量，是指在一定环境条件下，不超过导线最高允许工作温度时所传输的电流。导线的温度与导线的载流量、环境温度、风速、日照强度、导线表面状态等有关，对于确定的环境条件，导线的允许载流量直接取决于其发热允许温度，允许温度越高，允许载流量越大。但是导线发热允许温度受导线载流发热后的强度损失制约，因此导线的允许载流量一般是按一定气象条件下导线不超过某一温度来计算的，目的在于尽量减少导线的强度损失，以提高或确保导线的使用寿命。

导线载流量的计算公式很多，但其计算原理都是由导线的发热和散热的热平衡推导出来的，热平衡方程式为：

$$W_j + W_S = W_R + W_F \tag{10-35}$$

式中，W_j——单位长度导线电阻产生的发热功率，W/m；

W_S——单位长度导线的日照吸热功率，W/m；

W_R——单位长度导线的辐射散热功率，W/m；

W_F——单位长度导线的对流散热功率，W/m。

因为

$$W_j = I^2 R \tag{10-36}$$

式中，R——导线在最高允许工作温度时的交流电阻，Ω/m。

则导线持续允许载流量为：

$$I = \sqrt{\frac{W_R + W_F - W_S}{R}}\ \text{(A)} \tag{10-37}$$

10.3.2 接触悬挂允许载流量

接触悬挂的允许载流量应该等于悬挂各个导流通路（接触线、承力索、加强线）的载流量之和。常见的接触悬挂允许载流量见表 10-2。

表 10-2　常见的接触悬挂允许载流量

悬挂类型	持续允许载流量/A	20min 允许载流量/A
GJ-70+TCG-85	580	——
GJ-70+TCG-100+LJ-85	690	——

续表

悬挂类型	持续允许载流量/A	20min 允许载流量/A
GJ－70＋TCG－100＋LGJ－185	1 100	——
GJ－70＋GLCB－80/173	465	510
GJ－70＋GLCA－100/215	540	600
GJ－70＋GLCB－100/215＋LGJ－185	1 020	1 130

工程上一般采用估算，常见的单链形悬挂，流过钢绞线承力索的电流大约为接触导线电流的15%。另外，当需要考虑接触导线磨耗时，接触悬挂的允许载流量需减小，减小量约为表10－2数值的15%。

【例1】 某单线区段供电臂有3个区间，各区间的列车带电平均电流分别为150 A、200 A、250 A，带电概率分别为0.15、0.2、0.1，试据允许载流量选择接触悬挂。

【解】 平均带电概率 p 为：

$$p=\frac{p_1+p_2+p_3}{3}=\frac{0.15+0.2+0.1}{3}=0.15$$

列车带电平均电流 I_g 为：

$$I_g=\frac{150\times0.15+200\times0.2+250\times0.1}{0.15+0.2+0.1}=194\quad(\text{A})$$

馈线平均电流 I_a 为：

$$I_a=2npI_g=2\times3\times0.15\times194=175\quad(\text{A})$$

取带电有效系数 $k_{\varepsilon g}=1.04$，通过区间1的馈线有效电流 $I_{a\varepsilon}$ 为：

$$I_{a\varepsilon}=I_a\sqrt{1+\frac{k_{\varepsilon g}^2-2p}{2np}}=175\times\sqrt{1+\frac{1.04^2-2\times0.15}{2\times3\times0.15}}=175\times1.37=239\quad(\text{A})$$

查表10－2可知，采用GJ－70＋GLCA－100/125链形悬挂（允许载流量540 A）完全可以满足接触导线发热的要求。

10.3.3 按经济截面选择接触悬挂

按照允许载流量选择的接触悬挂肯定能够满足发热和温升的要求，如果进一步增大导线截面或加设加强线，虽然会增大设备和施工投资，但也会降低阻抗，减少电能损耗，节省运营费用，因此，一般按经济截面选择接触悬挂，常用于单线的双机区段、复线的高速区段、大运量区段、较长的供电臂等场合。

一次投资增加所需的回收期 T 为：

$$T=\frac{\Delta S}{\Delta A-\eta}\quad(\text{年})\tag{10-38}$$

式中，ΔS——导线截面增加引起的投资量，元；

ΔA——导线截面增加后每年减少的电能损耗费用，元/年；

$\Delta\eta$——导线截面增加后每年折旧维护增加的费用，元/年，加强导线的折旧维护费可取一次投资的5.4%。

复习参考题

1. 我国铁路相关部分对干线中的电压有什么规定？

2. 什么叫电压降落？什么叫电压损失？二者有何区别？

3. 如何改善供电臂的电压水平？

4. 如何减少牵引供电系统电能损失？

5. 请阐述导线载流量与发热散热的关系。

6. 某一单线区段供电臂参数如题 6 图所示，牵引网为全补偿链形悬挂，钢轨采用 50 kg。求该供电臂的最大电压损失。

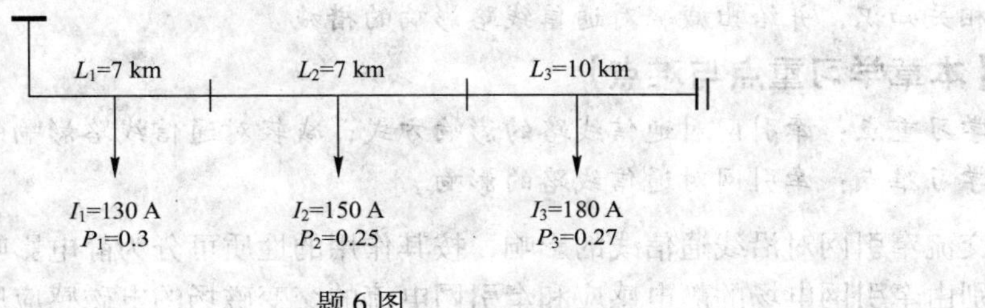

题 6 图

7. 某单线区段供电臂有 4 个区间，各区间的列车带电平均电流分别为 150 A、185 A、200 A、250 A，带电概率分别为 0.15、0.18、0.2、0.1，试据允许载流量选择接触悬挂。

第11章 牵引网对通信线路的影响

【本章内容概要】

概述牵引网对通信线路的影响方式，分别讨论静电感应、电磁感应、危险电压、杂音干扰的相关知识，并给出减轻对通信线路影响的措施。

【本章学习重点与难点】

学习重点：牵引网对通信线路的影响方式；减轻对通信线路影响的措施。

学习难点：牵引网对通信线路的影响。

交流牵引网对沿线通信线的影响，按其作用的性质可分为静电影响和电磁影响。两种影响分别由牵引网电场的静电感应和牵引网电流的交变磁场的电磁感应所引起。牵引网对沿线通信线的静电感应和电磁感应有可能在通信电路中产生危险电压，使通信设备绝缘遭到破坏，甚至危及操作和维护人员的安全。牵引网的电磁感应还可在通信线路中产生高频杂音，降低通信质量。

牵引网在与其邻近的其他电路和金属管道中，以及电气设备的金属外壳和其他金属物上，也可能产生危险电压。

另外，由于牵引电流流入大地，使大地在不同地点出现不同的电位，而对通信线产生传导影响。但这种影响仅限于对以地为回路的单导线通信电路。这种以地为回路的电路有两个位于不同地点的工作接地，当牵引电流使两个接地点之间出现电位差时，将在通信电路中出现干扰电流。牵引电流经钢轨流入地下，还使钢轨产生对地电位。所以必要时在站场须将钢轨接地。

交流牵引网对邻近通信线的影响的防护，是一个重要的技术课题。一方面是因为其影响，特别是杂音干扰，往往涉及国家的重要电信线路。另一方面也是由于消除这些影响的措施往往投资大，涉及的技术问题也较多。这里重点讨论产生影响的原因、计算这些影响的方法，以及可能采取的防护措施。

11.1 静电感应

接触网带电时，将在邻近空间产生高压电场，从而使邻近空间各点具有一定的电位。当忽略通信线路本身原有的电荷及感应束缚电荷的影响时（一般这种影响甚小，可以忽略），位于电场某处的导体就具有当它不存在时该处原有的电位。

牵引网对通信线的静电感应影响示意图如图11-1所示。图中，1代表接触导线；2代表邻近通信线；1′表示接触导线在地下的镜像；a为接触网与通信线路的平行接近距离；b、c分别为接触导线和通信线距地面的高度；d_{jt}为接触网与通信线路平行接近问题。

接触导线是平行架设于地面上空的绝缘带电导体。当计及大地影响时，围绕着接触导线周围空间某点的电位，就是接触导线及其镜像一起在该处所产生的静电电位。接触导线上的电位 U_j 和通信线上的电位 U_t，可分别由下式决定。即：

$$U_j = \frac{\tau_j}{2\pi\varepsilon}\ln\frac{2b}{R_j} \tag{11-1}$$

$$U_t = \frac{\tau_j}{2\pi\varepsilon}\ln\frac{D}{d} \tag{11-2}$$

式中，τ_j——接触导线单位长度上的电荷；

ε——介质的介电系数；

R_j——接触导线半径。

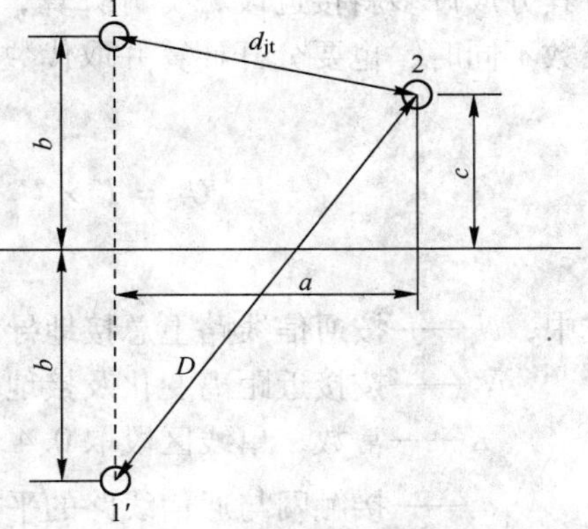

图 11-1　牵引网对通信线的静电感应影响示意图

将式（11-1）、式（11-2）合并，得到平行于接触线的通信线上各点的电位；

$$U_t = U_j\frac{\ln\dfrac{D}{d}}{\ln\dfrac{2b}{R_j}} \tag{11-3}$$

式中，U_j——接触网对地电位；

R_j——接触导线半径。

由图 11-1 可知：

$$\ln\frac{D}{d} = \ln\frac{\sqrt{a^2+(b+c)^2}}{\sqrt{a^2+(b-c)^2}} \approx \frac{2bc}{a^2+b^2+c^2} \tag{11-4}$$

因此，接触线在通信线处各点的静电感应电压 U_t 的一般计算公式为：

$$U_t = \frac{2}{\ln\dfrac{2b}{R_i}} \times \frac{bc}{(a^2+b^2+c^2)} \times U_j \tag{11-5}$$

令 $K = \dfrac{2}{\ln\dfrac{2b}{R_j}}$，则：

$$U_t = K \times \frac{bc}{(a^2+b^2+c^2)} \times U_j \tag{11-6}$$

通常，牵引网仅对接近段的架空通信明线产生静电影响。

若接触网长度为 l_1，通信线的平行接近长度为 l_2，$l_1 \leqslant l_2$ 时，则通信线上的静电感应电位为：

$$U_t = K \times U_j \frac{bc}{(a^2+b^2+c^2)} \times \frac{l_1}{l_2} \tag{11-7}$$

若该接近段的接近距离有均匀的增加或减少，即接近距离的变化超过平均值的 5% 且当该分段两端与接触线的距离之比小于 3 时，称为斜接近。平行接近长度取为通信线在接触网上的投影长度。若两端与接触线的距离之比大于 3，则进一步分段，再进行计算求和。

在一般情况下，通信线路与接触网不可能平行接近，而是曲折变化的复杂接近，这时可将其分成许多斜接近段 l_{pi} 分开计算，然后取代数和。此外，当通信线路上各段 l_i 的总接地导线数不同时，也要分开计算并取代数和。实用计算中，采用以下公式：

$$U_t = K \times U_j \times p \times q \frac{\sum_{i=1}^{N_2} \frac{l_{pi}}{n+2} \cdot \frac{bc}{a_i^2 + b^2 + c^2}}{\sum_{i=1}^{N_1} \frac{l_{ji}}{n+2}} \tag{11-8}$$

式中，N_1——按通信线路上总接地导线数 n 的不同而划分的区段数；

N_2——按接近距离变化及接地总干线数不同划分的区段数；

K——常数，单线区段取 0.4，双线区段取 0.6；

a_i——接触网与通信线路的平行接近距离，m，$a_i = \sqrt{a'_i a'_{i+1}}$；

a'_i——第 i 段接触网与通信线路的首端距离，m；

b——接触网高度，简单悬挂为 5.8 m，链型悬挂为 6.35 m，一般可取 6 m；

c——通信线路平均架设高度，一般取 5 m；

U_j——接触网电压，V，一般取 25 000 V；

p——与接触悬挂同杆共架的架空回流线或架空地线对静电感应的屏蔽系数，一般取 0.75；

q——距通信线路 3 m 以内的树木连续不断对静电感应的屏蔽系数，取 0.7。

相应的静电感应电流为：

$$I_t = \frac{\omega l_p}{41.4\lg\frac{2c}{r}} \times U_j \tag{11-9}$$

式中，l_p——通信线路和接触网的平行接近长度；

c——通信线路高度；

r——通信导线半径；

ω——角频率，$\omega = 2\pi f$。

电气化铁路对邻近的其他电路的静电感应的计算与上述类似。另外，对处于电气化铁道 10 m 以内的未接地的金属建筑物如桥、管道、金属支柱等，也会出现可观的静电感应电位。因此，这些建筑物都应妥善接地。

11.2 电磁感应

当接触网中流过交流电流时，交流牵引网在其周围空间产生交变磁场，从而在邻近的通信线路中产生纵向感应电势。当通信线与接触网相距不远，平行长度又较大时，在通信线中的 50 Hz 纵向感应电动势也可以达到危险的程度。

在一般的电力线路中，也有与此同样的现象，但它们是单相或三相的平衡回路，其产生的影响很小。因此，除单相接地故障以外，没有什么问题。但是，电气化铁路的牵引网是由接触网和钢轨构成回路，由于钢轨与地并不绝缘，这就造成负荷电流经大地返回变电所的成分很大。因此，牵引网是一个不平衡的单相回路，其接触网和钢轨电流所产生的磁力线不能抵消，从而造成对通信线路的磁影响。

计算纵向感应电动势时，可把牵引网看成为两个“导线—地”回路。“接触网—地”回路为第 1 回路，它是电磁感应的来源。“钢轨—地”回路为第 2 回路，它由“接触网—地”回路电流在其中产生感应电流，其方向与接触网电流相反。通信线作为第 3 回路，它受第 1 回路的影响产生感应电势，受第 2 回路反向电流的影响，使感应电势减弱。因此在通信线路中感应的纵向电动势 E_A 可以表示为：

$$E_A = \omega M_{jt} l_p I_j \lambda_g \tag{11-10}$$

式中，ω——角频率，$\omega = 2\pi f$；

M_{jt}——接触网与通信线的互感系数，H/km；

l_p——接触网与通信线平行接近长度，km；

I_j——接触网电流，A；

λ_g——钢轨的反磁效应，称为钢轨的屏蔽系数。

这里，“钢轨—地”回路的反磁效应用钢轨的屏蔽系数 λ_g 表示。任何接地的金属回路对磁影响都有不同的屏蔽作用。钢轨的屏蔽系数 λ_g 可按下面方法计算。

设牵引电流在通信线中产生的纵电动势为 E_{tj}，由于钢轨的屏蔽作用，实际上在通信线中产生的纵电动势为 E_A。那么，钢轨的屏蔽系数 λ_g 可定义为：

$$\lambda = \frac{E_A}{E_{tj}} \tag{11-11}$$

因此纵向感应电动势 E_A 是由两部分组成：一部分是牵引电流在通信线中产生的纵电动势 E_{tj}，另一部分是由钢轨电流在通信线中产生的纵电动势 E_{tg}。E_A 等于这两个部分纵电动势的相量和。屏蔽作用分析相量关系如图 11-2 所示。图中，$\dot{I}_j$ 为接触网电流，它在通信线中感应电势 $\dot{E}_{tj}$，同时在钢轨中感应电势 $\dot{E}_{gj}$，二者都滞后于 $\dot{I}_j$ 90°。钢轨电势 $\dot{E}_{gj}$ 在钢轨中产生电流 $\dot{I}_g$，$\dot{I}_g$ 滞后于 $\dot{E}_{gj}$ 角 θ；I_g 也在通信线中感应电势 $\dot{E}_{tg}$，滞后于 $\dot{I}_g$ 90°。所以在通信线中感应的总纵电动势 $\dot{E}_A$ 等于电动势 $\dot{E}_{tj}$ 与电动势 $\dot{E}_{tg}$ 之相量和。

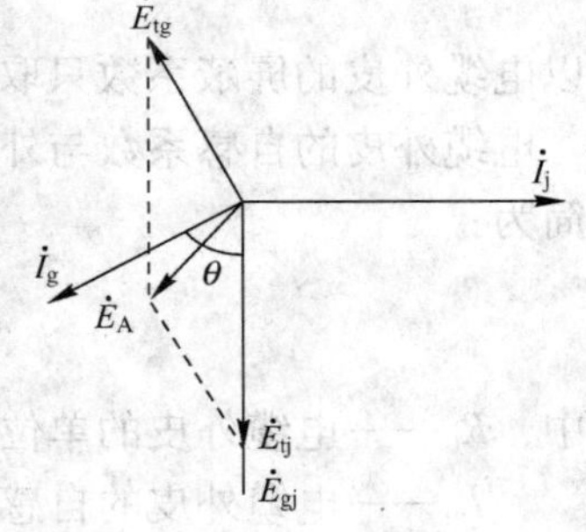

图 11-2　屏蔽作用分析相量图

为了便于计算，可把以上关系写成方程求解。若把所有电动势和阻抗都写成单位（每公里）值。则根据按图 11-2，有：

$$\dot{E}_A = \dot{E}_{tj} + \dot{E}_{tg} = -z_{jt}\dot{I}_j - z_{gt}\dot{I}_g \tag{11-12}$$

式中，z_{jt}、z_{gt}——接触网、钢轨与通信线之间的互阻抗。电势 E_{gj} 被电流 I_g 在“钢轨—地”回路中产生的电压降所抵消，则有：

$$\dot{I}_g = -\frac{z_{jg}}{z_g}\dot{I}_j \tag{11-13}$$

将式（11-13）中 $\dot{I}_g$ 代入式（11-12），得：

$$\dot{E}_A = \frac{-z_{jt}z_g + z_{jg}z_{gt}}{z_g}\dot{I}_j \tag{11-14}$$

已知

$$\dot{E}_{tj} = -z_{jt}\dot{I}_j \tag{11-15}$$

则可得到钢轨的屏蔽系数：

$$\lambda_g = \frac{E_A}{E_{tj}} = 1 - \frac{z_{jg} z_{gt}}{z_{jt} z_g} \tag{11-16}$$

式中，z_g——“钢轨—地”回路的单位自阻抗；

z_{jg}——接触网与钢轨之间的单位互阻抗；

z_{jt}——接触网与通信线之间的单位互阻抗；

z_{gt}——钢轨与通信线之间的单位互阻抗。

一般情形下，通信线同接触网和钢轨的距离近似相等，互阻抗 z_{jt} 和 z_{gt} 近似相等。则有：

$$\lambda_g = 1 - \frac{z_{jg}}{z_g} \tag{11-17}$$

在通信线处于同接触网和钢轨的距离近似相等的场合，对 50 Hz 牵引电流，一般单线可取 $\lambda_g = 0.5$，双线可取 $\lambda_g = 0.33$。对高次谐波电流，λ_g 要低于以上数字。

对于电缆线，电缆的金属外皮也起着屏蔽作用。设电缆外皮的屏蔽系数为 λ_0，电缆外皮的自阻抗为 z_0，则有：

$$\lambda_0 = 1 - \frac{z_{j0} z_{0t}}{z_{jt} z_0} \tag{11-18}$$

电缆外皮和电缆芯处于同接触网相等的距离，则有：

$$z_{j0} = z_{jt}$$

因此

$$\lambda_0 = 1 - \frac{z_{0t}}{z_0} = 1 - \frac{j\omega M_{0t}}{R_0 + j\omega L_0} \tag{11-19}$$

所以电缆外皮的屏蔽系数只取决于电缆本身的参数，而与电缆至铁路线的距离无关。

电缆外皮的自感系数与外皮和缆芯间的互感系数近似相等，所以式（11-19）可进一步化简为：

$$\lambda_0 = \frac{R_0}{R_0 + j\omega L_0} \tag{11-20}$$

式中，R_0——电缆外皮的单位电阻，Ω/km；

L_0——电缆外皮的自感系数，H/km。

由式（11-20）可知，要提高电缆外皮的屏蔽作用以降低屏蔽系数 λ_0，可降低电缆外皮的电阻 R_0，或加大其自感系数 L_0。

通常的办法是用铝皮来代替铅皮以减小 R_0，以高磁导率钢带作为铠装来加大 L_0。铅皮电缆的屏蔽系数为 0.5，但这样制成的屏蔽电线其屏蔽系数可降低到 0.1 左右，对高次谐波（频率增大）的屏蔽系数还要低些。

相邻电缆芯之间也产生屏蔽作用，用屏蔽系数 λ_c 表示。所以电气化铁路邻近的通信电缆在受牵引电流的电磁感应影响上，受到三重屏蔽作用，即钢轨、电缆外皮和相邻电缆芯的三重屏蔽作用。因此在电缆中感应的纵电动势可表示为：

$$E_A = \omega M_{jt} l_p I_j \lambda_g \lambda_0 \lambda_c \tag{11-21}$$

对于电线芯为 7 ～ 14 根的电缆，可取 $\lambda_c = 0.90 \sim 0.95$。

值得说明的是，当电缆埋设在钢轨附近，电缆到钢轨和接触导线的距离差别很大时，钢轨的屏蔽系数须应用式（11-16）计算，而不能用式（11-17）计算。

当通信线与接触网平行接近距离不等或各段接触网电流不同时，通信线路中感应的纵向电动势 E_A 可以分段计算，然后求总和，详细内容可参阅相关电气化铁路设计手册。

11.3 危险电压

危险电压可由牵引网的静电感应产生，也可以由它的电磁感应产生。

应用式（11-8），静电感应电压为：

$$U_t = K \times U_j \frac{bc}{(a^2 + b^2 + c^2)} \times \frac{l_1}{l_2} \tag{11-22}$$

设接触导线高 $b = 6$ m，通信线高 $c = 5$ m，线路长 $l_1 = l_2$。$U_j = 25\,000$ V，单线取 $k = 0.4$。那么，接触网与通信线路的平行接近距离 a 与静电感应电压 U_t 的关系见表 11-1。

表 11-1 接触网与通信线路的平行接近距离 a 与静电感应电压 U_t 的关系

a/m	10	20	30	50	100	250	500
U_t/V	1 860	650	310	120	30	5	1

由表 11-1 可知，通信线上的静电感应电压可以达到很高的数值。但当距离加大时，感应电压近似地与 a 的平方成反比而急剧下降。$a = 100$ m 时，已下降到 30 V。所以按照相关技术规范的规定，在 $a > 100$ m 时，可以不考虑牵引网的静电影响。

应当注意的是，铁路沿线铁路自用的电话、信号和电力线路通常即位于铁路两侧。考虑到安全性，必须把这些线路可靠接地，或采取其他措施以避免在线路上发生危险。

应用式（11-10），电磁感应电压为：

$$E_A = \omega M_{jt} l_p I_j \lambda_g \tag{11-23}$$

最严重的情况发生在牵引网短路。设通信线平行接近长度 $l = 18$ km，牵引网短路电流 $I_j = 1\,000$ A。单线，取 $\lambda_g = 0.5$。那么，接触网与通信线路平行接近间距 d_{jt} 与纵向感应电动势 E_A 的关系见表 11-2。

表 11-2 接触网与通信线路平行接近间距 d_{jt} 与纵向感应电动势 E_A 的关系

d_{jt}/m	10	20	30	50	100	250	500
E_A/V	2 610	2 220	2 000	1 720	1 340	870	570

由表 11-2 可知，牵引网短路将在邻近的通信线中产生很高的纵电动势，且这种电动势在离铁路 100 m 以外的通信线中仍具有较高的数值。这是因为互感系数 M_{jt} 平行接近间距 d_{jt} 呈对数函数关系，在 d_{jt} 加大时电磁感应纵电动势的下降不如静电感应电压下降得快。

当同时存在静电和电磁两种感应电压时，总感应电压等于两种感应电压的相量和。

接触网电压 $\dot{U}_j$、接触网中牵引电流 $\dot{I}_j$、静电感应电压 $\dot{U}_t$、电磁感应电势 $\dot{E}_A$、电磁感应电压 $\dot{U}_A$ 等各相量之间关系图如图 11-3 所示。

如通信线路两端对地绝缘，令通信线路中点电位为零，则两端电磁感应电压为 $\dot{U}'_A$ 和 $\dot{U}''_A$，即有 $\dot{U}''_A = -\dot{U}'_A = -\frac{1}{2}\dot{E}_A$，把首、末端电磁感应电压相量分别与静电感应电压 $\dot{U}_t$ 相量相加，得到首、末端总感应电压，其相量之间的关系图如图 11-4 所示。

当通信线路一端接地，另一端对地绝缘时，如末端接地时首端对地危险电压的电压分压各相量关系图如图 11-5 所示。如首端接地，末端对地危险电压的电压分量相量关系如图 11-6 所示。

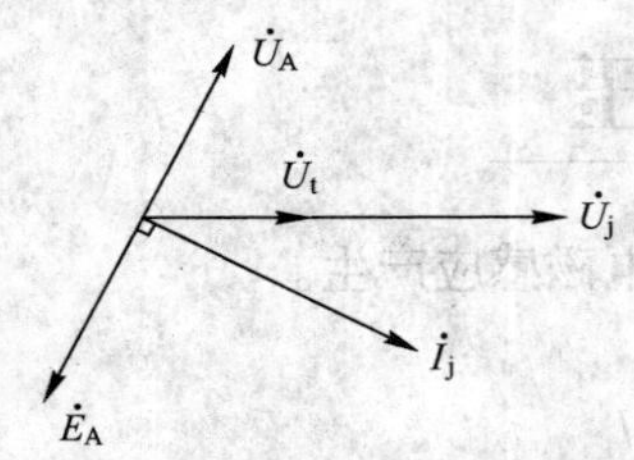

图 11-3 接触网电压、牵引电流等各相量之间的关系图

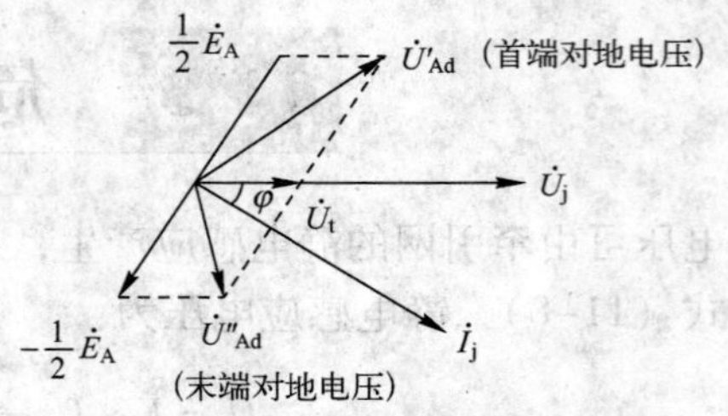

图 11-4 通信线路两端对地绝缘时各相量间的关系图

在计算总感应电压时，一般考虑最坏情形，即图 11-5 中的 U_{Ad}。这时，通信线中总感应电压为：

$$U_{感}=\sqrt{U_A^2+U_t^2+2U_AU_t\sin\varphi} \tag{11-24}$$

式中，U_t——静电感应电压；

U_A——电磁感应电压；

φ——牵引网电流的相位角，正常运行状态时取为牵引电流的功率因数角，短路状态时取为牵引网阻抗角。

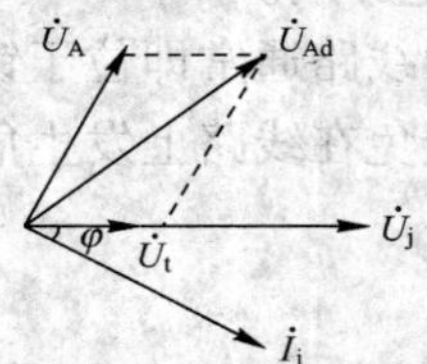

图 11-5 通信线路仅末端接地时首端对地危险电压的电压分量各相量关系图

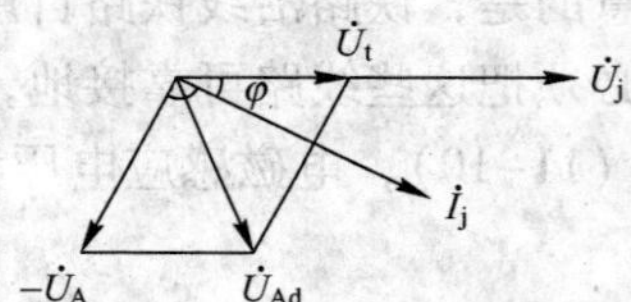

图 11-6 通信线路仅首端接地时危险电压的电压分量各相量关系图

常用的近似计算式为：

$$U_{感}=\sqrt{U_A^2+U_t^2} \tag{11-25}$$

此时两个感应电压互成 90°。否则，应用式（11-24）。

通信线中感应的对地电压值会对人身和设备构成直接危害。由于工程上按最严重情况考虑，所以衡量危险电压影响主要是看其感应的纵电动势值。

为确保设备安全和维护人员、操作人员的人身安全，应规定通信线受危险电压影响的允许标准。通信线的危险电压允许标准，主要取决于危险电压可能产生的通过人体的电流、电压及其作用时间。危险电压作用的时间越短，对人身安全就越有保证。

人体阻抗与外加电压和皮肤干燥程度有关，人体总阻抗平均值与外加电压的关系见表 11-3。

表 11-3 人体阻抗平均值与外加电压的关系

外加电压/V	人体总阻抗平均值/Ω
50	10 000
500	1 200
1 000	1 100

当外加电压为 100 V 时，可取人体总阻抗平均值为 4 000 Ω，由于国际电报电话咨询委员会（CCITT）对允许通过人体的最大电流规定不得大于 15 mA，所以，此时的允许电压为 15 ×4 000 ×10 =60 V。

所以，危险电压的允许标准可归纳为下列几条。

（1）在接触网正常工作状态下，在所有型式的通信线路中感应的纵电动势不得超过 60 V。在特殊困难的情况下，允许达到 150 V，这时通信线路的维修必须采取特别防护措施。

（2）在接触网短路故障状态下，在架空明线通信线中感应电势不得超过 430 V；而电缆芯线中感应电势不得超过电缆绝缘试验电压的 60%；对采用远距离直流电源供电的电缆通信线路，在其电缆芯线上的感应电势不应超过下列允许值：

对于“导线—导线”回路，$0.6U_s-\dfrac{U_g}{2\sqrt{2}}$

对于“导线—地”回路，$0.6U_s-\dfrac{U_g}{\sqrt{2}}$

式中，U_s——电缆芯线与外皮间试验电压，V；

U_g——远距离供电的直流电源电压，V。

（3）当人体同时触及遭受静电感应影响的通信线与地时，通过人体的静电感应电流不得超过 15 mA。

11.4 杂音干扰

杂音干扰主要来自正常运行时牵引电流中的高次谐波。由于电力机车采用直流牵引电动机而在机车上将交流整流变成直流，因而在交流中出现非正弦波。韶山 1 型电力机车在接触网中的电流波形如图 11-7 所示。它含有明显的谐波成分。由于电力机车采用全波整流电路，谐波都为奇次，其主要成分都处于音频带。所以由谐波电流在通信线路中所造成的杂音对通信特别不利。

人的听觉对不同频率的反应不同。通常我们把各种频率对人们听觉的影响归算成 800 Hz 频率。由谐波电流在通信线中产生的等效 800 Hz 电压，称为杂音电压。

听觉对幅值相同而频率不同的谐波的不同反应，可用听觉系数 ρ 来表示。以 800 Hz 为标准，即频率为 800 Hz 时，$\rho=1$，这样可得各种频率对应的 ρ 的值，如图 11-8 所示。ρ 的值在 1 000 Hz 左右最大，说明一般人的听觉对 1 000 Hz 附近的频率反应最为灵敏。

应用式（11-10），牵引网中的 i 次谐波牵引电流在通信线中产生的感应电压 U_i 可写成：

$$U_i=2\pi f_i M_i l I_{ji}\lambda_i \tag{11-26}$$

式中，f_i——谐波频率，Hz；

M_i——频率为 f_i 时的互感系数；

λ_i——频率为 f_i 时的屏蔽系数；

l——通信线与接触网的平行长度。

若用 U_{si} 代表 i 次谐波的等效 800 Hz 杂音电压，则有：

$$U_{si}=\rho_i U_i \tag{11-27}$$

因此，由谐波干扰而产生的杂音电压为：

$$U_s = \sqrt{\sum_i U_{si}^2} = \sqrt{\sum_i (\rho_i U_i)^2} \tag{11-28}$$

U_s 通常表示为毫伏（mV）级。不同的通信线对杂音电压的允许值有不同的要求。一般情况下 U_s 的标准值为 5 mV。

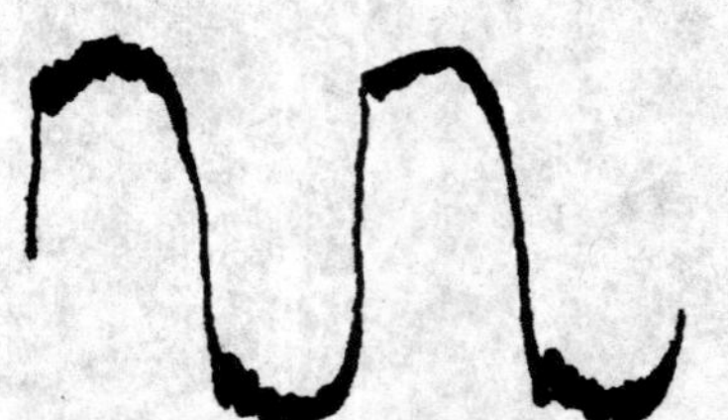

图 11-7 韶山 1 型电力机车在接触网中的电流波形

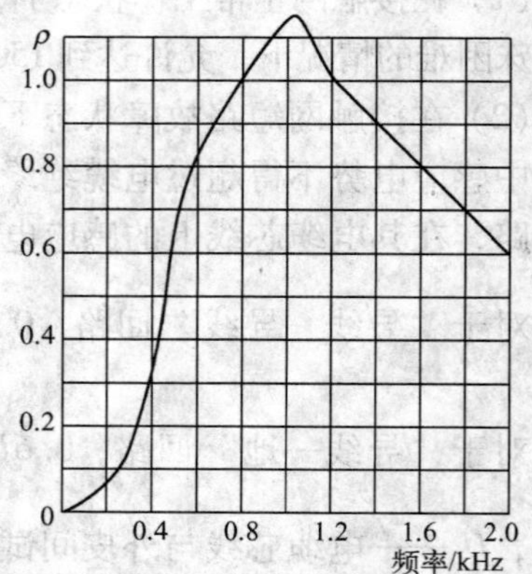

图 11-8 各种频率下的 ρ 值

11.5 减轻对通信线路影响的措施

经实践、计算分析表明，如果电气化铁路采用直接供电方式向电力机车供电，架空通信明线为了使感应的危险电压的影响限制在规定标准以内，一般需远离电气化铁路 1 km 以上；而为了使杂音干扰的影响限制在规定标准以内，则需离电气化铁路更远一些。如果距离达不到要求，为了保证通信线路正常工作和人身、设备的安全，必须对电气化铁道邻近的通信线路采取有效的防护措施，使其所受到的危险电压影响和杂音干扰影响，都降低到规定标准以内。

1. 通信线路可采用的防护措施

① 将架空通信明线改为高屏蔽通信电缆或光缆通信线路。

② 将架空通信明线拆迁到交流电气化铁道影响范围以外。

③ 在通信线路中加装中和变压器、低频绝缘变压器、幻通谐振变压器、屏蔽变压器、横向接地变压器、陶瓷放电管、杂音抑制器等。

④ 在通信器械设备方面，采用增音站、谐振短路器、谐振分路器、杂音补偿器、音响冲击限制器、抗干扰人工电报机等。

2. 电气化铁道可采用的防护措施

在通信线甚多的地区，由于通信改造投资过大，适宜改用治本的方法，从牵引网本身中采取以下几项措施。

① 采用带架空回流线的直接供电方式。

② 采用吸流变压器供电方式。

③ 采用自藕变压器供电方式。

④ 采用同轴电力电缆供电方式。

⑤ 限制供电壁的长度。这样，可以限制供电臂对通信线路影响的安培公里，从而减小对通信线路的危险电压影响。

⑥ 合理选用电力机车类型。目前，我国电气化铁道使用的电力机车，从整流方式而言，可分为硅二极管整流（如韶山 1 型等）、半控桥式整流（如韶山 4 型、韶山 6 型等）、一段全控一段半控整流（如韶山 5 型、韶山 7 型、韶山 8 型等）。后二者由于在整流回路中采用了晶闸管，所以反映在接触网的牵引电流波形畸变较大，谐波电流含量较高，因而对通信线路的杂音干扰影响比采用硅二极管整流方式的大得多。“交－直－交”电力机车的优点之一，就是反应在接触网的牵引电流波形接近于正弦波，谐波电流含量最少，等效杂音干扰电流最小，因而对通信线路的杂音干扰影响最轻。可见，合理选用电力机车类型对减轻电气化铁路对通信线路造成的影响也有很大意义。

复习参考题

1. 交流牵引网对通信线路有何影响？
2. 简述交流牵引网对通信线路电磁感应影响的原理。
3. 简述消除危险电压影响的措施。
4. 简述减轻对通信线路影响的措施。

第 12 章 牵引供电电能质量

【本章内容概要】

简述谐波的概念、根源、危害、抑制和含量计算；介绍功率因数的概念和意义及牵引供电系统常用的无功补偿装置；讲述负序的概念、危害和不平衡度计算、减小负序的措施。

【本章学习重点与难点】

学习重点：谐波抑制；动态无功补偿；减小负序的措施。

学习难点：动态无功补偿；减小负序的措施。

从普遍意义讲，电能质量（Power Quality）是指优质供电，是供电装置在正常工作下不中断和不干扰用户使用电力的物理特性。现代电能质量除了保证额定电压和频率下的正弦波形外，还包括频率偏差、电压偏差、电压波动与闪变、三相不平衡、波形畸变、电压瞬变现象及供电连续性等。

随着科技的进步，一方面，用电负荷结构发生了重大变化，造成电能质量问题的因素不断增长，如以电力电子装置为代表的非线性负荷的使用、各种大型用电设备的启停等，由于其非线性、冲击性及不平衡的用电特性，使电网的电压波形发生畸变并引起电压波动和闪变及三相不平衡，甚至引起系统频率波动等，造成严重影响；另一方面，随着半导体、计算机技术的发展和广泛应用，各种用电设备对电能质量越来越敏感，对电能质量及可靠性的要求越来越高。在新的电力市场环境下，电能质量问题对电网和配电系统造成的直接危害和可能对人类生活和生产造成的损失也越来越大，电能质量直接关系到国民经济的总体效益。电能质量的优劣已经成为电力系统运行于管理水平高低的重要标志，检测、控制和改善电能质量也是保证电力系统自身可持续发展的必要条件。

铁路作为国民经济的重要基础设施，一直是消耗能源的重点行业，在节能降耗、提高能源综合应用效率方面大有潜力可挖；另一方面，电气化铁路长期存在功率因数低、谐波含量高和负序等问题，严重影响公用电网的电能质量。据不完全统计，自电气化铁路投运三十多年以来，电气化铁路谐波与负序已引发过 200 MW 发电机跳闸，山西、河南、贵州等电网大面积停电或系统解列，电网产生局部谐振，发电机转子损坏，继电保护非正常频繁启动，用户电动机和电容器大量烧坏，小火电厂不能就近并网等一系列的危害，使社会、电力部门和用户蒙受了巨大的经济损失。

负序、无功（功率因数）和谐波是备受关注的电气化铁路的三大技术课题。

12.1 谐　波

1. 谐波的基本概念

“谐波”一词起源于声学。有关谐波的数学分析在 18 世纪和 19 世纪已经奠定了良好的基础。傅里叶等人提出的谐波分析方法至今仍被广泛应用。电力系统谐波的定义是：对周期性非正弦电量进行傅里叶级数分解，对于满足狄里赫利条件的非正弦电量 $u(\omega t)$ 可分解为一系列频率为电网基波频率整数倍的正弦分量。即：

$$u(\omega t) = a_0 + \sum_{n=1}^{\infty}(a_n \cos n\omega t + b_n \sin n\omega t) \tag{12-1a}$$

或

$$u(\omega t) = a_0 + \sum_{n=1}^{\infty} c_n \sin(n\omega t + \varphi_n) \tag{12-1b}$$

式中，$a_0 = \dfrac{1}{2\pi}\displaystyle\int_0^{2\pi} u(\omega t)\mathrm{d}(\omega t)$

$$a_n = \frac{1}{2\pi}\int_0^{2\pi} u(\omega t)\cos n\omega \mathrm{d}(\omega t)$$

$$b_n = \frac{1}{2\pi}\int_0^{2\pi} u(\omega t)\sin n\omega \mathrm{d}(\omega t)$$

$$c_n = \sqrt{a_n^2 + b_n^2}$$

$$\varphi_n = \arctan(a_n/b_n)$$

$$a_n = c_n \sin\varphi_n$$

$$b_n = c_n \cos\varphi_n$$

这些正弦分量即所谓谐波，a_0 为直流分量，谐波频率与基波频率的比值（$n = f_n/f_1$）称为谐波次数。

2. 牵引供电谐波的产生

谐波问题产生的根源在于非正弦，一般来说，电网谐波来自于以下三个方面。

1）电源含有的谐波

受工艺、环境及制作技术等方面的限制，发电机三相绕组在制作上很难做到绝对对称，铁心也很难做到绝对均匀一致，再加上其他一些原因，多少也会产生一些谐波。

2）输变电过程产生的谐波

输变电系统中主要是电力变压器产生谐波，由于变压器铁心的饱和，磁化曲线的非线特性及额定工作磁密位于磁化曲线近饱和段上等诸多因素，使得磁化电流呈尖顶波形，含有大量奇次谐波。铁心的饱和程度越高，变压器工作点偏离线性越远，谐波电流也就越大。

3）负荷产生的谐波

用电环节含有大量非线性负载，如晶闸管式整流设备、变频装置、电子荧光灯镇流器、调速传动装置、不间断电源（UPS）、磁性铁芯设备及某些家用电器等，均能产生非正弦电流。

在牵引供电分析中，一般只考虑牵引负荷也就是电力机车产生的谐波。现行的电力机车有传统的交直型和新发展起来的交直交型两种，交直型电力机车的牵引负荷是单相非线性的，在牵引工作状态时，整流回路投入工作，其功率因数偏低，含有较丰富的奇次谐波。随着电力电子技术的迅速发展，电力机车已经实现由直流传动向现代交流传动的转变，采用交流传动模式，不仅是牵引动力上的进步，也可以大幅度提高电力机车的功率因素和显著改善电力机车牵引取流的波形。

3. 牵引供电谐波的危害

在牵引供电系统中，谐波的危害主要表现有以下几方面。

1）对高压输电线路及牵引网线路的影响

由于输电线路阻抗的频率特性，线路电阻随着频率的升高而增加。在集肤效应的作用下，谐波电流使输电线路的附加损耗增加。另外，输电线路存在着分布的线路电感和对地电容，它们与产生谐波的设备组成串联回路或并联回路时，在一定的参数配合条件下，会发生串联谐振或并联谐振。一般情况下，并联谐波谐振所产生的谐波过电压和过电流对相关设备的危害性较大。可能构成某次谐波的谐振回路，造成牵引负荷谐波电流的谐振放大。

2）对牵引变压器的影响

谐波电流流过牵引变压器，将产生集肤效应和邻近效应（相邻导线流过高频电流时，由于磁电作用使电流偏向一边的特性，称为“邻近效应”），在绕组中引起附加铜耗，同时也使铁耗相应增加。另外，3 的倍数次零序电流会在三角形接法的绕组内产生环流，这一额外的环流可能会使绕组电流超过额定值。对于带不对称负载的变压器来说，如果负载电流中含有直流分量，会引起变压器的磁路饱和，从而会大大增加交流激磁电流的谐波分量。这些导致变压器容量减小、效率降低。

3）对电力电容器的影响

因为牵引供电系统在高次谐波下的容抗要比在基波下的容抗小得多，从而使谐波电流的波形崎变比谐波电压的波形畸变大得多，即便电压中谐波所占的比例不大，也会产生显著的谐波电流。特别是在谐振的情况下，很小的谐波电压就会引起很大的谐波电流，使电容器成倍地过负荷，导致电容器因过流而损坏。

4）对测量表计的影响

由于相当一部分测量表计是按照标准正弦测量对象设计的，故谐波还会对牵引供电系统中使用的大量测量和计量仪器的指示正确性产生不良影响，可能导致电压表、电流表、功率表、电度表等计量产生较大误差，严重时会导致计量混乱。

5）对继电保护和自动装置可靠性的影响

牵引供电谐波对电力系统中以负序（基波）量或谐波量为基础的继电保护和自动装置的影响十分严重，这是由于这些保护装置整定值小、灵敏度高，如果叠加上谐波的干扰则会引起误动或拒动，如主变复合电压启动过电流保护装置负序电压元件误动、主变纵联差动保护谐波制动失灵、母线差动保护的负序电压闭锁元件误动及线路各种型号的距离保护、故障录波器等发生误动作，严重威胁牵引供电系统的安全运行。

6）对通信和信号系统的影响

电力线路上流过的 3、5、7、11 次等幅值较大的奇次低频谐波电流通过磁场耦合，在邻近电力线的通信线路中产生干扰电压，干扰通信系统的工作，甚至在极端情况下，还会威胁通信设备和人员的安全。同时，目前铁路信号系统大量使用钢轨传输电码信号，钢轨回流中的高次谐波成分将对其产生较大影响。

除了对铁路自身影响外，牵引供电系统容量较大，对于公共电网的谐波污染较为严重，可能危及整个电网的安全稳定。

4. 牵引供电谐波抑制措施

1）采用新型电力机车

交直型电力机车通过增加整流装置的相数可以有效消除幅值较大的低频项，从而大大降低谐波电流的有效值。现代交流传动动车组和电力机车均采用四象限变流器作为输入端变流装置，较好地满足了电力牵引设备对于功率因数、等效干扰电流、牵引和再生制动能力方面的特殊而苛刻的要求，可以使电网电流波形接近于正弦，电网功率因数接近于 1，提高电网的经济效益，最大限度地减少谐波影响，在电网电压或负载发生变化时，能够维持直流中间电压的稳定，给电机侧逆变器提供良好的工作条件，其性能优于其他各类交—直变流器。

2）在谐波源处加装滤波装置吸收谐波电流

滤波器通常安装在负荷侧母线上，使其固有频率按要求和某些特征频率谐振，从而吸收大部分谐波源注入电网的谐波电流。

（1）无源滤波器。由滤波电容器、电抗器和电阻器组合而成，与谐波源并联，除起滤波作用外，还兼顾无功补偿的需要，三相连接可接成星形或三角形。其结构简单、投资少、运行可靠性较高及运行费用较低，但难以滤除频率较低、幅度较大的畸变波，滤波易受系统参数的影响，对某些次谐波有放大的可能，同时功耗和体积偏大，因而随着电力电子技术的不断发展，滤波研究方向逐步转向有源滤波器。

（2）有源滤波器。有源滤波器利用可控的功率半导体器件产生一个与谐波电流大小相等而极性相反的补偿电流，使电源的总谐波电流为零，达到实时补偿谐波电流的目的。有源滤波器使电网电流只含基波分量，补偿性能好，滤波特性不受系统阻抗的影响，可消除与系统阻抗发生谐振的危险，能够自动跟踪补偿变化着的谐波，但容量大、成本高。

3）加装静止无功补偿装

电力机车负荷的移动性、变化性和随机性除了产生谐波外，往往还会引起供电电压的波动和闪变，因此宜装设能吸收动态谐波电流的静止无功补偿装置，提高供电系统承受谐波的能力，同时可以抑制电压波动、电压闪变、补偿功率因数。

4）防止并联电容器组对谐波的放大

可采取串联电抗器，或将电容器组的某些支路改为滤波器，还可以采取限流装置，限定电容器组的投入容量，避免电容器对谐波的放大。

5. 谐波的特征量

供电中衡量谐波程度，常用的特征量有谐波含量、谐波总畸变率和第 n 次谐波的含有率。

1）谐波含量

电压谐波含量：

$$U_{\mathrm{H}} = \sqrt{\sum_{n=2}^{\infty} U_n^2} \tag{12-2a}$$

电流谐波含量：

$$I_{\mathrm{H}}=\sqrt{\sum_{n=2}^{\infty}I_n^2} \tag{12-2b}$$

2）谐波总畸变率

电压总畸变率 $\mathrm{THD_u}$：

$$\mathrm{THD_u}=\frac{U_{\mathrm{H}}}{U_1}\times 100\% \tag{12-3a}$$

电流总畸变率 $\mathrm{TDH_I}$：

$$\mathrm{THD_u}=\frac{I_{\mathrm{H}}}{I_1}\times 100\% \tag{12-3b}$$

式中，U_1——基波电压有效值；

I_1——基波电流有效值。

3）第 n 次谐波的含有率

第 n 次谐波电压含有率 HRU_n：

$$\mathrm{HRU}_n=\frac{U_n}{U_1}\times 100\% \tag{12-4a}$$

第 n 次谐波电流含有率 HRI_n：

$$\mathrm{HRI}_n=\frac{I_n}{I_1}\times 100\% \tag{12-4b}$$

式中，U_n——第 n 次谐波电压有效值（方均根值）；

I_n——第 n 次谐波电压有效值（方均根值）。

12.2 功率因数

1. 无功功率及功率因数

根据电路基本理论，对于正弦交流电路，有功（平均）功率为：

$$P=UI\cos\phi$$

无功功率为：

$$Q=UI\sin\phi$$

视在功率为：

$$S=UI$$

则定义功率因数为：

$$\mathrm{PF}=\cos\phi=\frac{P}{S}=\frac{P}{\sqrt{P^2+Q^2}} \tag{12-5}$$

由式（12-5）可知，P 越接近 S，说明电气设备的容量利用得越充分，功率因数 PF 能够反映这种利用程度。

对于含有非线性器件的非正弦电路，其无功功率尚未广泛接受科学而权威的定义，一般定义是将电路无功功率分为由基波无功功率 Q_{f} 和由谐波产生的畸变功率 D（电源电压为标准正弦，故谐波没有无功功率)，则有：

$$Q_{\mathrm{f}} = UI_1 \sin\phi \tag{12-6}$$

$$D = UI_{\mathrm{H}} = U\sqrt{\sum_{n-2}^{\infty} I_n^2} \tag{12-7}$$

此时，非正弦电路有功功率为：

$$P = UI_1 \cos\phi_1 \tag{12-8}$$

无功功率为：

$$Q = Q_{\mathrm{f}} + D \tag{12-9}$$

视在功率为：

$$S = U\sqrt{\sum_{n-1}^{\infty} I_n^2} \tag{12-10}$$

功率因数为：

$$\mathrm{PF} = \frac{P}{S} = \frac{UI_1 \cos\phi_1}{UI} = \frac{I_1 \cos\phi_1}{I} \tag{12-11}$$

显然

$$S^2 = P^2 + Q_f^2 + D^2 \tag{12-12}$$

我国交直型电力机车的功率因数一般为 0.8 ～ 0.85 左右，考虑到牵引网和变压器阻抗的影响，未补偿的牵引母线上的功率因数通常为 0.80 ～ 0.82，主变高压侧的功率因数大约为 0.77 ～ 0.78。

2. 提高功率因数的意义

牵引供电的功率因数低，意味着大量的无功功率流入电网，这会带来诸多不利影响，主要表现在以下几个方面。

1）电网运行效率降低

电气设备如果低于额定或规定的功率因数运行，当视在功率不变时，输送的有功功率就要减少，从而降低了发电设备的输出能力和输变电设备的供电能力，使电气设备的效率降低，发电和输变电的成本提高。

2）设备和线路损耗增加

有功功率损失与电流的平方成反比，由于功率因数低而导致电流增大，将引起设备和线路的更多损耗，大大增加运行费用。

3）线路压降增大

由于线路阻抗的存在，大量的无功电流注入电网会引起电网电压下降，往往引起电力用户的供电电压不足。对于冲击性无功负载还会引起电网电压剧烈波动，致使供电质量严重下降。

4）设备容量利用率降低，设备容量增加

功率因数低意味着视在功率中有功部分较少，降低了设备容量利用率，导致牵引变压器等牵引供电系统设备的能力不能充分利用；同时，为了保证牵引负荷的需求，供电设备容量、导线规格、相应的控制设备、测量仪表和保护装置的规格容量也应相应增加，这就会带来设备投资的增加和浪费。

3. 牵引供电功率因数标准

电力部门在牵引变压器高压侧安装电能和功率因数表计，计量牵引供电系统总用电量和月评价功率因数。关于功率因数，《全国供用电规则》第 4.3 条规定如下：“无功电力应就地平衡。用户应在提高用电自然功率因数的基础上，设计和装置无功补偿设备，并做到随其负荷和电压变动及时投入或切除，防止无功电力倒送。用户在当地供电局规定的电网高峰负荷时的功率因数，应达到下列规定：

① 高压供电的工业用户和高压供电装有带负荷调整电压装置的电力用户，功率因数为 0.90 以上；

② 其他 100 kV·A（kW）及以上电力用户和大、中型电力排灌站，功率因数为 0.85 以上；

③ 农业用电，功率因数为 0.80。

凡功率因数不能达到上述规定的新用户，供电局可拒绝接电。未达到上述规定的现有用户，应在 2 ～ 3 年内增添无功补偿设备，达到上述规定。对长期不增添无功补偿设备又不申明理由的用户，供电局可停止或限制供电。”

按上述规定，对于牵引供电，其功率因数要求达到 0.90。根据计算的月平均功率因数，高于或低于规定标准的，在按照规定的电价计算出其当月电费后，再按照“功率因数调整电费表”所规定的百分数增加或减少电费。当功率因数低于 0.90 时，每低 0.1，需增加电费 5%，而电费的 5% 就相当于牵引供电系统的电能损失费。当功率因数大于 0.90 时，每高 0.01 电费减少 15%。这种根据负荷功率因数的高低而增加或减少的电费为功率因数调整电费，即力率罚款。可见，提高功率因数不但对电力系统的经济运行有很大意义，而且对降低电气化铁道运营成本也有实际的经济意义。

4. 提高牵引供电功率因数的措施

1）改善牵引供电系统自身功率因数

（1）提高电力机车的功率因数，新型的交流传动电力机车通过利用电子电子技术实现功率因数补偿，自身功率因数能够接近 1。

（2）改善牵引网的阻抗特性，包括减小牵引网单位阻抗值和阻抗角、限制供电臂的长度等。

（3）合理选择牵引变压器容量，提高其容量利用率。

2）在牵引变电所牵引侧装设并联无功补偿装置

目前，国内牵引供电系统电容补偿主要采用集中补偿方式，其基本原理如图 12-1 所示，设有功功率$\dot{P}$不变，要将功率因数由 $\cos\phi$ 提高到 $\cos\phi'$，需将无功功率$\dot{Q}$减小到$\dot{Q}'$，由于$\dot{Q}$为感性无功，则应投入容性无功：

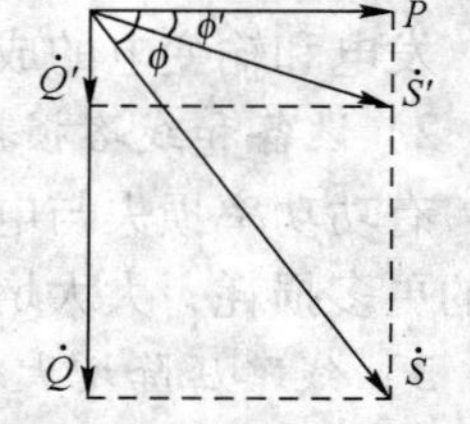

图 12-1　并联无功功率补偿原理

$$\Delta\dot{Q} = \dot{Q} - \dot{Q}'$$

投入的并联容性无功补偿装置提供的容性电流，能够有效减小流经电力系统和牵引变压器的电流值和电能损失，从而提高了牵引负荷的功率因数，改善了电力系统的电压质量，提高了牵引变电所牵引侧母线电压。另外，值得注意的是，所并联的容性装置能够吸收谐波电流，具有滤波作用，在设计和使用过程中应充分意识到这一点。

牵引供电系统常用的无功补偿装置主要有并联电容器和各种动态无功补偿装置。

（1）并联电容器。目前我国普通电气化铁路牵引变电所无功补偿装置大部分采用在 27.5（55）kV 侧安装并联电容器固定补偿模式，具有功率损耗小、安装简单维护方便等特点。

一般应采用两相补偿方案，补偿效果较好，使两臂牵引负荷中的高次谐波均能滤掉一部分。其中，因为三相 YNd11 接线牵引变电所滞后相的电压损失大于引前相的电压损失，应考虑根据两臂负荷大小确定总补偿容量后，按照滞后相多补，引前相少补的原则，进行两臂的合理分配，有利于各相功率因数趋向平衡，同时改善滞后相电压质量和牵引负荷对电力系统的负序影响。

（2）动态无功补偿装置。由于牵引负荷的剧烈变化，无功功率和电流随机波动，固定并联电容补偿不能随负荷的变化做相应调整，容易造成轻载时无功过补偿和重载时无功欠补偿。对此可以采用接触器控制投切的分级调节电容补偿，但响应速度慢，且只能进行分级阶梯状调节，设备使用寿命短，很难满足对波动频繁的牵引负荷进行补偿的要求。

利用电力电子器件与储能元件可以实现静止的动态无功补偿，常用的方案如下。

① 静止型动态无功补偿装置（Static Var Compensator，SVC）。SVC 产生无功和滤除谐波是靠其电容和电抗本身的性质，其静止是相对于发电机、调相机等旋转设备而言的。该装置能够快速平滑地调节容性和感性无功功率，改变其发出的无功，具有较强的无功调节能力。SVC 通过动态调节无功出力，抑制波动冲击负荷运行时引起的母线电压变化，有利于暂态电压恢复，提高系统电压稳定水平。但这种静止无功补偿电路需要大容量储能元件，补偿容量要按最大补偿容量来选取，由于这些大容量储能元件固有的时间常数影响，不能做到瞬时无功控制。另一方面，可控硅控制投切虽然已能相对平滑地快速调节，但这种补偿器的容量明显受到安装点电压变换的制约，与安装点电压平方成正比，当网压下降时，由于补偿器提供的无功功率反而减少，导致母线电压进一步降低功率因数。另外，传统的无功功率的定义和概念，只限于处理系统运行参数是正弦周期的情况，对功率急剧变化所出现的瞬变已不能适应。

根据 SVC 结构原理的不同，其技术主要有可控饱和电抗器型（SR）、自饱和电抗器型（SSR）、晶闸管相控电抗器型（TCR）、晶闸管投切电容器型（TSC）、高阻抗变压器型（TCT）和励磁控制的电抗器型（AR）等。随着大功率电力电子器件制造技术的发展，SVC 从早期的 SSR 过渡到 TCR/TSC 方式，并成为 SVC 的主流实用技术。常见的 SVC 类型结构原理图如图 12-2所示。电容器可发出无功功率，电抗器可吸收无功功率，我们把二者结合起来，再配以适当的调节装置，就能够平滑地改变输出（或吸收）的无功功率，如图 12-2（c）、（d）所示。

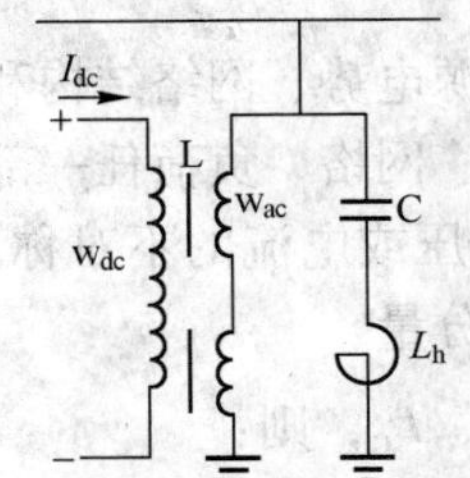

（a）可控饱和电抗器型(SR)

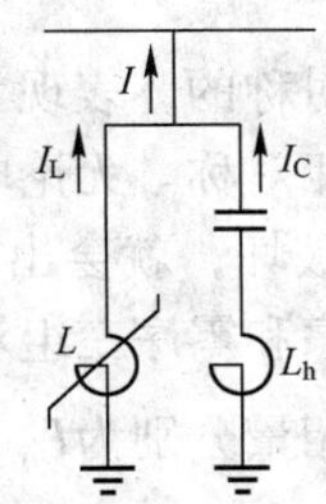

（b）自饱和电抗器型(SSR)

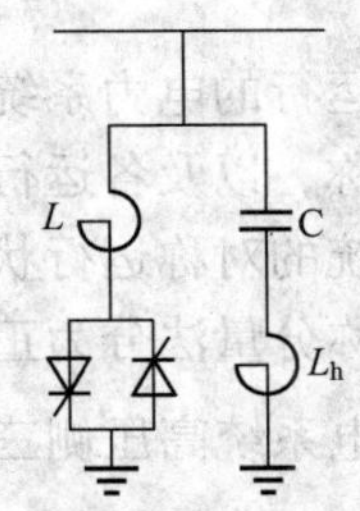

（c）可控硅控制电抗器型(TCR)

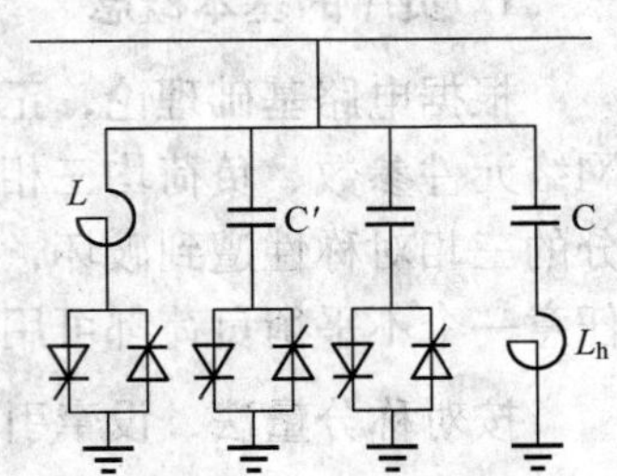

（d）可控硅控制电抗器(TCR)和可控硅投切电容器组合型(TSC)

图 12-2　常见的 SVC 类型结构原理图

从装置构成来看，TCR 型的 SVC 装置主要由 TCR 支路、滤波支路和控制单元组成，滤波支路提供恒定的基波容性无功并吸收负载和补偿器本身所产生的谐波；TCR 即晶闸管控制的线性电抗器起着稳定器的作用，产生可调的基波感性无功，与滤波器组的恒定容性无功抵消输出可控的容性无功以补偿负载的动态无功；控制单元检测负荷、电压、功率因数等参数作为输入信号，依据一定的调节方式改变晶闸管的相位角，从而控制补偿器向系统提供的容性无功。

TSC 是 SVC 的简化方式，由晶闸管控制投切电容器。在工程实际中，一般将电容器分成几组，按单调谐设计多组某次或某几次滤波器，基波下各支路呈容性，分级改变补偿装置的无功出力；某次谐波下偏调谐，兼滤该次谐波。TSC 实际上就是断续可调的提供容性无功补偿的动态无功补偿器，其装置寿命与投切次数无关，且投切的暂态过程很小，结构简单，响应速度快，不产生谐波。

② 静止无功发生器（Static Var Generator SVG）。SVG 亦称为 STATCOM，ABB 公司的产品名称为 SVC Light。SVG 装置的核心部分为逆变器，其产生无功和滤除谐波的基本原理是靠其内部电力电子开关频繁动作产生无功电流和与谐波电流相反的电流。与 SVC 不同的是，SVG 在其直流侧只需要较小容量的电容器维持其电压即可，是目前较为先进的无功补偿装置。SVG 通过不同的控制，既可使其发出无功功率，呈电容性；也可使其吸收无功功率，呈电感性。采用 PWM 技术控制，还可使其输入电流接近正弦波。

SVG 技术占地面积比 SVC 少，可提供瞬时有功功率，有着很好的发展前途，但要替代 SVC 技术必须克服两个主要障碍。一个是价格；另一个则是损耗。投入电网运行的 SVG 容量较大，一般均采用 GTO 器件，因 GTO 是电流驱动型，器件损耗太大，不是发展方向，目前采用 IGCT 替代，但商业化 IGCT 的容量还较小，且价格高。

由于牵引负荷是一种三相不平衡负荷，SVG 能够快速地补偿由于负载不平衡所产生的负序电流，始终保证流入电网的三相电流平衡，大大提高供用电的电能质量。SVG 的平衡调节特性可使牵引负荷的不平衡效应得到改善，并可提高牵引变压器的容量利用率。

12.3 负　序

1. 负序的基本概念

根据电路基础理论，正常运行的电力系统是三相对称的，表现为电源电势、网络结构和网络元件参数、负荷均三相对称，以及各运行参数三相对称。无论电源、网络、负荷任一部分的三相对称性遭到破坏，系统的对称运行状态即受破坏，就会出现电压或电流的不对称。任意一个不平衡负荷都可用对称分量法分为正序、负序和零序三组对称分量。

按对称分量法，设牵引供电系统高压侧三相电流相量分别为$\dot{I}_{A}$、$\dot{I}_{B}$、$\dot{I}_{C}$，则：

$$\text{正序分量：}\begin{cases}\dot{I}_{A1}=\dfrac{1}{3}(\dot{I}_{A}+a\dot{I}_{B}+a^{2}\dot{I}_{C})\\ \dot{I}_{B1}=a^{2}\dot{I}_{A1}\\ \dot{I}_{C1}=a\dot{I}_{A1}\end{cases}\qquad(12\text{-}13a)$$

$$负序分量：\begin{cases} \dot{I}_{A2}=\frac{1}{3}(\dot{I}_A+a^2\dot{I}_B+a\dot{I}_C) \\ \dot{I}_{B2}=a\dot{I}_{A2} \\ \dot{I}_{C2}=a^2\dot{I}_{A2} \end{cases} \tag{12-13b}$$

$$零序分量：\quad \dot{I}_{A0}=\dot{I}_{B0}=\dot{I}_{C0}=\frac{1}{3}(\dot{I}_A+\dot{I}_B+\dot{I}_C) \tag{12-13c}$$

式中，a——旋转算子，$a=e^{j120°}=-\frac{1}{2}+j\frac{\sqrt{3}}{2}$。

2. 负序电流的危害

对牵引供电系统来说，因为牵引变压器二次侧一般采用三角形或不完全三角形接线，所以零序电流形成的环流无法通过，零序网络中断，不会产生零序分量流入电力系统。因此牵引供电系统的不平衡负荷对电力系统的影响，实质上就是负序电流对电力系统的影响。

电气化铁路牵引负荷是电力系统的重要不平衡负荷，产生大量的负序分量，影响电力系统及设备的安全稳定与经济运行。一般可以从电源和负载两方面考虑负序电流的影响。

1）电源方面

电源方面主要是对同步发电机的影响。负序电流对发电机影响最大的是转子的附加损耗与发热，其次就是附加振动。

当负序电流通过发电机定子绕组时，负序电流在定子、转子气隙中建立一个以同步转速旋转、方向与转子转向相反的旋转磁场，同步转速切割转子，在转子表面各部件上感应两倍工频电流，在转子表面感应产生涡流且分布不均。这些附加电流和涡流形成附加损耗，引起额外温升。由于集肤效应。转子的表面温升较为明显，容易出现局部温度升高和过热。国内曾发生过向电气化铁路供电的汽轮发电机转子部件嵌装面过热受损的事故。

负序电流使转子产生振动的原因有两个。一是转子绕组中感应产生的两倍同步频率的电流，会在转子中造成脉动转矩，引起两倍同步频率的振动，在电机中造成额外的机械应力。另一方面，转子上的两倍工频电流流经转子上各部件，因其使用材料不同，各自的热容量也不同，如护环的热容量较小，在护环与转子本体之间就会形成温差，使护环失去紧力，诱发振动。

2）负载方面

（1）对感应电动机的影响。电力牵引的单相负荷使三相系统中的各相线路产生不同的电压降，对接在该线路上的其他动力负荷供给一个不对称的三相电压。对邻近牵引变电所而远离电源的异步感应电动机来说，正序电压产生正序电流和顺转的电磁转矩，负序电压产生负序电流和逆转的电磁转矩，此反向磁场对电动机转子起制动作用。在谐波和负序电流的共同影响下，国内曾发生多起定子绕组过热烧毁事故。

（2）对电力变压器的影响。负序电流造成电力系统三相电流不对称，从电力变压器的安全运行考虑，其每相电流均不应超过额定值或允许过载值，当最大的一相电流达到额定值时或允许过载值时，较小的两相却小于额定值，从而使变压器的容量利用率下降。另外，负序电流还造成变压器的附加能量损失并在变压器铁心磁路中造成附加发热，可能引起外壳、外层硅钢片和某些紧固件发热或局部过热，加速变压器的老化，影响其使用寿命。

（3）对输电线路的影响。负序电流流过输电线路时，实际上不做功，只造成电能损失，从而降低了电力线路的输送能力。

（4）对继电保护的影响。由于保护按负序量整定，整定值小、灵敏度高，故得到广泛应用，负序电流容易使系统中由负序分量启动的继电保护及自动装置误动作，从而增加保护的复杂性。

3. 三相不平衡的衡量及负序电流的允许标准

牵引供电的不平衡程度，也就是含有负序的程度，一般通过（三相）电压、电流不平衡度表示，定义如下。

电压不平衡度：

$$K_{\mathrm{U}} = \frac{U_2}{U_1} \times 100\% \tag{12-14}$$

电流不平衡度：

$$K_{\mathrm{I}} = \frac{I_2}{I_1} \times 100\% \tag{12-15}$$

式中，U_1、I_1——正序电压、电流；

U_2、I_2——负序电压、电流。

电力系统三相电压平衡的状况是电能质量的主要指标之一。三相电压不平衡过大（超过标准值2%）将导致一系列问题。《电能质量 三相电压不平衡》（GB/T 15543—2008）要求：电力系统公共连接点正常电压不平衡度允许值为2%，短时不得超过4%。

对每个用户电压不平衡度的一般限值为1.3%，根据连接点的负荷状况，邻近发动机、继电保护和自动装置运行要求，可作适当变动。

国外在对电气化铁路负序管理的实际执行中，有一种做法，即要求牵引变电所的负序容量占系统侧短路容量的百分数，长时间不大于1.5%，短时间（不超过10 min）不大于2%。根据上述公式计算，系统短路容量超过牵引变电所最大单相负荷容量的50倍（一般认为30～40倍比较合理），可以认为在电压不平衡方面不存在问题。因此，如果三相不平衡负荷较小或系统较强大，都将使三相电压不平衡度限制在规定的范围内。据此，我国客运专线多选择220 kV外部电源供电，对负序的承受能力要强于原来的110 kV电网。

4. 不同接线方式牵引变电所的负序

不同的接线方式，对牵引负荷注入电力系统的负序电流抑制能力大为不同，在第2章牵引变电所部分已经进行了详细的分析计算。结合考虑各不同接线形式的牵引变压器及不同负荷水平，可以得到的相关结论。

1）纯单相牵引变电所

在电力系统中引起的不平衡度最严重，不平衡度达到100%。纯单相牵引变电所的负序功率等于牵引负荷的视在功率。缺乏资料时，按变压器超载30%计算负序功率。如果某牵引变电所两台单相变压器并列运行，单台容量15 MVA，则负序功率为：1.3×30＝39 MVA。

2）单相和三相Vv变电所

Vv接线牵引变电所，当两供电臂电流相等时，不平衡度为50%。正序功率等于负载功率，负序功率等于负载功率的一半（假定两端口负载相等）。缺乏资料时，按变压器超载

30%计算负序功率。如果某 Vv 牵引变电所，单台变压器容量 10 MVA，则负序功率为：0. 5 ×1. 3 ×20 =13 MVA。

3）三相牵引变电所

三相牵引变电所与 Vv 接线牵引变电所的结论相同。但需要考虑三相 YNd11 变压器的容量利用率只有 75. 6%。如果某三相牵引变电所，容量 10 MVA，则负序功率为：0. 5 ×1. 3 ×0. 756 ×100 =5 MVA。

4）三相 - 两相牵引变电所

当两供电臂电流相等时，不平衡度为 0，没有负序，这也和斯科特、阻抗匹配与非阻抗匹配平衡牵引变压器设计目的相符合。

关于牵引供电系统的负序问题，需要注意以下几点。

(1) 无论何种变压器，所带负荷为单相，即当两供电臂中一臂有电流、另一臂无电流时，不平衡度均为 100%。

(2) 当两供电臂负荷大小不等时，无论采用何种牵引变压器，均不能自行彻底消除负序。

(3) 一般两供电臂负荷越接近（合理的调度安排、较高的行车密度、更长的供电距离更容易做到这一点），不平衡度越小，尤其是对于三相 - 两相平衡变压器来说。

5. 减少负序影响的措施

为了尽量减轻单相牵引负荷给电力系统造成的负序影响，牵引供电系统设计可采取如下措施。

(1) 合理安排牵引站供电电源。应该选用更高电压等级和更大容量的电网电源，以提高对于负序的承受能力。合理地选择供电电源的分布，不致使牵引供电系统产生的负序电流过于集中，尽量要由多个电源分担，容量小的发电机组不能接受较多的负序电流，更不能单独作牵引电源。

(2) 纯单相变电所不平衡度较大，尽量避免采用，应优先选用三相 - 两相平衡变压器。

(3) 合理安排行车组织，尽量使牵引负荷分布均匀。

(4) AT 供电方式有较远的供电距离，在一定程度上有利于减小负序程度。

(5) 采用同相供电技术。同相供电技术是指线路上相邻变电所供电的区段接触网电压相位相同，线路上无电分相环节的牵引供电方式，其关键在于利用电力电子技术实现电源的三相 - 单相对称变换。同相供电技术不用设置分相绝缘器，从根本上解决了电分相问题，有利于满足高速重载牵引的发展要求，也能够解决系统的三相不平衡问题，同时补偿无功和谐波，表现出很好的发展潜力，但现阶段在造价、可靠性、大功率等方面还制约着其应用。

(6) 相邻的牵引变电所相位轮换接入电力系统。对牵引变电所换相连接的基本要求：

① 对称。把各牵引变电所的单相牵引负荷轮换接入电力系统的不同相，使电力系统的三相负载电流对称。

② 除了纯单相接线牵引变电所，其他牵引变电所两相邻变电所的供电分区同相，以便必要时采取越区供电，并减少接触网的分相绝缘器数量。

③ 接触网分相绝缘器两端的电压不超过接触网的对地电压。

复习参考题

1. 阐述牵引供电系统对电力系统的影响，也就是其主要的电能质量问题。
2. 谐波的危害有哪些?
3. 简述牵引供电系统谐波抑制的主要措施。
4. 简述谐波畸变率和含有率的计算方法。
5. 简述功率因数低的危害。
6. 简述提高牵引供电功率因数的措施。
7. 简述动态无功补偿的意义和实现方案。
8. 负序的危害有哪些?
9. 简述减少负序影响的措施。
10. 简述牵引变电所的换接相序。

附录A

模拟试题

A1 模拟试题一

一、填空题（共小题，每空1分，共20分）

1. 电力牵引接牵引网供电电流的种类可分为（　　）、（　　）和（　　）。

2. 三相 YNd11 接线变压器容量不能得到充分利用，其输出容量只能达到其额定容量的（　　），引人温度系数也只能达到（　　）。

3. 当牵引变电所两供电臂中一臂有电流，另一臂无电流时，各种牵引变压器的不平衡度相同，均等于（　　）。

4. 变压器的寿命是由绝缘材料的（　　）程度决定的。

5. 根据国家有关标准规定，铁道干线电力牵引母线上的额定电压为（　　）kV，自耦变压器供电方式为（　　），电力机车额定电压为（　　）。

6. 牵引供电系统电压损失主要由（　　）和（　　）两部分组成。

7. 牵引变压器的容量校核要完成两方面内容，一是为了满足列车紧密运行的需要，计算（　　）容量；二是计算为了保证牵引变压器在充分利用过负荷能力的情况下能安全运行的容量，称为（　　）容量。

8. 国家规定牵引负荷在牵引变电所牵引变压器高压侧的月平均功率因数应达到（　　）以上。

9. 牵引负荷对电力系统的影响主要在（　　）、（　　）、（　　）三个方面。

10. 安装并联电容补偿装置能够（　　）功率因数和（　　）谐波电流。

二、判断题（共10小题，每题1分，共10分）

1. 我国电气化铁道牵引变电所由国家区域电网供电。（　　）

2. 单相接线牵引变电所对电力系统的负序影响最小。（　　）

3. 运行温度并不对变压器寿命起着决定性的作用。（　　）

4. 牵引变压器的安装容量是根据计算容量和校核容量两者中较大者确定的。（　　）

5. 供电系统由于阻抗及负荷而导致供电电压降低，其降低的数值称为电压损失。（　　）

6. 在双线区段，采用上、下行线路接触网在供电臂末端分开供电，这样可以减少牵引供电系统电能损失。（　　）

7. 导线允许载流量是指在一定环境条件下，超过导线最高允许工作温度时所传输的电流。（　　）

8. 在电气化铁路中，牵引变压器是牵引供电系统的主要谐波源，同时给电力系统带来的高次谐波。(　　)

9. 安装并联电容补偿装置，改善电力系统电压质量，提高牵引变电所牵引侧母线电压。(　　)

10. 开闭所进行电压变换，起扩大馈线回路数的作用，相当于配电所。(　　)

三、概念解析（共 5 小题，每题 4 分，共 20 分）

1. AT 供电方式
2. 计算容量
3. 安装容量
4. 链形悬挂
5. 距离控制

四、简答题（共 5 小题，每题 6 分，共 30 分）

1. 简述单相工频交流制电气化铁路的优点。
2. 牵引网阻抗的计算有哪些主要用途？
3. 在电气化铁路中为减少负序影响可以采取哪些措施？
4. 简述抑制电气化铁路对通信线路影响的措施。
5. 对于直接供电或 BT 供电方式，牵引网标准网压为 25 kV，为何变压器次边额定电压为 27.5 kV？

五、计算题（共 2 小题，每题 10 分，共 20 分）

1. 某牵引变电所 a 相供电臂的全天带电负荷电流如图所示。求该供电臂的日平均电流和日均有效电流。

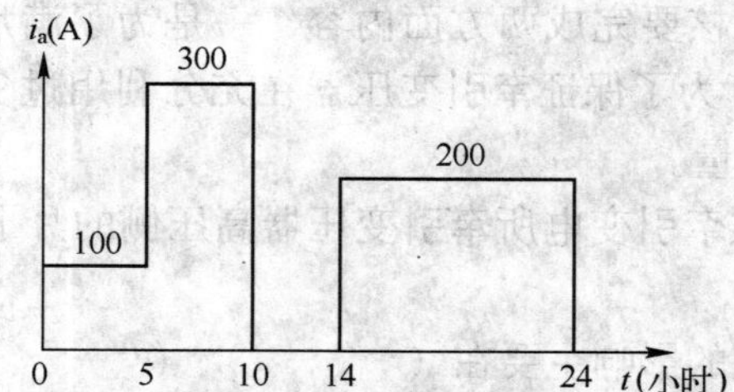

2. 已知某牵引变电所采用三相 YNd11 主变压器，原边接入 220 kV 电网，牵引侧电压 27.5 kV，归算到牵引侧的系统阻抗和牵引变压器阻抗 $Z_\Delta = 1.1 + j15.8\ \Omega$，其他参数如图所示。求注入电网的负序电流大小。

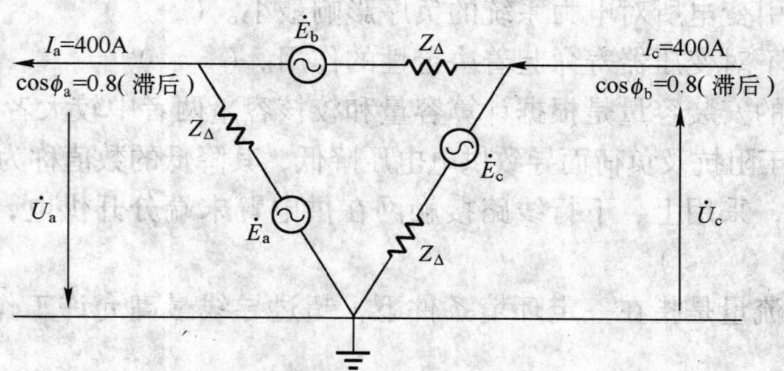

A2 模拟试题二

一、填空题（共小题，每空1分，共20分）

1. 牵引变电所桥式接线中桥联设置在靠变压器侧，则构成（　　）接线。

2. 牵引网增设加强导线即可以减少（　　　　），又可以减少（　　　　）。

3. 根据国家有关标准规定，铁道干线牵引网最高允许电压为（　　）kV，最低工作电压为（　　），受电弓上电压不得低于（　　）。

4. 若斯科特接线牵引变压器M和T座两供电臂负荷相等，则其原边三相电流（　　），且相位互差（　　），即原边三相电流（　　）。

5. 二次接线图一般分为（　　）接线图、（　　）接线图和（　　）接线图。

6. 牵引变电所（　　）是指各相邻牵引变电所牵引变压器的原边各端子轮换接入电力系统中的不同的相，其目的是减轻牵引供电系统对电力系统（　　　　）的影响。

7. 单相接线牵引变压器的电流不平衡度等于（　　）。

8. 牵引网阻抗是计算牵引网（　　）、（　　）和（　　）等所必需的参数。

9. 在山区电气化铁路有较明显的迂回线路时，增设（　　　）对降低牵引网阻抗，改善牵引网电压有很显著的效果。

10. 负序电流容易使电力系统中以负序分量启动的继电保护及自动装置（　　　　），从而增加保护的复杂性。

二、判断题（共10小题，每题1分，共10分）

1. 采用电力牵引的铁路称为电气化铁路。（　　）

2. 单相牵引变压器的容量利用率可达100%。（　　）

3. 三相YNd11接线牵引变电所不能供应牵引变电所自用电和地区三相电力。（　　）

4. 接触网供电分区由两个牵引变电所从两边同时供应电能的供电方式称为单边供电。（　　）

5. 增设加强导线能够减少牵引供电系统电能损失。（　　）

6. 当考虑接触线的磨耗时，接触悬挂的允许载流量需减小。（　　）

7. 负序电流流过输电线路时，不会产生电能损失，不会降低输电线路的输送能力。（　　）

8. 电力机车的整流设备相当于单相全波整流，在理论上产生的特征谐波为偶次波。（　　）

9. 以整体的形式将有关二次设备画在一起表示二次电路连接关系和工作原理的接线图，称为展开接线图。（　　）

10. 由电力机车所在之位置起，牵引负荷电流一部分经钢轨流回牵引变电所，简称地回流。（　　）

三、概念解析（共5小题，每题4分，共20分）

1. DN供电方式

2. 校核容量

3. 锚段关节

4. 电气主接线

5. 变电所综合自动化

四、简答题（共 5 小题，每题 6 分，共 30 分）

1. 牵引网向电力机车的供电方式有哪几种？其中哪种更适合于大牵引功率的高速铁路？

2. 改善牵引网电压水平可采用什么措施？

3. 简述牵引变电所对接触网的供电方式。

4. 简述电气化铁路减少谐波影响的措施。

5. 简要说明带回流线的直接供电方式与直接供电方式相比，有什么改善？

五、计算题（共 2 小题，每题 10 分，共 20 分）

1. 采用单链形悬挂的某单线牵引网的等值“接触网—地”回路的单位自阻抗为 0.228 + j0.686 Ω/km，“钢轨—地”回路的单位自阻抗为 0.198 + j0.560 Ω/km，等值“接触网—地”回路与“钢轨—地”回路的单位互阻抗为 0.05 + j0.315 Ω/km，试计算该牵引网的单位阻抗。

2. 某复线单边末端并联供电牵引供电系统主要结构和机车取流情况如下图所示，已知接触网单位等效自阻抗为 0.5 Ω/km，上下行间单位互阻抗为 0.1 Ω/km，试计算该线路接触网最大电压损失。

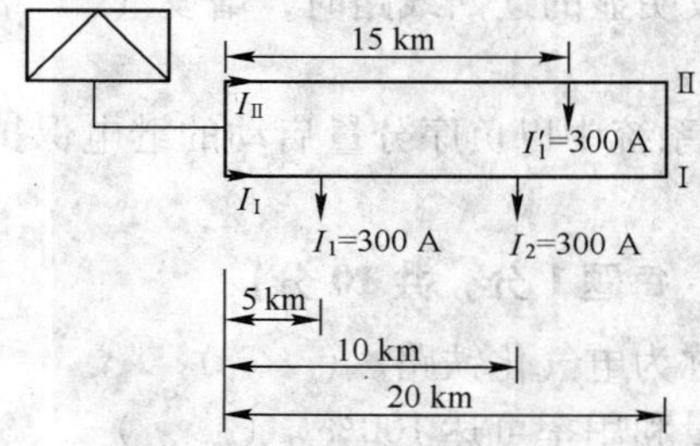

参考文献

[1] 曹建猷．电气化铁道供电系统．北京：中国铁道出版社，1984.

[2] 铁道部电气化工程局电气化勘测设计院．电气化铁道设计手册：牵引供电系统．北京：中国铁道出版社，1988.

[3] 铁道部电气化工程局第一工程处．电气化铁道施工手册：牵引变电所．北京：中国铁道出版社，2000.

[4] 李群湛．牵引供电系统分析．成都：西南交通大学出版社，2007.

[5] 谭秀炳．交流电气化铁道牵引供电系统．成都：西南交通大学出版社，2009.

[6] 李群湛．高速铁路电气化工程．成都：西南交通大学出版社，2006.

[7] 贺威俊．电力牵引供变电技术．成都：西南交通大学出版社，2005.

[8] 陈小川．铁路供电继电保护与自动化．北京：中国铁道出版社，2010.

[9] 杨玉菲．电气化铁道供电系统．北京：中国铁道出版社，2009.

[10] 林永顺．牵引变电所．北京：中国铁道出版社，2002.

[11] 李群湛．牵引变电所供电分析及综合补偿技术．北京：中国铁道出版社，2006.

[12] 谭秀炳．铁路电力与牵引供电系统继电保护．成都：西南交通大学出版社，2007.

[13] 柳明宇，毛克胜，李西歧．牵引供电综合自动化技术．成都：西南交通大学出版社，2007.

[14] 程波．牵引变电所综合自动化．北京：中国铁道出版社，2008.

[15] 林永顺．电气化铁道供变电技术：一次系统．北京：中国铁道出版社，2006.

[16] 陶乃彬．电气化铁道供变电技术：二次系统．北京：中国铁道出版社，2007.

[17] 董昭德．接触网．北京：中国铁道出版社，2010.

[18] 于万聚．高速电气化铁路接触网．成都：西南交通大学出版社，2003.

[19] 吉鹏霄．接触网．北京：化学工业出版社，2006.

[20] 吴广宁，曹晓斌，李瑞芳．钢轨交通供电系统的防雷与接地．北京：科学出版社，2011.

[21] 于坤山．电气化铁路供电与电能质量．北京：中国电力出版社，2011.